云岭学者系列研究丛书

# 人工林的生态环境效应与景观生态安全格局
## ——以云南桉树引种区为例

赵筱青 易 琦 著

U0289674

科学出版社

北 京

# 内 容 简 介

本书从桉树人工林引种这一角度，以云南省 21 世纪以来，桉树人工林引种面积最多最集中的普洱市澜沧县、西盟县和孟连县作为研究对象，综合运用地理学、环境学、景观生态学等多学科理论和方法，以遥感和 GIS 技术为支撑，分析土壤质量、植物多样性、植被覆盖度、植被净初级生产力等四个单因子方面的生态环境效应，揭示桉树对林下植物多样性、植被覆盖度和植被净初级生产力的影响，以及对土壤水分和地力的消耗水平；从生态系统服务价值、生态足迹、土壤侵蚀、生态环境综合效应等四个多因子方面研究桉树的生态环境效应；从景观生态安全的角度，以保护生物多样性为目标，设计桉树引种的景观生态安全格局，并对现有桉树林空间分布的合理性进行评价。

本书适合于从事地球科学、生态学、资源环境学、农学和林学等领域研究人员及高校师生阅读参考。

审图号：云 S（2018）033 号

图书在版编目（CIP）数据

---

人工林的生态环境效应与景观生态安全格局：以云南桉树引种区为例/赵筱青，易琦著. —北京：科学出版社，2018.8
（云岭学者系列研究丛书）
ISBN 978－7－03－055783－4

Ⅰ.①人… Ⅱ.①赵… ②易… Ⅲ.①桉树属—人工林—生态环境—研究—云南 ②桉树属—人工林—生态安全—研究—云南 Ⅳ.①S725.7

中国版本图书馆 CIP 数据核字（2017）第 298740 号

---

责任编辑：郑述方/责任校对：韩雨舟
责任印制：罗科/封面设计：墨创文化

---

科 学 出 版 社 出版
北京东黄城根北街 16 号
邮政编码：100717
http://www.sciencep.com
成都锦瑞印刷有限责任公司 印刷
科学出版社发行 各地新华书店经销

*

2018 年 8 月第 一 版 开本：787×1092 1/16
2018 年 8 月第一次印刷 印张：14.75
字数：340 千字
定价：110.00 元
（如有印装质量问题，我社负责调换）

# 《云岭学者系列研究丛书》编委会名单

主　编：杨　林

副主编：李　伟　　周　杰　　郑洪波　　刘　稚

编　委：杨　林　　李　伟　　周　杰　　郑洪波

　　　　刘　稚　　杨先明　　谈树成　　梁双陆

　　　　段昌群　　胡兴东　　赵志芳　　李　炎

　　　　高　巍　　骆华松　　吕昭河　　何　明

　　　　赵筱青　　胡仕林　　马翀伟　　吴　磊

　　　　周　琼　　岳　昆　　胡金连　　史　雷

# 丛书序

《云岭学者系列研究丛书》是我主持的云岭学者培养计划"中国西南地缘环境与边疆发展"的阶段性成果。云岭学者是2014年云南省委组织部开始实施的一项人才项目。我自2015年被确定为"云岭学者"人选后，组建了涵盖经济学、民族学、生态学、历史学等学科的高水平科研团队。团队成员层次分明、结构合理，有在其研究领域有一定影响力的专家，也有在其研究领域崭露头角的青年学者。该项目旨在通过人才梯队打造、合作研究、协同创新，为云南省主动融入和服务国家发展战略，培育沿边开放新优势，开拓经济社会发展新空间，形成跨越式发展新路子，为我国西南边疆生态安全、民族团结、社会稳定提供学术成果和决策咨询建议。此次出版的《云岭学者系列研究丛书》（以下简称《丛书》）是部分团队成员潜心研究的高水平著作，都是围绕国家重大战略以及当前最受关注的现实问题完成的研究成果。

著作《云南利用CAFTA培育沿边开放新优势》围绕习近平总书记视察云南省时提出的云南省要建设成为面向南亚、东南亚辐射中心这一目标定位。探讨了我国内陆边疆地区通过培育沿边开放优势，提高对外开放水平的机制和路径问题。这些探讨对拓展符合我国国情的沿边开放路径是有益的。

著作《贸易便利化、产业集聚与企业绩效》则从产业集聚的视角，构建了贸易便利化对企业生产率和出口绩效影响的分析框架，是对中国各地区贸易便利化进行了综合测算，对企业成长和出口绩效的影响进行了检验。该成果有助于了解中国各地区的贸易便利程度，对企业转变经营和发展方式有借鉴意义。

著作《中国少数民族法律运作机制研究：一种法律历史社会学的进路》围绕习近平总书记对云南省的要求即努力成为民族团结进步示范区，从长时段考察了西南地区少数民族历史上的法律问题，具体包括了西南地区少数民族法律中固有的法律制度、历史上国家对西南地区少数民族的法律治理、少数民族的纠纷解决机制及当前西南地区民族区域自治州县的法律规范体系的构建、运行等问题。

著作《群体性事件发生学研究》是团队成员长期以来关注群体性事件的研究集成成果，该成果将发生学方法引入到群体性事件分析过程中，分析了群体性事件最初产生的矛盾过程以及应对方法，既有实证研究又有理论架构，是一部高水准的学术著作。

围绕着习总书记要求云南省建设成为全国生态文明排头兵的目标定位，团队成员完成了多项成果，《丛书》精选了《人工林的生态环境效应与景观生态安全格局—以云南桉树引种区为例》和《边疆视角：中国西南环境史研究》两部著作汇编出版。《人工林的生态环境效应与景观生态安全格局—以云南桉树引种区为例》》是团队成员长期关注桉树引种对云南的景观生态安全格局影响的最新成果，该成果以自然栖息地和生物多样性整体保护为目标，利用最小累积阻力模型开展了桉树引种的景观生态安全格局的定量研究。《边疆视角：中国西南环境史研究》则从边疆视角，长时段解读中国西南环境史，对云南省建设成为生态文明排头兵具有很强的启示和参考价值。

总之,以上著作是团队成员潜心研究的最新成果,这些成果紧密结合习近平总书记考察云南时的讲话精神,具有很强的社会责任感。当然,由于时间紧和跨学科等原因,《丛书》中错误在所难免,欢迎读者提出批评意见建议。

杨 林

2018 年 3 月

# 前　　言

人类活动对地球干扰变化与生态环境安全研究是目前人们十分关注的热点问题。地球科学从人—地关系的角度研究环境的变化及其对资源的影响，为人类社会与自然协调发展提出科学原理和方法。地理学以"形态—格局—结构—过程—机理"的研究思路贯穿始终，揭示地球表层地理过程，探讨地理空间环境要素相互作用的机理是现阶段地理学研究的核心目标。

世界范围的生态环境问题越来越突出，严重威胁着人类社会的可持续发展，保障生态安全已经成为迫切的社会需求。人工林的引种在给国家提供大量木材和林产品、创造物质财富、为国民经济的快速发展提供资源保障的同时，却给引种区环境和生物多样性带来了危机，保护和恢复生态环境是实现区域生态安全的必由途径。云南省十几年来桉树、橡胶等人工经济林的种植面积不断扩大，在解决当地经济问题的同时，由于引种的随意性和盲目性，对云南省天然林的发展空间造成了威胁，改变了区域土地覆被特征，给当地的生态系统造成了很大压力。特别是外来树种桉树的引种，引起了学者、媒体等各方面的争议。争议的焦点是在云南生物多样性丰富的地方大规模引种桉树，桉树成林后会对生态环境产生负面影响；另外人们担忧以桉树人工林代替天然林，使天然林种植面积大规模减少，从而改变云南省的生物多样性，而生物多样性的改变将会影响到作为国家战略资源的物种和遗传基因，进而危及国家的生态安全。但是目前无论是支持桉树发展还是对桉树发展持保留意见的观点，以及桉树人工林引种对生态环境到底有什么影响，引种区景观生态安全格局应该如何设计等问题，均缺乏系统的、基础性的科学数据和依据，尤其缺乏从生态安全的角度对桉树引种区景观生态安全格局的研究。

基于以上问题，笔者在近十几年选定云南省生物多样性丰富、桉树种植面积快速扩大的典型区域，从不同尺度对桉树人工林引种区的土壤质量、植物多样性、植被覆盖度、植被净初级生产力、生态系统服务价值、生态足迹、土壤侵蚀、环境综合效应、景观格局及景观生态安全格局设计进行研究，在国家自然科学基金项目"云南尾叶桉类林引种的环境影响与生态安全格局研究"（项目号：40961031）及"云南大规模桉树引种区土地生态安全时空分异及其优化配置研究"（项目号：41361020）和"2015年第二批云岭学者培养"等项目资助下，进行了系列研究和实践。本书是在以上研究的基础上撰写而成的，希望能对我国外来树种引种的环境效应、生态安全格局设计的研究发展和深化起到有益的推动作用。

全书共分三篇（七章）。第一篇主要论述了桉树人工林引种的生态环境效应与景观生态安全格局研究的理论与方法；第二篇论述了云南省桉树人工林主要引种区生态环境效应的研究与实践；第三篇对桉树引种区的景观生态安全格局特征、景观生态安全格局进行了案例分析和设计。

本书由赵筱青教授制定编写大纲，分工执笔撰写。全书由赵筱青教授负责整编统稿、定稿，易琦副教授负责文稿校核。各章撰写人员如下：前言由赵筱青撰写；第一章由赵筱青撰写；第二章由赵筱青、张龙飞撰写；第三章由赵筱青、顾泽贤撰写；第四章由赵筱青、易琦、丁宁、谢鹏飞、杜虹蓉、高翔宇、王喆、马玉、许莉朏撰写；第五章由易琦、顾泽贤、高翔宇、赵筱青撰写；第六章由张龙飞、赵筱青、和春兰撰写；第七章由赵筱青、和春兰撰写。几年来参加此项研究工作的老师除本书作者外还有：方波助理研究员、朱光辉副研究员、邓福英副教授；参加此项工作的研究生先后有：饶辉、和春兰、许莉朏、丁宁、杜虹蓉、王兴友、张龙飞、谢鹏飞、顾泽贤、高翔宇、马玉、王喆。在此我们对上述师生对本书的完成所做的贡献表示衷心的感谢。

本书在研究和撰写过程中得到杨树华教授、谈树成教授等的支持和关心，得到了云南大学领导和科技处的大力支持，得到了有关部门和公司企业的积极协助，在此一并表示诚挚的感谢。

赵筱青

2017 年 11 月于云南大学

# 目　　录

# 第一篇　桉树人工林引种的生态环境效应与景观生态安全格局研究的理论与方法

# 第一章　人工林引种研究的背景及意义

## 1.1　研究背景

### 1.1.1　人工林的引种与发展

面对人口快速增长，木材需求量的迅速增加与全球天然林资源大幅减少，森林资源总量急剧下降的严峻现实，世界各国都在大力发展工业人工林，以缓解木材和林产品的供需矛盾，保持经济和社会的持续发展。据 Kemp 等(1993)估测，1900 年全球木材年消耗量为 $3.5 \times 10^9 \mathrm{m}^3$，2010 年将增至 $5.1 \times 10^9 \mathrm{m}^3$，并且指出，只有营建人工林才能满足日益增长的木材需求，因此人工林特别是外来树种的引种就成为全球解决人类对木材需求的一个重要途径。新西兰(辐射松)、巴西(桉树)、南非(桉树和墨西哥松)、澳大利亚(辐射松和其他热带松)等国家都是通过营建外来树种工业人工林来实现木材自给或出口的。在热带地区 85% 以上工业人工林是用外来树种营建的，其中桉树($Eucalyptus$)占热带人工林面积的 30%，以加勒比松($Pinus\ caribaea$)为主的热带松树占 10.5%，相思树($Acacia$ spp.)占 12.0%，柚木($Techtona\ grandis$)占 7%(王豁然，2000)。

目前中国已成为全球第二大木材消耗国和第一大木材进口国，年消耗量近 5 亿 $\mathrm{m}^3$，人工林面积从原来的 6169 万 $\mathrm{hm}^2$ 增加到 6933 万 $\mathrm{hm}^2$，我国也从国外引进了大量的外来树种，如松属树种($Pinus$)、桉属树种($Eucalyptus$)、杨属树种($Populus$)等，使木材生产量大大提高，这些树种成为目前用材人工林的主要树种，集中在热带和亚热带地区(潘志刚等，1994)。其中桉树已成为我国林业史上引种最为成功的树种，引种面积居世界桉树人工林面积的第二位，获得了巨大的经济效益和社会效益(张荣贵等，2007)。

### 1.1.2　桉树人工林引种的争议

桉树是桃金娘科(Myrtaceae)桉树属($Eucalyptus$)树种的统称，共有 945 个种、亚种和变种。桉树天然分布在修正的华莱士线以东，7°N 至 43°39′S 之间。除剥桉分布在巴布亚新几内亚、印度尼西亚和菲律宾，尾叶桉、山地尾叶桉和维塔尾叶桉分布于印度尼西亚帝汶岛及东部岛屿外，其余全都自然分布于澳大利亚(祁述雄，2002)。全球现有桉树天然林 $0.4 \times 10^8 \sim 1.0 \times 10^8 \mathrm{hm}^2$，澳大利亚的森林资源几乎百分之九十是桉树林。桉树是世界上著名的三大速生树种之一，光合作用强、生长速度快、轮伐期短、环境适应性强是其主要特征，并具有很高的经济效能，例如桉叶中提取的桉叶油是医药、化工、美容行业的原料，枝干可作为制纸浆、纤维板、大径木材的原料，也可作为防护树种和观赏绿化树种。因此从 20 世纪初开始，桉树被许多国家大规模引种，现在已经发展到全世界 100 多个国家和地区，面积已超过 $5 \times 10^7 \mathrm{hm}^2$，其中在世界热带亚热带地区引种栽培的桉树人工林面积接近 $1.4 \times 10^7 \mathrm{hm}^2$（FAO.，1976；Peter，1997；Flynn and Shield，1999）。印度的桉树工业人工林面积最大，为 $4.8 \times 10^6 \mathrm{hm}^2$，巴西为 $3.6 \times 10^6 \mathrm{hm}^2$（孙长忠和沈国航，2001）。

我国桉树引种始于 1890 年，开始只是作为庭院观赏树木栽植，从 20 世纪 50 年代才开始大面积引种，并逐步把它作为主要栽培树种，在南方 10 多个省、市、自治区加以繁殖推广（祁述雄，2002），栽培面积现已发展到 $4.5 \times 10^6 \mathrm{hm}^2$，占世界人工林面积的 12%（杨民胜和李天会，2005）。金光集团（Asia Pulp&Paper Co.，Ltd.）自 1995 年开始在我国广东、广西、海南和云南等地营造速生桉树林，截止到 2009 年，已营造约 32 万 $\mathrm{hm}^2$ 的速生丰产原材料林（蒋国深等，2009）。桉树引种在我国的分布，南起海南三亚市（18°20′N），北到陕西平阳关（33°10′N），东自台湾（122°E），西至云南保山（98°44′E）；垂直分布从东南沿海海拔 4m 到中西部丘陵，直至云贵高原的川滇山地海拔 2400m 处（李志辉等，2000；祁述雄，2002）。

云南于 1894 年引入桉树，是我国桉树人工林引种较早的省份之一。截至 2005 年底，云南 129 个县市区中有 109 个县市区种植桉树，桉树种植面积达 23.60 万 $\mathrm{hm}^2$，仅次于广东、广西、海南，居全国第 4 位（张锐，2006）。云南省引种桉树的经济用途以生产桉油和纸浆为主，其中蓝桉和史密斯桉等为代表的桉树以生产桉油为主，分布在昆明、楚雄、玉溪、保山等地区；尾叶桉、尾巨桉、巨尾桉、巨桉等为代表的桉树以生产纸浆为主，主要分布在普洱、临沧、文山等地。

桉树人工林种植面积的日益扩大存在颇多争议（Shiva and Bandyopadhyay，1983；Poore and Fries，1985），有关桉树人工林的争论主要集中在生态环境效应方面：①桉树工业人工林的稳定性问题；②减少生物多样性问题；③过度消耗养分和水分问题；④病虫害问题；⑤引起土地的沙漠化问题等等（Bahuguna，1991；赵廷香和麦昌金，1997）。另外一些研究者则认为，这些问题不是桉树本身造成，而是在桉树引种、经营管理等过程中造成的，主要体现在：①大面积连片单一种植；②造林过密；③人为刮走地表枯枝落叶；④炼山整地（于福科等，2009）。同时，他们还认为桉树具有固碳释氧、净化环境、森林防护、调节气候等生态功能（谢彩文，2012）。

在云南这样的争议也是存在的，特别是 2002 年金光集团与云南省政府合作，于 2003 年签下 153 万 $\mathrm{hm}^2$ 的林浆纸基地，自从普洱市的澜沧县、孟连县和西盟县三县集中引种尾叶桉、巨桉和尾叶桉杂交品种开始，质疑的声音也随之而来。2003 年至 2008 年三县共引种桉树约 5.7 万 $\mathrm{hm}^2$，引种面积占三县总面积的 4.6%。桉树的引种再次引发了争议，争议的焦点是在云南普洱市澜沧县、孟连县和西盟县这样生物多样性丰富的地方大规模引种桉树，人们担心可能会带来生态环境负面影响（马晓等，2012），如人工桉树纯林容易导致水土流失、病虫害加剧、生物多样性消失和森林火灾增多等一系列问题，而生态系统的改变将会影响到作为国家战略资源的物种和遗传基因，进而危及国家的生态安全。毕竟桉树在普洱市三县的引种取代了常绿阔叶林、思茅松林、荒草地及灌木林等，原有的森林生态系统、灌木林生态系统、草地生态系统，甚至农田生态系统发生了改变，景观格局也在桉树引种后发生了很大变化。

目前，无论是支持桉树发展还是对桉树发展持保留意见的观点，均缺乏系统的、基础性的科学数据和依据。鉴于桉树人工林引种争议，不少人试图采取一些经营管理方面的措施，来预防桉树人工林带来的生态负面影响，但由于着眼点不同，得出的初步结果是零散而不系统的。因此分析云南省桉树人工林引种的生态环境效应，从区域生态安全的角度研究桉树引种的景观生态安全格局势在必行。

## 1.2　研究意义

桉树的大规模引种，出现了一系列的争议和环境问题，其根源之一是缺少对桉树引种造成当地生态环境的影响研究，引种经营存在较大的随意性和盲目性，缺乏生态安全格局的考虑。因此，本书以云南省普洱市桉树重点引种区——澜沧县、西盟县和孟连县为例，研究桉树引种的生态环境效应及景观生态安全格局的设计模式与方法，为桉树引种的进一步研究提供理论依据和参考，为其他外来树种的引种提供借鉴意义。研究桉树与原生林之间，桉树与其他用地类型之间的空间配置关系，避免或减少外来树种引种对区域生态环境的影响，减缓天然林所承受的生产功能压力，合理利用和布局土地，促进区域的可持续发展。

# 第二章　桉树人工林引种的生态环境效应
## 研究理论与方法

针对近年关于桉树人工林引种的生态环境效应的争论，笔者查阅了大量国内外文献，认为桉树人工林引种的生态环境效应研究应该体现在三个方面，一是单因子生态环境效应研究，主要包括桉树人工林引种的生物多样性、土壤质量、植被指数和植被净初级生产力等；二是多因子生态环境效应研究，主要包括桉树人工林引种的生态系统服务价值、生态足迹和土壤侵蚀；三是生态环境综合效应。

## 2.1　桉树人工林引种的单因子生态环境效应的研究进展

### 2.1.1　桉树引种与生物多样性研究

生物多样性的改变是生态系统结构变化的集中表现，生物多样性研究主要涉及遗传多样性、物种多样性、生态系统多样性和景观多样性 4 个层次(王伯荪等，2005)。桉树引种对生物多样性的影响研究主要体现在物种多样性和生态系统多样性方面，遗传多样性和景观多样性研究较少。近年来国内外学者已开展不少关于桉树林下生物多样性的研究，有的学者认为桉树人工林对生物多样性有负面影响，桉树引种造成生物多样性减少是引起生态退化的重要特征，如陈秋波(2001)认为大面积桉树人工林生态系统取代了其他生态系统，这是在第一个水平上的生物多样性下降的表现，即生态系统类型多样性的减少；桉树人工林群落内物种多样性往往较其他林地群落低，即使是混交林生物群落也较其他树种的混交林或纯林低(叶绍明等，2010)，这是在第二个水平上的生物多样性降低，即物种多样性的减少；随着无性种植材料的普及，桉树人工林的遗传多样性也越来越低，这是桉树人工林生物多样性第三个水平的降低，即遗传多样性减少。Tererait 等(2013)运用多元统计的方法比较了赤桉不同层次蓬盖下的生物丰富度、多样性和均匀度，发现本地物种的丰富度和多样性沿着赤桉入侵的路线呈梯度变化，未被赤桉蓬盖的地方物种多样性更丰富。廖崇惠(1990)在广东电白县小良试验站，发现桉树人工林的土壤动物多样性指数为 1.29，而混交林土壤动物多样性指数为 1.80，纯桉林土壤动物多样性比混交林要低。赵一鹤(2008)研究认为巨尾桉人工林对云南南部南亚热带山地条件下的天然植被的植物物种多样性影响较大。

而有的学者认为桉树人工林引种导致的生物多样性减少，并不是桉树本身的问题，桉树人工林和其他人工林一样，人类不合理的规划种植和砍伐才是导致生物多样性降低的主要原因(陈少雄，2005；平亮和谢宗强，2009)；另有学者认为，桉树人工林的生物多样性明显下降与人类的种植行为无关，而是因为桉树的化感作用导致桉树人工林生态系统物种多样性减弱(Bais et al.，2003；吴锦容和彭少麟，2005；Batish et al.，2006)；还有学者认为在轮歇撂荒地和低效灌木林地上发展桉树林不仅可以提供木材和纸浆原料，而且能够丰富植被结构和增加植物群落多样性(刘平等，2011)；陈礼清等调查发现，四川省巨桉人工林林下植被的物种多样性与毗邻其他树种人工林相比，并无显著差异(陈礼清和张健，2003)；苏里等研究认为桉树与其他人工林比较，林下植物多样性显著增加(苏里和许科锦，2006；梁宏温等，2011)；李伟等(2013)研究认为引种桉树人工林能够为动物提供栖息地，有助于生物多样性的保护。

综上所述，桉树引种对林下植物多样性的影响有正负两方面，研究集中于桉树林下植物多样性现状分析，而桉树与其他天然林、人工林林下植物多样性的对比研究很少，特别是林地变化对林下植物多样性生态安全影响研究还是空白。

## 2.1.2　桉树引种与土壤质量的研究

土壤质量是表示土壤动态变化最敏感的指标，土壤质量指标包括物理指标(土壤排水性、土壤持水性、土壤含水量、土壤容重、土壤孔隙度等)、化学指标(pH、阳离子交换容量、有机碳、总无机氮、速效钾、钙、镁、磷含量，总 Cd、Cr、Cu、Pb、Zn 等)和生物指标(微生物、真菌菌丝体、土壤呼吸等)。桉树人工林引种对土壤质量的影响研究，主要体现在对引种区土壤物理性质、化学性质、生物及土壤综合影响方面(刘占锋等，2006)。

1)桉树人工林引种对土壤物理性质的影响研究

有的研究者认为桉树人工林引种对土壤物理性质的负面影响较大。随桉树人工林连栽代次增加，土壤容重增大(龚珊珊，2009)；桉树树龄越长，土壤水分含量越少(张斌等，2012)；尾叶桉类林取代常绿阔叶林和思茅松林后，土壤含水量下降，土壤容重增加，土壤总孔隙度和毛管孔隙度下降，土壤非毛管孔隙度上升(赵筱青等，2012a)；桉树取代马尾松林后会导致土壤板结，土壤孔隙度、通气度、持水性能下降(张凤梅等，2103)。但是一些学者认为桉树人工林在贫瘠土地上及与其他人工林相比，土壤物理性质得到改善(胡慧蓉等，2000；Ruwanza et al.，2013)；尾巨桉与杉木、马尾松人工林、杉木人工林和天然次生林共 5 种林分类型的水源涵养能力存在差异，尾巨桉均居中等水平，具有一定持水能力，水源涵养能力较强(张顺恒和陈辉，2010)。

以上研究可知，桉树人工林引种对土壤物理性质的负面影响较大，但是与其他人工林相比，桉树对土壤物理性质有一定的改善作用，水源涵养能力较强。

2)桉树人工林引种对土壤化学性质的影响研究

土壤化学性质是衡量土壤肥力最关键的因素之一，国内外学者对桉树人工林引种的土壤化学性质影响十分重视。桉树对土壤化学性质的影响也呈现出正反两方面的研究结果，郭国华(1995)对造林第 3 年的刚果 12 号与对照林地土壤肥力相比，有机质、全氮、速效氮、速效磷、速效钾等均下降；王纪杰等(2016)研究发现福建省漳州市 1～6 年的尾巨桉人工林土壤 pH 随林龄增加而升高，土壤有机质、全氮、水解氮、全磷、有效磷、全钾和速效钾含量及阳离子交换量均表现为随林龄增加而显著下降；温远光等(2005)的研究也表明，连栽第二代的尾巨桉人工林生物库营养元素积累比第一代林地减少

22.97%，土壤库中全氮和全钾分别下降 9.20%、4.10%，水解氮、有效磷和有效钾也分别降低了 3.28%、52.05%和 24.59%；张凯等（2015）认为桉树取代马尾松后，土壤全碳、易分解碳库、中等易分解碳库、难分解碳库、全氮和碱解氮含量显著降低，但速效磷由于桉树林下施肥和磷素在土壤中移动性弱而显著增加；陶玉华等（2012）研究发现，马尾松、杉木和桉树人工林土壤有机碳含量为 3.2～12.6 g/kg，杉木土壤有机碳含量最高，而桉树人工林最低。但是有研究者认为桉树人工林没有造成土壤质量衰退，Alem 和 James（2010）通过对比桉树人工林与其邻区森林，发现桉树人工林土壤中的总碳升高，土壤养分得到改善；Adrian 和 James（2001）对桉树林与天然沙罗林进行对比研究，认为桉树林有机质含量比沙罗林高 85%，全氮高 20%，水解氮低 20%，有效磷高 400%，速效钾高 75%。

综上所述，桉树人工林引种会对土壤化学性质造成一定的负面影响，特别是有机质、氮、磷、钾等含量均有不同程度的下降，这与桉树速生性、短轮伐期、长期连载种植有关。但有的研究表明，与其他林地相比，桉树人工林引种对土壤化学性质具有改善作用，认为这与桉树人工林施肥管理措施有关。

3）桉树人工林引种对土壤生物的影响研究

桉树人工林引种对土壤生物的影响主要表现在土壤动物、微生物、酶活性三个方面。张逸飞等（2015）对比分析海南省天然次生林及由天然次生林开垦转变而成的桉树林下土壤，发现天然次生林的土壤微生物群落多样性和功能多样性均高于桉树；张凯等（2015）分析了桉树取代马尾松后对土壤养分和酶活性的影响，认为土壤微生物、碳、氮、酚氧化酶、过氧化物酶、蛋白酶、脲酶和酸性磷酸酶活性显著降低；唐本安等（2010）对比分析桉树人工林地与尚未开发的原生灌木丛地，发现桉树人工林土壤动物多样性的减少，损伤了土壤生态系统中土壤动物分解者的生态功能，使土壤生态系统日趋恶化；胡凯和王微（2015）发现不同种植年限桉树人工林根际土壤微生物的活性磷酸酶、$\beta$-葡糖糖苷酶、多酚氧化酶和过氧化氢酶酶活力，均随桉树种植年限的增加呈显著的下降趋势；其他研究显示，桉树释放的化感活性物质在土壤中不断累积或转化，间接影响土壤中动物和微生物群落（Takahashi et al.，2004；李东海等，2006）。但是石贤辉（2012）研究发现，在桉树施肥、凋落物保留以及水热环境有利的条件下，桉树造林显著提高了土壤微生物生物量，桉树林土壤养分供应能力高于杂交相思树、杉木和马尾松林。

综上所述，与天然林和混交林相比，桉树人工林生态系统结构单一，长时间连栽种植，对土壤动物、微生物、酶活性有不利影响，而采用科学管理措施，如科学施肥、林间套种等行为，能改善桉树人工林引种造成的土壤生物不良影响。

4）桉树人工林引种的土壤质量综合影响研究

桉树对土壤质量综合影响也呈现正反两方面的研究结果，有的研究指出桉树人工林的引种使土壤肥力和水分被大量消耗，导致土壤板结，土壤质量下降。如王世红（2007）采用土壤综合指数（QI），结合土壤退化指数（DI）对不同尾巨桉林龄土壤综合肥力的变化进行研究，结果表明尾巨桉的生长降低了土壤理化性质，土壤逐渐退化，肥力降低；夏体渊等（2010）采用灰色关联系数分析方法对滇中桉树人工林与邻近区域其他群落土壤肥力变化进行研究，表明桉树人工林群落比邻近区域其他群落更容易造成生态系统土壤养分贫瘠化；Peng 等(2013)运用主成分分析法，选取 pH、有机质、微生物生物量氮、全钾和蛋白酶活性 5 项指标构建土壤质量指数，研究赤桉林及合欢林对云南省元谋县干热河谷区土壤的综合影响，发现赤桉林导致河谷区土壤质量下降；理永霞等(2007)等从土壤养分、水分、生物多样性及生态稳定性 4 个方面研究桉树人工林对土壤质量造成的综合影响，结果表明桉树人工林确实存在着群落结构简单、林地地力衰退、林地土壤生物多样性下降及其生态稳定性差等生态问题；叶志君(2008)研究永安市桉树人工林与当地地带性植被常绿阔叶林及常见人工毛竹林、杉木林等林下土壤肥力变化规律，认为尾巨桉的种植造成了土壤一定的退化，但是如果营林措施改善，土壤养分状况将不断改善与提高，并在某些指标上优于对照林。有的研究则认为，桉树人工林能够增加林地产值、改善环境、防止水土流失。如王纪杰(2011)采用可持续性指数个法(SI)、灰色关联度法、多指标综合评价法(主成分分析法)研究了桉树人工林不同代次、不同林龄土壤质量总体的变化趋势，结果表明桉树人工林在非集约化经营条件下也能显著发挥其保水保土的作用；由于桉树的生长比较快，单位时间内对于养分的需求量也比较大，所以桉树才给人一种"抽肥机"的错觉(王楚彪等，2013)。

　　总之，国内外关于桉树人工林引种的土壤质量研究主要集中在物理性质、化学性质、生物等单一性质方面，土壤质量综合影响研究还比较少；而且关于桉树人工林取代天然林或者其他人工林后土壤质量变化的研究还比较少。

## 2.1.3　桉树引种与植被覆盖度的研究

　　植被的类型、数量和质量变化深刻影响陆地生态系统；相反，陆地生态系统的任何变化必然在植被类型、数量或质量方面有所响应。植被覆盖度作为植被的直观量化，是衡量地表植被状况的一个重要指标，植被覆盖度的变化对于区域环境效应变化和监测研究具有重要意义(章文波等，2009；党青和杨武年，2011)。植被覆盖度通常用植被指数估算，它是遥感领域中用来表征地表植被覆盖以及生长状况的一个简单而有效的度量参数(郭铌，2003)，是由卫星不同波段探测数据组合而成的，可用来诊断植被一系列生物物理参量，如叶面积指数(LAI)、植被覆盖率、生物量、光合有效辐射吸收系数(APAR)等。常见的植被指数有基于波段的简单线性组合或原始比值的比值植被指数(RVI)、着重于消除土壤影响的垂直植被指数(PVI)、土壤调节植被指数(SAVI)、修正的土壤调节植被指数(MSAVI)，着重于消除大气影响的全球环境监测植被指数(GEMI)、抗大气植被指数(ARVI)，着重于消除综合影响因子的归一化差值植被指数(NDVI)、增强型植被指数(EVI)，及基于高光谱遥感的植被指数(VI)等。

　　目前关于桉树人工林植被指数的研究还比较少，主要是运用遥感数据，综合 RS、GIS、GPS 技术分析桉树人工林光谱信息，建立植被指数模型。牟智慧和杨广斌(2014)利用遥感数据，采用 NDVI 季节性的振幅、光谱特征、植被指数以及纹理特征分析方法，提取桉树信息，准确、快速地摸清桉树资源分布现状及其变化趋势，为桉树人工林引种的生态环境效应研究提供重要数据；王长委等(2014)根据光学遥感数据源比较多的特点，采用 Landsat5 TM 数据、ALOS AVNIR-2 数据和 CBERS-02B CCD 数据估算东莞市桉树森林生物量，充分发挥不同光学传感器在光谱分辨率、辐射分辨率、空间分辨率和时间分辨率等方面的优点，为进一步研究大范围的桉树人工林生物量估算提供参考；Viana等（2010）利用 TM、MODIS、SPOTVEGETATION 影像图获取南欧海松林与蓝桉林的 NDVI 值，将 NDVI 值与实测植被变量（地上净初级生产力）进行回归分析，论证了运用植被光谱响应模式估算地上净初级生产力的实用性。

总之，利用遥感技术，通过植被指数获取桉树人工林覆盖、生长状况等相关参数，是从不同尺度分析桉树人工林对生态环境影响的有效途径，但是目前关于桉树人工林的植被覆盖度时空变化的研究还很少。

## 2.1.4 桉树引种与植被净初级生产力的研究

植被净初级生产力（Net Primary Productivity，NPP）是描述地表覆被变化对生态系统物质能量流动影响的直接指标，是绿色植物单位时间、单位面积上产生的有机干物质总量，也就是光合作用所固定的有机碳中减去其自身呼吸作用消耗的部分（任志远和刘嵌序，2013），它能直接反映植被在不同自然环境气候条件下的生态功能以及陆地生态系统的质量状况（王原等，2010），判定生态系统碳源、汇效应和调节生态系统自身过程。因此，NPP 被认为是评价生态系统结构与功能协调性的重要指标（张杰等，2006；Steel et al.，2012）。目前 NPP 的估算以模型方法为主，大致分为传统模型及基于遥感应用的模型。传统模型是指基于站点实测模型，主要包括直接收割法、光合作用测定法、$CO_2$ 测定法、pH 测定法、放射性标记测定法、叶绿素测定法和原料消耗量测定法等，这些方法是用所选站点的植被观测数据进行 NPP 计算，然后用数学方法推广到区域或全球尺度上（高飞等，2003）；基于遥感应用的模型又可分为统计模型、光能模型、过程模型三大类（表 2-1）。

表 2-1　净初级生产力研究模型方法

| 模型方法 | 优　点 | 缺　点 | 模型 | 特　点 |
|---|---|---|---|---|
| 统计模型方法 | 模型简单，便于快速估算潜在的 NPP 值 | 涉及的影响因子不全面，测算结果不够准确 | Miami 模型 | 以温度和降水为参数，适用于小区域尺度，且受气候条件限制 |
|  |  |  | 综合模型 | 以气候指标估算 NPP，可对全球变化情景下的 NPP 进行预测 |
| 光能模型方法 | 模型相对简单，利用空间信息技术获取全覆盖信息 | 难以保证遥感数据及光能转化率的准确性；无法模拟未来植被 NPP 变化及气候变化 | CASA 模型 | 评估 NPP 的动态变化和时空变异性 |
|  |  |  | GLO-PEM 模型 | 完全由遥感资料驱动，克服了利用降水和辐射资料插值带来的不确定性 |

续表

| 模型方法 | 优点 | 缺点 | 模型 | 特点 |
|---|---|---|---|---|
| 过程模型方法 | 涉及领域广泛，有利于评价植物的净初级生产力，模拟植物的生长，预测环境变化对 NPP 的影响 | 模型复杂，参数过多。如参数不全面、精细，将影响较大尺度景观异质性的描述 | CEVSA 模型 | 较好地模拟植物光合、呼吸作用及生长发育状况、土壤微生物活动及环境变量的关系 |
| | | | BOME-BGC 模型 | 模拟不同尺度植被、凋落物、土壤中水、碳、氮储量和通量 |
| | | | LPJ-GUESS 模型 | 反映生物量和碳交换，体现通过光合作用碳在树木的叶、根、边材和心材的分配 |
| | | | IBIS 模型 | 整合陆面与水文、生物、化学以及植被动态过程，并能够与大气环流模式耦合 |
| | | | FOREST-BGC 模型 | 无须野外操作，可对未来气候影响下的森林 NPP 变化进行预测 |
| | | | BEPS 模型 | 模拟植物的光合作用、呼吸作用、碳的分配、水分平衡和能量平衡等关系 |
| | | | Crop-C 模型 | 有普适性的中国农业植被净初级生产模型 |
| | | | FORCCHN 模型 | 基于（中国）个体斑块耦合碳循环模型 |

目前桉树人工林引种区对 NPP 的研究以遥感应用模型为主，如 Lopes 等（2014）利用 FOREST-BGC 模型及 MODIS NPP 影像，对葡萄牙的蓝桉树林及海松林的净初级生产力进行了估测，发现 MODIS NPP 更能体现 NPP 的均值，而 FOREST-BGC 模型能较好反映桉树人工林 NPP 的极值；Vassallo 等（2013）通过建立非线性回归方程获得绿色植被吸收的入射光合有效辐射（FPAR），并估算了森林生产力，发现巨桉林取代草地后，地上净初级生产力的年均量几乎是未种植巨桉林前的 4 倍；Huang 等（2010）利用光能利用模型对桉树林 NPP 进行估算，处于生长期的桉树林与成年期的桉树林的生物量分别呈指数和对数形式，说明处于生长期的桉树林生物量小；Viana 等（2010）利用 TM、MODIS、SPOT VEGETATION 影像图获取南欧海松林与蓝桉林的 NDVI 值，将 NDVI 与实测植被变量（地上净初级生产力）进行回归分析，论证了利用植被光谱响应模式估算地上净初级生产力的实用性；杜虹蓉（2015）利用 CASA 模型研究中山峡谷区县域植被 NPP 时发现，CASA 模型估算的 NPP 值尺度上比 MODIS-NPP 更精细，桉树人工林使引种区的 NPP 总量增加，且随着桉树人工林林龄的增长，桉树人工林 NPP 单位面积平均值增加。

综上可知，桉树人工林引种区 NPP 的研究还不多，桉树人工林 NPP 的估测方法并没有统一的标准。

## 2.2 桉树人工林引种的多因子生态环境综合效应研究进展

### 2.2.1 桉树引种与生态系统服务价值研究

生态系统服务价值是指生态系统与生态过程所形成及维持人类赖以生存的自然环境条件与效用(Daily，1997)，或者说生态系统服务价值是生态系统直接或间接地为人类提供产品和服务。生态系统服务价值能够有效量化地表覆被变化的生态效应，地表覆被变化通过改变生态系统的结构和功能，对生态系统维持其服务功能起决定性作用(Costanza et al.，1997；Kubiszewske et al.，2013)。Costanza 等(1997)系统地计算了全球生物圈的生态服务价值；国内学者谢高地等以 Costanza 的研究为基础，提出了"中国陆地生态系统服务价值当量因子表"(欧阳志云等，1999；谢高地等，2001，2003)，使生态系统服务价值评估的原理与方法从科学意义上得以明确。从此之后，国内外学者在全球和区域尺度、流域尺度、单个生态系统尺度和单项服务价值方面开展了大量的研究工作。

潘勇军等(2013)研究认为广州市桉树的释氧、固碳功能单位价值量最高；赵金龙(2011)对广西桉树人工林生态系统服务功能的物质量和价值量进行了估算，其中桉树的涵养水源和固碳释氧两项价值量占总价值量的 80.93%；但是彭宗波等(2006)分析海南发展 20 万 hm² 桉树人工林的生态、经济和社会服务价值，认为桉树人工林生态系统服务价值比山地雨林生态系统服务价值有所降低。除了对桉树人工林单项生态系统服务价值进行研究外，学者还进行了桉树人工林与其他林地类型生态系统服务价值的对比研究，如 Ditt 等(2010)利用情景分析法，从土壤肥力维持能力、水库的输沙能力、固碳能力及水的自净能力 4 个方面，对桉树人工林和天然林生态系统服务价值进行估测，结果是桉树人工林的生态系统服务价值不如天然林；牛香和王兵(2012)利用分布式测算法评估了福建省森林生态系统服务功能，不同林分类型生态系统服务价值量由大到小依次为马尾松、阔叶林、杉木、竹林、经济林、灌木林、桉树、木麻黄，说明桉树人工林生态系统对福建省森林生态系统服务功能的贡献并不大。从上面的研究可以看出，桉树生态系统服务价值比天然林地要低，但是桉树的固碳释氧生态服务价值比较突出。

以上研究侧重时间上的变化，空间上的变化研究还比较少，特别是对桉树人工林引种的生态服务价值研究还停留在静态分析上。

### 2.2.2 桉树引种与生态足迹的研究

生态足迹指能够持续地向一定人口提供他们所消耗的所有资源和消纳他们所产生的所有废物的土地和水体的总面积(Wackernagel et al.，1997，1999；Meidad，2013)。其概念是由加拿大生态经济学家 William 于 1992 年提出，之后在他的学生 Wackernagel 的协助下将其完善和发展为生态足迹模型(Rees，1992；Wackernagel et al.，1996)。生态足迹模型是比较生态足迹与生态承载力之间是否平衡的模型，它从生态角度判断人类活动是否处于生态系统的承载力范围之内，进而判定可持续发展状态(Wackernagel et al.，1999)。生态足迹一般由生物资源足迹和能源足迹两部分构成，生态承载力与生态足迹的差值就是生态赤字/盈余的大小。生态赤字表明该地区的人类负荷超过了其生态容量，要满足其人口在现有生活水平下的消费需求，该地区要么从区外进口欠缺的资源以平衡生态足迹，要么通过消耗自然资本来弥补供给流量的不足，这两种都说明地区发展模式处于相对不可持续状态（卢远和华璀，2004）。

国内外有关生态足迹的研究较多，Bagliani 等研究了生态足迹估算方法，测定区域环境的压力（Bagliani and Martini，2012；Borucke et al.，2013），Adolfo 和 Carlis 研究能源生态足迹的估测，周涛等提出了生态足迹的模型修正、指标与方法改进（方恺，2013；周涛等，2015），任志远和张艳芳（2003）运用生态足迹对黄土高原地区生态承载力进行测算，蒋依依等（2005）研究了滇西北生态脆弱区生态足迹的变化，王红旗等（2015）基于NPP 的生态足迹法研究了内蒙古生态赤字变化及驱动因素，胡雪萍和李丹青（2016）研究了安徽省城镇化进程中生态足迹的动态变化。但是针对桉树人工林引种区生态足迹的研究还是空白，桉树人工林的大面积引种，使土地利用类型及面积发生变化，必然改变生态足迹和生态承载力。因此有必要研究桉树人工林引种区的生态足迹时空变化特征。

## 2.2.3　桉树引种与土壤侵蚀的研究

土壤侵蚀是土地覆盖变化引起的主要环境效应之一（Kosmas et al.，1997；Yang et al.，2003），影响土壤侵蚀的因子主要有降雨、地形、土壤可蚀性、植被覆盖和水土保持措施几个方面（高翔宇等，2016）。国内外学者对土壤侵蚀规律已进行了大量研究，研究方法主要有基于土壤侵蚀模型运用的研究，基于同位素示踪法的土壤侵蚀研究，结合GIS、RS 技术的土壤侵蚀研究三种（表 2-2），桉树人工林引种的土壤侵蚀方法也主要就是这三种（杜虹蓉等，2014）。

**表 2-2 土壤侵蚀研究方法**

| 分　类 | 方　法 | 特　点 |
|---|---|---|
| 基于模型的研究 | USLE/RUSLE 模型 | 通过长期观测数据得出的经验统计模型 |
| | CSLE 模型 | 在 USLE 模型基础上，根据中国水土流失情况及防治措施改进而成 |
| | WEPP 模型 | 模拟土壤侵蚀的空间分布及流失量时间的变化 |
| | LISEM 模型 | 详细考虑了侵蚀及产沙的过程 |
| | WATEM/SEDEM 模型 | 结构、参数相对简单，尤其能够反映土地利用格局对土壤侵蚀的影响 |
| 同位素示踪法 | 放射性元素示踪技术的运用 | 量化侵蚀速率、检查土壤运动模式及泥沙再分配 |
| 结合 GIS、RS 技术的研究 | GeoWEPP/SEMMED 等 | GIS、RS 技术与模型的结合 |
| | 图层叠加 | 运用 RS、GIS 技术获取数据信息进行图层叠加 |

桉树引种改变了原有地表植被类型、覆盖度和微地形，从而影响土壤侵蚀的动力和抗侵蚀阻力系统。桉树引种对土壤侵蚀的影响主要包括正负影响，有研究者认为桉树人工林对防治土壤侵蚀有积极的作用，如 Sigunga 等（2013）认为桉树具有发达强健的根系，能有效地减少土壤的侵蚀量；王会利等（2012a）、李仁山（2014）在研究桉树人工林与灌草坡、荒地之间的土壤侵蚀差异时，发现桉树引种前两年土壤侵蚀比灌草坡、荒地严重，但随着林龄增长，桉树林防治土壤侵蚀的效果会越来越好；邓燏等（2007）比较分析海南

热带天然林、桉树林和橡胶林土壤侵蚀量时，发现桉树林平均每年减少的土壤侵蚀量虽低于天然林，却高于橡胶林；王震洪等（2001）研究表明，地带性植物种云南松群落及桉树—黑荆混交林具有好的控制径流和土壤侵蚀的能力；同时桉树间种农作物、牧草、药材等能有效改良土壤肥力，有效控制地表径流和土壤侵蚀，桉树人工林复合经营模式的水土保持效益更加显著（王尚明等，1997；林培群和余雪标，2007；刘宁等，2009；王会利等，2012b）。

但是有些研究则认为桉树人工林对土壤侵蚀的控制作用较弱，桉树引种使土壤侵蚀加重，如苏晓琳（2014）研究马尾松、杉木、米老排改为桉树后的土壤水文功能和养分淋失情况，结果显示在低雨强（雨强小于 1.0mm/1min）下，林地土壤侵蚀变化不大，当雨强达到 1.0mm/1min 以上，桉树林土壤侵蚀情况比造林前林地严重；Rajendra 等（2010）研究发现处于生长期的桉树人工林土壤侵蚀量较大；王志超（2014）通过对炼山全垦、带垦和穴垦三种不同的整地措施下尾巨桉人工林各项指标跟踪调查，发现土壤侵蚀量随植被覆盖度的增大呈指数关系减小，随坡度的增大呈幂函数关系增大；罗兴录等（2013）研究认为旱坡地上，同龄的桉树林土壤流失量大于龙眼树、混交林；杨吉山等（2009）分析了桉树、黑荆、银合欢及云南松 4 种人工纯林土壤侵蚀，结果是桉树人工林控制坡面侵蚀的能力较弱。

总之，研究结果表明桉树人工林引种初期，根系不够强健、植被覆盖度不高，加上引种前不合理的经营措施，如炼山全垦、高坡度整地等，使引种初期桉树人工林土壤侵蚀较为严重；随着桉树林龄的增长，土壤侵蚀减弱；与天然林、生长周期较长的人工林土壤侵蚀相比较时，桉树人工林引种的土壤侵蚀比较严重，但是桉树人工林复合经营模式可以减轻这一状况（王纪杰，2011；胡长杏等，2012；赵筱青等，2012b）。从研究尺度上看，现有研究大多是基于样地的小尺度区域范围的研究，而对县域尺度的研究还比较少。

## 2.2.4　桉树引种与生态环境综合效应评价的研究

生态环境综合效应研究的重要内容是生态环境质量评价，是评价生态系统结构和功能动态变化中生态环境质量的优劣程度（徐燕和周华荣，2003）。研究方法主要有指数评价法、综合评估法、模糊评价法、人工神经网络评价法等（杜虹蓉，2015）。刘华和李建华（2009）运用模糊数学法对广东小良地区桉树生态、社会、经济效益进行了定量的综合评价，认为桉树人工林生态经济社会总体效益一般；邓燔等（2007）综合运用环境系统工程原理、现代经济学原理与方法、运筹学方法、数理分析方法、问卷调查法、条件价值法以及支付意愿法等多种理论和方法，对海南热带天然林、橡胶林、桉树林生态效应进行价值估算，结果桉树总体生态效应最低；赵筱青等（2015）以景观干扰度和景观脆弱度作为景观结构安全指数，引入生态系统服务价值作为景观功能安全指数，综合构建景观生态安全模型，分析了云南西盟县桉树人工林引种的生态环境综合效应，认为桉树的生态安全性要比常绿阔叶林和橡胶林低；钟慕尧等（2005）以森林的面积及布局合理性、物种多样性、生物量 3 个指标，构建马尾松、马占相思及桉树人工林生态环境指标体系并对其进行综合评价，结果是马尾松与马占相思生态环境均不如尾巨桉。总之，桉树人工林引种的生态环境综合效应中生态效益较低，会引起生态多样性和景观安全功能的下降，对生态环境会造成负面影响。

综上所述，单因子生态环境效应研究中，桉树人工林的生物多样性主要采用指标分析法，土壤质量方面通过测算桉树人工林土壤的物理指标、化学指标、生物指标分析土壤性质，研究成果丰富，运用的方法也较为成熟。而植被覆盖度和净初级生产力估测的研究开展得较晚，应用 GIS、RS 技术的模型方法，获取植被指数，估测桉树人工林 NPP 的研究相对较少；多因子生态环境综合效应研究中，桉树人工林的生态系统服务功能主要通过测算涵养水源、保育土壤、固碳释氧等方面综合评价生态系统服务价值，土壤侵蚀方面的研究方法较成熟，但是生态足迹的研究还是空白，生态环境综合效应研究还不够全面、深入，评价方法不够健全。而且不论是单因子还是多因子生态环境效应的研究，都处于静态的分析研究，时空变化特征分析还较薄弱。

# 第三章 桉树人工林引种的景观生态安全格局研究理论与方法

## 3.1 景观生态安全概念

生态安全是指在特定的时空区域范围内，社会经济的存在和发展不超过生态环境容纳量和资源承载能力时，生态系统结构保持完整，生态系统功能没有受损的状况。生态安全是区域经济发展和社会稳定的重要组成部分(徐海根和包浩生，2004；张洪军等，2007)。生态安全包括两方面的含义，一是生态系统自身结构是否受到破坏；二是生态系统对于人类是否安全，生态系统所提供的服务是否满足人类的需要。人类的所有经营活动都依附于栖息的生态环境，生态系统为人类提供了必不可少的各种资源，人类为了保护生态环境，首先就必须维护生态系统的安全，防止生态环境质量下降和自然资源退化造成削弱社会经济可持续发展的容纳能力；防止生态环境问题引发的环境难民大量产生和人民不满造成社会的不稳定；防止为满足人类膨胀需求以牺牲环境资源为代价，片面追求经济增长对生态环境造成的毁灭性破坏，一旦干扰超过了生态系统自身承载能力的阈值，将造成不可逆转的后果，将影响整个区域乃至国家的生态安全(曲格平，2002)。

生态安全可以从生物尺度和空间尺度考虑。生物尺度对应了生物的不同层次，包括生物细胞、组织、个体、种群、群落、生态系统、景观及至生物圈，其中任何一个生态层次出现损害、退化、胁迫，都可以说该层次生态处于不安全状态；生态安全的空间尺度必须考虑空间尺度的边界，生态安全具有全球性、跨国性的特征，也可以从一定地域空间来观察。

随着人类对不同资源需求的增长，对土地利用的强度逐渐增加，各景观所受压力及脆弱性日益增强。生态安全的威胁往往出现在较小尺度上或局部的区域(张洪军等，2007)，与生态安全相比较，景观生态安全主要从景观尺度上反映人类活动和自然胁迫对生态环境的影响(李月臣，2008)，包括景观生态安全评价和格局研究。研究景观尺度上隐藏和显现的威胁，以及研究景观生态安全格局，对区域生态安全具有重要的意义。

## 3.2 景观生态安全格局概念

景观生态安全格局是区域生态安全研究的核心，通过优化景观格局来实现区域生态安全。景观生态安全格局(Landscape Ecological Security Patterns，LESP)是景观中某种潜在的空间格局，由一些关键性的点、线、局部(面)或其空间组合所构成，对维护和控制景观水平生态过程起着关键性作用(肖笃宁等，2004)。景观中某些局部、点及位置对维护和控制某种生态过程有重要意义。所以，导致生态安全格局部分或全部破坏的景观改变，将导致生态过程的急剧恶化。建立安全的生态格局可以使全局或局部景观中的生态过程在物质、能量上达到高效。一个典型的生态安全格局包括源（Source）、缓冲区（Buffer Zone）、源间联接（Inter-Sourcelinkage）、辐射道（Radiation Routes）与战略点（Strategic Points）五个部分（俞孔坚，1999），各部分的定义是：

(1)源：现存的乡土物种栖息地，它们是物种扩散和维持的源点。

(2)缓冲区：环绕源的周边地区，是物种扩散的低阻力区。

(3)源间联接：即廊道，相邻两源之间最易联系的低阻力通道。

(4)辐射道：由源向外围景观辐射的低阻力通道。

(5)战略点：对沟通相邻源之间联系有关键意义的"跳板"。

LESP 组分的识别是景观生态安全格局设计的关键，在许多情况下 LESP 组分不能直接凭经验识别，必须通过对生态过程动态和趋势的模拟来实现。可以借助数学模型来描述这些水平运动过程，例如引力模型、潜能模型、扩散模型、随机模型等，这些模型可以模拟景观生态过程和趋势，而生态过程对景观的覆盖和控制的可能性及动态性，可以用阻力或相对概念来表述，如可达性、可穿越性、最小费用距离、最小累积阻力、景观阻力及隔离程度等（俞孔坚，1998）。

## 3.3　景观生态安全格局研究现状

国内外专家学者对景观生态安全格局的研究主要集中在理论探讨和实践研究上（Guan et al.，2003；Ma et al.，2004）。

### 3.3.1　景观生态安全格局的理论研究

20 世纪 70 年代末以来，出现了以景观格局整体优化为重要核心环节的景观生态规划方法，以 Whbacr 和 Forman 为主要代表（蒋桂娟和徐天蜀，2008）。Forman 主要针对景观格局的整体优化，系统地总结和归纳了景观格局的优化方法，并强调景观空间格局对过程的控制和影响作用，即通过格局的改变来维持景观功能、物质流和能量流的安全。这一方法以"集中与分散相结合"的原则为基础，通过关键地段识别、生态特性规划和空间属性规划展开。他提出用以解决土地保护与开发矛盾的"空间解决途径"，其内容包括建立"斑块—廊道—基质"模式，构筑集中与分散相结合的空间格局等。Forman 还指出小的自然植被斑块在过度人工化的环境中是非常重要的，它可能保持整个景观的多样性，同时提高景观的异质性与人工环境下人的生存质量，强调区域生态环境变化过程中景观格局对整个过程的影响和掌控作用，提出了比较有代表性的有关景观生态领域的景观规划方案（Forman，1988；Corona et al.，2011）。

国内的研究工作尚处于探索阶段，1995 年我国著名景观生态学者俞孔坚将 Forman 提出的景观规划研究理论与方法用到其博士论文中，并在此基础上研究出了自己的"景观安全格局理论"（宁雅楠，2015）。之后，俞孔坚基于 Knaapen 等提出的最小阻力面（MCR）模型（Knaapen et al.，1992），借助 GIS 中的表面扩散技术，构建了一系列生态安全的景观格局模型，模型中包含源地、缓冲区(带)、廊道、可能扩散路径、战略点等组分，并提出要在关键性部位引入或恢复乡土景观斑块(俞孔坚，1999)；黎晓亚等(2004)提出了区域生态安全格局设计的原则和方法，在区域生态安全格局设计时要顺应一些原有的景观格局、生态系统和干扰，防止格局中一些关键部位被破坏，恢复和改善格局中一些关键部位；而马克明等(2004)则对景观生态安全格局的概念与理论基础作了进一步的探讨；关文彬等(2003)指出景观生态恢复与重建是区域生态安全格局构建的关键途径，是跨尺度、多等级的问题，主要表现层次应是生态系统、景观甚至区域，景观生态建设应以景观单元空间结构的调整和重新构建为基本手段，包括调整原有的景观格局，引进新的景观组分以改善受胁或受损的生态系统的功能。近年来随着我国经济社会的快速发展，景观生态安全格局逐步成为研究的热点，研究范围覆盖自然、社会等各个领域，齐杨等(2013)构建 24 个中小城市的景观格局，探索社会经济发展对中小城市景观格局变化的影响；王永丽等(2012)从景观的面积变化、斑块特征和整体水平格局等方面，研究了不同时空尺度的景观格局变化；巩杰等(2015)结合数理统计和景观指数等方法开展绿洲变化过程、趋势、空间分布格局和景观结构特征变化研究；赵紫华等(2012)设计了两种尺度的麦田农业景观格局，依据麦蚜种群发生特点，论述了不同尺度下农业景观元素对麦蚜及寄生蜂系统的影响。经过这一阶段的研究，专家学者们逐步完善景观生态安全格局的理论，研究内容从景观异质性转向景观格局演变研究，即从静态转向动态研究(李晶和周自翔，2014)。

## 3.3.2  景观生态安全格局实践应用

由于不同地域的土地利用方式和强度不同，造成土地利用生态系统在结构和构成上有所差异，使生态系统具有一定的地域性，不同区域的景观生态安全格局具有各自的特点。

在国外，遥感和地理信息系统与景观生态学理论相结合应用于景观生态安全格局研究中（Ulbricht and Heckendorff，1998；Espejel et al.，1999)，Lathrop 和 Bognar(1998)应用 GIS 技术与景观生态学理论相结合的方法，从生态环境保护和协调可持续开发利用两个角度评估生态敏感性与景观格局；Arroyo-Rodriguez 和 Toledo-Aceves(2009)分析了墨西哥热带雨林中藤本植物群落结构与景观格局(覆盖率、斑块面积、形状、分离度)之间的相关关系；Arifin 等介绍了印度尼西亚在城市景观生态格局与城市物种多样性保持方面采取的措施与初步结果(Arifin and Nakagoshi，2011；Jokimaki et al.，2011)。

国内，Huang 等(2007)对中国绿洲生态安全趋势和格局作了分析研究；李咏红等(2013)通过对生物多样性保护、水源涵养和土壤保持 3 个维护生态安全比较关键的单一生态过程进行评价和等级划分，利用遥感和 GIS 技术分别得出生物保护景观生态安全格局、水源涵养景观生态安全格局和土壤保持生态安全格局，在此基础上对各景观生态安全格局进行叠加，构建区域生态安全格局；潘竟虎和刘晓(2015)利用景观生态学方法、主成分分析和 GIS 技术，选取海拔、坡度、自然和文化景观保护区、土壤类型、土壤侵蚀量、植被覆盖度、距道路距离、距工业用地距离、距居民点距离以及距水体距离等 10 个要素作为约束条件，采用景观最小累积阻力模型构建甘州区生态廊道和生态节点来优化生态功能网络的结构及功能；为了给海口市秀英区生态环境建设提供科学依据和景观生态安全格局优化方法改进提供参考，陆禹等（2015）提出了粒度反推法和生态阻力面综合构建法，结合GIS技术和最小耗费距离模型探讨了海口市秀英区景观生态安全格局优化途径。

　　总之，景观生态安全格局是区域生态安全研究的核心，建立安全的景观生态格局，对于保障区域的生态安全有着很重要的意义。目前国内外学者在理论和方法上对景观生态安全格局研究做了一些探讨，多集中于风景旅游区和自然保护区的生态安全格局构建、某一物种的生态安全格局构建、各城市景观生态规划、区域景观格局优化等，研究多属于探索性的，研究方法与模型还有待改进和完善。

## 3.4　桉树引种的景观生态安全格局研究现状

　　作为速生树种，桉树对水肥的利用效率既快又高，特别是叶内含油的桉树引种就不得不考虑生态安全的问题。通过对文献资料的查阅分析得知，对桉树人工林林分、土壤理化性质、林内生物多样性等生态系统水平的研究较多，但是应用景观生态学的理论方法，从景观尺度对桉树引种区的景观生态安全格局的研究较少。目前仅杨繁松（2007）从景观生态学的角度，以云南省普洱市澜沧县为例，分析了桉树引种对土地利用格局的影响，并提出了减少桉树人工林种植对土地利用格局不利影响的建议；赵筱青从保护云南栖息地和生物多样性角度出发，研究桉树引种的景观生态安全格局（Zhao and Xu，2015）。总之关于外来树种桉树引种区的景观生态安全格局的研究没有被重视，天然林与外来人工林引种之间的空间关系问题研究至今仍是空白。

# 第二篇　桉树人工林引种的生态环境效应研究

# 第四章  桉树人工林引种的单因子生态环境效应研究

## 4.1  澜沧县、西盟县和孟连县桉树人工林引种对土壤质量的影响

### 4.1.1  研究区概况

案例研究区在云南省普洱市澜沧拉祜族自治县(以下简称澜沧县)、西盟佤族自治县(以下简称西盟县)和孟连傣族拉祜族佤族自治县(以下简称孟连县)(图4-1)。澜沧县位于滇西南,澜沧江以西,地处 $99°29'E\sim100°35'E$, $22°31'N\sim23°16'N$,全县总面积为8807 $km^2$,年平均气温 19.1℃,年均降雨量 1626.5 mm,属亚热带山地季风气候。境内海拔高差达 1936 m,水系纵横交织,均属澜沧江水系,土壤类型以赤红壤和红壤为主。立体气候明显,植被类型多样,水平地带性植被属季风常绿阔叶林,垂直地带性植被分异明显,主要有热带季雨林、热带季风常绿阔叶林、以思茅松为代表的暖热性针叶林、半湿润常绿阔叶林和中山湿性常绿阔叶林。其中桉树人工林主要分布于中部,面积达到 32514.68 $hm^2$,占研究区总面积的 3.73%。同时澜沧县还种植稻谷、玉米、小麦等粮食作物和茶叶、橡胶、咖啡等热区作物。

西盟县地处 $99°18'E\sim99°43'E$, $22°27'N\sim22°56'N$,全县总面积为 1258 $km^2$,年均气温 15.3℃,年均降雨量 2739 mm,气候类型主要属于南亚热带山地季风气候,境内海拔相对高差达 1717 m,河谷纵横交错,地形条件复杂,主要河流为南康河和库杏河,均属萨尔温江水系,土壤类型以砖红壤、赤红壤和红壤为主。西盟县立体气候明显,自然植被资源丰富,其中海拔 1400 m 以下为常绿阔叶林区,海拔 1400 m 以上为针阔混交林区。2000 年以来,县内橡胶、茶园和桉树林面积大量增加。

孟连县地处 $99°09'E\sim99°46'E$, $22°05'N\sim22°32'N$,全县总面积 1893.42 $km^2$,年均气温为 19.6 ℃,年均降雨量为 1373 mm,属南亚热带季风气候。境内海拔高差达 2103 m,河流分属澜沧江和怒江两个水系,土壤类型以砖红壤、赤红壤为主。植被分布呈明显的垂直地带性,海拔由低到高分别为季雨林、季风常绿阔叶林、中山湿性常绿阔叶林,其中人工园林主要为思茅松林、桉树林、橡胶、茶园和咖啡。

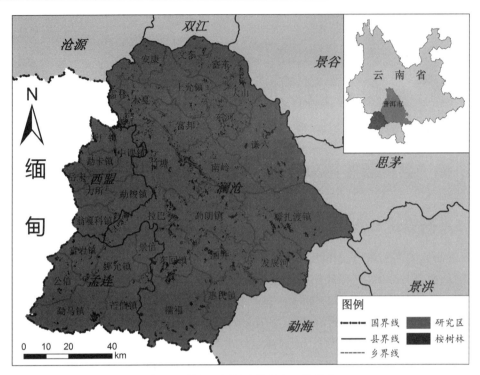

图 4-1　研究区概况及桉树人工林分布

## 4.1.2　土壤采样点概况

### 1)桉树引种区桉树种植前后土壤样点设置

为了对比分析桉树引种前后土壤理化性质和土壤综合质量的差异,以引种面积最多的澜沧县为主要研究对象,在桉树林(7a)种植区内,根据其造林前林地类型不同,设置10 块 2004 年种植的桉树为调查样区;为避免环境因素造成的影响、减少样地间差异,在桉树林调查样区附近,选择立地条件基本相似、树龄接近的次生常绿阔叶林(10a)及思茅松林(10a)为对照样区,共设置 20 块调查样区。每个样地按"品"形相隔 50 m 布设 3 个样方,每个样方投影面积为 20 m×20 m。其中在每块样方内按"S"形布 3 个样点,共 180 个样点,采用 3 点混合采样法进行剖面取样,于 2011 年 1 月对每个样点按 0~20 cm(表层)、20~40 cm(中层)和 40~60 cm(深层)从上到下的顺序分别取样,每个土样采集 1.0 kg 左右,用布袋装后带回实验室风干,研磨过筛供土壤化学性质分析测定;每层用 100 cm³ 的环刀取原状土样,测定土壤容重和土壤孔隙度;用铝盒取土供土壤含水量的测定。同时对样方进行常规调查,记录海拔、坡度、坡向、坡位、盖度、树高、胸径等指标,所选样地的基本情况见表 4-1。

表 4-1　澜沧县土壤样本概况

| 样地类型 | 样地 | 海拔/m | 坡度/(°) | 土壤类型 | 盖度/% | | 造林前的用地类型 |
|---|---|---|---|---|---|---|---|
| | | | | | 乔木层 | 灌草层 | |
| 桉树林<br>（A1） | 1 | 1574 | 20 | 红壤 | 40 | 90 | A2 |
| | 2 | 1555 | 18 | 红壤 | 35 | 85 | |
| | 3 | 1545 | 20 | 红壤 | 38 | 88 | |
| | 4 | 1540 | 19 | 红壤 | 45 | 90 | |
| | 5 | 1560 | 18 | 红壤 | 35 | 85 | |
| 次生常绿阔叶林<br>（A2） | 6 | 1648 | 21 | 红壤 | 85 | 25 | A2 |
| | 7 | 1567 | 17 | 红壤 | 90 | 20 | |
| | 8 | 1590 | 23 | 红壤 | 80 | 20 | |
| | 9 | 1600 | 21 | 红壤 | 85 | 25 | |
| | 10 | 1620 | 24 | 红壤 | 90 | 20 | |
| 桉树林<br>（B1） | 11 | 1894 | 20 | 红壤 | 60 | 80 | B2 |
| | 12 | 1270 | 30 | 赤红壤 | 45 | 30 | |
| | 13 | 1258 | 26 | 赤红壤 | 40 | 80 | |
| | 14 | 1590 | 27 | 红壤 | 60 | 40 | |
| | 15 | 1568 | 23 | 红壤 | 50 | 20 | |
| 思茅松林<br>（B2） | 16 | 1934 | 17 | 红壤 | 70 | 85 | B2 |
| | 17 | 1277 | 26 | 赤红壤 | 40 | 60 | |
| | 18 | 1204 | 24 | 赤红壤 | 65 | 60 | |
| | 19 | 1590 | 17 | 红壤 | 60 | 50 | |

注：A1：原用地类型为常绿阔叶林的桉树林；A2：次生常绿阔叶林；B1：原用地类型为思茅松林的桉树林；B2：思茅松林。

2) 桉树引种区不同用地类型下土壤样点设置

为了分析桉树引种区不同用地类型下土壤理化性质及土壤综合质量的差异，以用地类型多样的西盟县和孟连县为主要研究对象，针对桉树、橡胶、常绿阔叶林、耕地、茶园及咖啡等土地利用类型，根据各用地类型面积比例大小，选择 3～14 个样地（表4-2）。每个样地投影面积为 20 m×20 m，在每块样地内按"S"形布 3 个样点，每个样点的面积为 50 m²，采用 3 点混合法，根据不同覆盖物根系深度范围采集表层土壤，其中桉树、橡胶、常绿阔叶林地土壤采集深度为 20 cm，样点分布于树冠阴影以内；耕地土壤采集深度为 15 cm，样点分布于耕地地块中间位置；咖啡和茶园土壤采集深度为15 cm，距离根茎约 30 cm 处采样。每个土样采集 1.0 kg 左右，用布袋装后带回实验室风干，研磨过筛供土壤化学性质分析测定；每层用 100 cm³ 的环刀取原状土样，测定土壤容重和土壤孔隙度；用铝盒取土供土壤含水量的测定。同时对样方进行常规调查，并记录海拔、坡度、土壤类型等指标，所选样地的基本情况见表 4-2。

**表 4-2 西盟县和孟连县土壤样本概况**

| 用地类型 | 海拔/m | 坡度/(°) | 土壤 | 用地类型 | 海拔/m | 坡度/(°) | 土壤 |
|---|---|---|---|---|---|---|---|
| 桉树林 | 897 | 41 | 红壤 | 橡胶林 | 545 | 17 | 砖红壤 |
| | 901 | 35 | 黄棕壤 | | 671 | 28 | 赤红壤 |
| | 1092 | 28 | 黄棕壤 | | 680 | 36 | 红壤 |
| | 1160 | 31 | 红壤 | | 693 | 36 | 红壤 |
| | 1198 | 25 | 红壤 | | 742 | 28 | 黄棕壤 |
| | 1320 | 42 | 红壤 | | 796 | 25.5 | 黄棕壤 |
| | 1351 | 17 | 棕壤 | | 832 | 34 | 红壤 |
| | 1717 | 12 | 黄壤 | | 1029 | 19 | 棕壤 |
| | 1767 | 40 | 黄壤 | | 870 | 29.5 | 黄壤 |
| 耕地 | 877 | 26 | 赤红壤 | 常绿阔叶林 | 956 | 22 | 赤红壤 |
| | 911 | 5 | 水稻土 | | 962 | 42 | 红壤 |
| | 966 | 3 | 赤红壤 | | 965 | 29 | 黄棕壤 |
| | 1079 | 14 | 棕壤 | | 1017 | 36 | 黄棕壤 |
| | 1231 | 22 | 红壤 | | 1031 | 24 | 黄棕壤 |
| | 1401 | 24 | 红壤 | | 1134 | 40 | 红壤 |
| | 1582 | 20 | 黄棕壤 | | 1209 | 9 | 黄壤 |
| | 1705 | 17 | 黄棕壤 | | 1356 | 26 | 黄棕壤 |
| 茶园 | 1257 | 8 | 红壤 | | 1357 | 22 | 赤红壤 |
| | 1338 | 23 | 黄壤 | | 1547 | 12 | 棕壤 |
| | 1448 | 34 | 红壤 | | 1805 | 21 | 黄棕壤 |
| | 1548 | 23 | 红壤 | | 1980 | 19.5 | 黄棕壤 |
| | 1553 | 15 | 黄棕壤 | | 2005 | 23.5 | 黄棕壤 |
| | 1631 | 20 | 红壤 | 咖啡 | 887 | 37 | 赤红壤 |
| | 1895 | 23 | 黄棕壤 | | 1321 | 27 | 红壤 |
| | | | | | 1435 | 10 | 红壤 |

## 4.1.3 土壤理化性质和土壤综合质量测定方法

### 1. 土壤物理性质测定方法

(1)土壤含水量($\rho$):土壤含水量是植物所需水分的主要来源,是植物吸收养分的主要输入通道,又是许多物理、化学和生物过程的必要条件和参与者,且直接影响到植物的生长和土壤中各种物质的转化过程。土壤含水量采用烘干法测定(陈爱玲等,2006),烘干时需将铝盒开盖放入105℃恒温烘箱中烘烤 8 h 后再称重。

$$\rho = \frac{L_1 - L_2}{L_2 - L_0} \times 100\% \tag{4-1}$$

式中,$L_1$ 为采样后铝盒总重;$L_2$ 为采样铝盒实验室烘干后总重;$L_0$ 为空铝盒自重。

(2)土壤容重($q$):土壤容重是表征土壤松紧程度的一个敏感性指标,反映土壤的孔隙状况、透水性、通气性和根系生长的阻力状况(刘世梁等,2004)。通常以 g/cm³ 表示。容重越大,表明土壤越紧实,通气透水性越差;容重越小,表明土壤疏松多孔,物理通透性能好，土壤结构性能良好，但是容重值过低，也会影响土壤支撑植物生长的性能，一般认为容重值为 1.1～1.4 g/cm³表示土壤松紧程度比较适宜，大于 1.4 g/cm³则较紧，小于 1.1 g/cm³则较疏松(丁访军等，2009)。

$$q = \frac{W - W_0}{V \cdot (1 + \rho)} \tag{4-2}$$

式中，$W$ 为采样后环刀总重；$W_0$ 为空环刀自重；$V$ 为环刀体积；$\rho$ 为样本土壤含水量。

(3)土壤孔隙度：土壤孔隙状况是土壤结构的重要指标，包括毛管孔隙度($P_c$)、非毛管孔隙度($P_o$)和总孔隙度($P_t$)。土壤总孔隙度越大说明土壤结构越疏松，土壤结构优良，通透性越好，越有利于雨水迅速下渗，减少地表径流的冲刷(康冰等，2010)；土壤毛管孔隙度的大小反映了森林植被吸持水分用于维持自身生长发育的能力；土壤非毛管孔隙度的大小反映了土壤接纳降雨量、减少地表径流量、森林植被滞留水分以及发挥涵养水源和削减洪水的能力(史东梅等，2005)。孔隙度采用环刀法测定(史东梅等，2005)，浸水实验要注意使采样环刀中的土柱饱和吸水，一般需要超过 24 h，并充分静置一定时间后再称重，通常用%表示，计算公式如下：

$$p' = \frac{(W_2 - W) \cdot (1 + \rho)}{W - W_0} \tag{4-3}$$

$$P_c = p' \cdot q \cdot 100\% \tag{4-4}$$

$$P_t = \left(1 - \frac{q}{r}\right) \cdot 100\% \tag{4-5}$$

$$P_o = P_t - P_c \tag{4-6}$$

式中，$p'$ 为土壤毛管持水量；$W_2$ 为环刀采样并经浸水实验后的总质量；$W$ 为采样后环刀总质量；$W_0$ 为空环刀自重；$\rho$ 为土壤含水量；$P_c$ 为土壤毛管孔隙度；$q$ 为土壤容重；$P_t$ 为土壤总孔隙度；$r$ 为土壤比重系数，一般取 2.56；$P_o$ 为非毛管孔隙度。

## 2. 土壤化学性质测定方法

(1)土壤pH：土壤的酸碱性(pH)，对土壤的肥力性质有较大的影响。土壤微生物的活动、矿物质和有机质的分解、土壤营养元素的释放与转化以及土壤发生过程中元素的迁移等，都与酸碱性有关(理永霞等，2007)。pH采用电位法进行测定。

(2)土壤有机质：土壤有机质含量的高低是衡量土壤肥力的一个重要指标，有机质是土壤微生物生命活动的能源，可以提高微生物多样性及其活性，从而有助于改良、保持土壤的物理、化学和生物学状态(Peverill et al.，1999)。有机质用重铬酸钾氧化外加热法测定。

(3)全氮和水解性氮：氮是植物生长和发育所需的大量营养元素之一，氮可以促进蛋白质和叶绿素的形成，较高的氮素含量往往被看成土壤肥沃程度的重要标志(沈其荣等，2001)。全氮含量一般表明氮素的供应容量，反映土壤的总体水平，而水解性氮表征一定时期内氮素的供应状况和供应强度(Peverill et al.，1999)。全氮用半微量凯氏定氮法测定，水解性氮用森林土壤水解性氮测定标准测定。

(4)有效磷：磷既是植物体内许多重要有机化合物的组成成分，同时又以多种方式参与植物体内各种代谢过程。土壤有效磷含量是指能为当季作物吸收的磷量，对有效磷的研究，有助于了解林地对植被磷的供应情况。有效磷用双酸浸提钼锑抗比色法测定。

（5）速效钾：钾作为植物生长不可缺少的三要素之一，对植物生长有五大生理作用（奚振邦，2003）。土壤速效钾是指能被植物直接吸收利用的，钾是否充足主要取决于土壤的速效钾水平。速效钾用中性乙酸铵溶液浸提、火焰光度计法测定。

（6）交换性镁和交换性钙：钙、镁是植物生长过程中必需的中量元素，钙、镁均是植物体内一些酶的组分和活化剂，对氮和碳水化合物及氨基酸的运输、代谢有一定的影响（姜勇等，2003）。土壤中镁主要包括矿物态、非交换态、交换态和溶液态镁，交换态镁是评价土壤供镁能力的指标；土壤中钙存在矿物态钙、交换态钙和溶液钙三种形式，交换性钙是评价土壤钙供给能力的指标。土壤交换性钙、交换性镁用乙酸氨浸提，原子吸收分光光度法测定。

### 3. 土壤微量元素测定方法

土壤微量元素是植物生态环境因子中重要的因子之一，受成土母质、气候、植被等的影响，其含量直接关系着植被的生长发育，有时甚至超过大量元素，反映了土壤对植物矿物质营养的供给水平（张晓霞等，2010）。本研究测定的主要微量元素包括有效 Fe、有效 Zn、有效 Cu、有效 Mn、有效 B。土壤微量元素的测定，采用 M3 通用浸提剂法，用 ICPS-1000 II 的扫描型等离子体光谱仪测定。

### 4. 土壤综合质量评价方法

1）土壤综合质量的评价指标

土壤综合质量是对土壤功能的一种评价，土壤综合质量评价指标主要包括物理、化学和生物三个方面（陈龙乾等，1999；秦明周和赵杰，2000；胡月明等，2001；Stephen，2002；齐伟等，2003；李灵等，2011；王启兰等，2011；罗珠珠和黄高宝，2012）。为分析桉树人工林取代常绿阔叶林、思茅松林后土壤质量特征，研究选取了 18 项土壤指标作为综合评价土壤质量的因子，建立了土壤质量评价指标体系，其中 13 个化学元素指标，5 个物理元素指标（表 4-3）。

表 4-3　土壤综合质量评价指标

| 指标类型 | 具体指标 |
| --- | --- |
| 物理指标 | 土壤容重、土壤孔隙度（土壤总孔隙度，土壤毛管孔隙度，土壤非毛管孔隙度）、土壤含水量 |
| 化学指标 | pH、有机质、全氮、水解性氮、有效磷、速效钾、交换性镁、交换性钙、土壤微量元素（有效 Fe、有效 Zn、有效 Mn、有效 Cu、有效 B） |

2）土壤质量的评价方法

采用土壤综合质量指数（ISQI）和土壤退化指数（DI）分析土壤的综合质量。ISQI 和 DI 指数的计算过程如下：

（1）指标标准化。不同指标的观测值没有统一量纲，需要根据主成分因子负载荷的正负属性，选择相应的隶属度函数的升降性对指标进行标准化处理。其中，主成分因子负荷量为正值的因子采用升型分布函数［公式(4-7)］计算，为负值的因子采用降型分布函数

［公式(4-8)］计算，求得各指标的隶属函数度，即介于 0～1 的归一化处理值。

各指标因子隶属度计算公式为

$$Q(x_i) = (x_{ij} - x_{i\,min}) / (x_{i\,max} - x_{i\,min}) \tag{4-7}$$

$$Q(x_i) = (x_{i\,max} - x_{ij}) / (x_{i\,max} - x_{i\,min}) \tag{4-8}$$

式中，$Q(x_i)$ 表示第 $i$ 项土壤质量评价指标的隶属度值；$x_{ij}$ 表示各土壤评价指标分析测定值；$x_{i\,max}$ 和 $x_{i\,min}$ 分别表示第 $i$ 项土壤质量评价指标分析测定值中的最大值和最小值。

(2)指标权重确定。由于土壤各属性因子对土壤质量综合指数的重要性与贡献不同，所以通常用权重来表示各个因子的重要程度。本研究利用 SPSS 主成分分析的因子负荷量，计算各因子在土壤质量中的权重 $W_i$，具体见公式（4-9）。

各指标因子权重计算公式为

$$W_i = C_i / \sum_{i=1}^{n} C_i \tag{4-9}$$

式中，$C_i$ 为第 $i$ 个土壤因子的负荷量。

(3)土壤综合质量指数(ISQI)计算公式为

$$\text{ISQI} = \sum_{i=1}^{n} W_i \times Q(x_i) \tag{4-10}$$

式中，$W_i$ 为各指标因子的权重值；$Q(x_i)$ 表示第 $i$ 项指标因子的隶属度值。

(4)土壤退化指数(DI)计算公式为

$$\text{DI} = \frac{1}{n} \cdot \sum_{i=1}^{n} (x_i - x_0) / x_i \times 100\% \tag{4-11}$$

式中，$x_i$ 为各土地利用类型的土壤性质指标属性值；$x_0$ 为基准土地利用类型的土壤性质指标属性值；$n$ 为选择的土壤属性数。

## 4.1.4　澜沧县桉树引种前后土壤理化性质及综合质量的变化

### 1. 桉树引种前后土壤物理性质的变化

1)桉树引种前后土壤含水量的变化特征

从水平层面来看(表 4-4)，0～60 cm 土层深度，桉树人工林、常绿阔叶林和思茅松林三种林地土壤含水量($\rho$)的变化差异不显著($P > 0.05$)，各样点土壤含水量为22.00%～25.06%，三种林地 $\rho$ 略有差异，其中思茅松林平均 $\rho$ 最高，其次为次生常绿阔叶林，桉树林最低，表明桉树林对土壤水分的消耗最大。桉树林取代次生常绿阔叶林和思茅松林后，土壤平均含水量分别下降了10.98%和9.55%。

从垂直剖面来看(图 4-2)，三种林型林下表层(0～20 cm)、中层(20～40 cm)、深层(40～60 cm)的 $\rho$ 差异不显著，其变异系数均为 12%～27%，属中度变异(赵筱青等，2012a)。在不同土层深度，各林地类型 $\rho$ 变化情况各异，表层土壤变化情况为 A2＞B2＞B1＞A1，中层土壤变化情况为 A2＞B2＞A1＞B1，深层土壤变化情况为 B2＞A2＞B1＞A1。表明在土壤垂直剖面，桉树林地 $\rho$ 均低于次生常绿阔叶林和思茅松林；桉树林取代常绿阔叶林后，表层、中层和深层 $\rho$ 分别下降了 14.44%、11.58%、6.60%；取代思茅松林后，分别下降了 6.35%、11.20%、10.87%。表明桉树引种使土壤含水量减少，且土壤含水量的减少与引种桉树的原始用地类型有关。

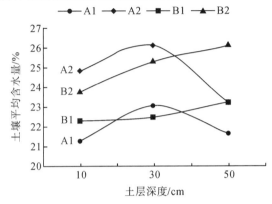

图 4-2　各林型土壤平均含水量垂直变化趋势

2)桉树引种前后土壤容重的变化特征

从水平角度看(表 4-4)，0~60 cm 土层深度，桉树林地、思茅松林地土壤容重差异不显著，次生常绿阔叶林地土壤容重差异极其显著($P<0.05$)。其中，次生常绿阔叶林地土壤平均容重最小，为 0.99 g/cm³，桉树林地(B1)土壤平均容重最大，为 1.31 g/cm³。各林地土壤平均容重由大到小的排序为 B1>B2>A1>A2，表明即使同为桉树人工林地，由于原始用地类型不同，土壤容重也有较大差异。土壤容重的大小与林地类型和林地的原始用地类型有很大关系。桉树林取代次生常绿阔叶林和思茅松林后，土壤平均容重分别增加了 10.14%和 3.31%。表明桉树林引种改变了土壤物理结构，使土壤紧实度增加。

从垂直角度看(表 4-4)，在 0~20 cm、20~40 cm、40~60 cm 土层深度，三种林地类型土壤容重差异显著($P<0.05$)，特别是在土壤表层，不同林地土壤容重差异最大($F=14.86$)，表明表层土壤容重受不同林型影响最大。随土壤深度的增加，三种林地类型土壤容重呈上升趋势。3 种林地类型表层、中层、深层土壤容重变化趋势均为 B1>B2>A1>A2(图 4-3)，桉树林取代次生常绿阔叶林后，三个土层土壤容重分别增加了11.41%、17.61%、0.83%，取代思茅松林后，分别增加了 4.08%、2.05%、3.82%。表明桉树林取代次生常绿阔叶林和思茅松林后，土壤紧实度增加，通气透水能力下降，土壤结构变差。

表4-4　桉树引种前后不同土层深度的土壤物理性质变化

| 土层深度/cm | 林地类型 | 土壤含水量/% 均值 | CV值 | F | Sig. | 容重/(g/cm³) 均值 | CV值 | F | Sig. | 总孔隙度/% 均值 | CV值 | F | Sig. | 毛管孔隙度/% 均值 | CV值 | F | Sig. | 非毛管孔隙度/% 均值 | CV值 | F | Sig. |
|---|---|---|---|---|---|---|---|---|---|---|---|---|---|---|---|---|---|---|---|---|---|
| 0~20 | A1 | 21.28 | 26.43 | | | 1.03 | 7.43 | | | 61.10 | 4.37 | | | 41.12 | 10.69 | | | 19.98 | 17.31 | | |
| | A2 | 24.87 | 17.64 | 0.35 | 0.79 | 0.91 | 4.51 | 14.86 | 0.000 | 65.54 | 2.37 | 14.47 | 0.00 | 44.11 | 8.56 | 1.45 | 0.24 | 21.43 | 13.56 | 19.02 | 0.00 |
| | B1 | 22.28 | 19.28 | | | 1.28 | 15.12 | | | 51.61 | 14.18 | | | 43.46 | 11.57 | | | 8.15 | 63.72 | | |
| | B2 | 23.79 | 16.50 | | | 1.23 | 5.67 | | | 53.58 | 4.99 | | | 45.40 | 7.20 | | | 8.18 | 14.88 | | |
| 20~40 | A1 | 23.06 | 22.77 | | | 1.19 | 11.17 | | | 55.00 | 9.14 | | | 40.74 | 8.39 | | | 14.26 | 15.82 | | |
| | A2 | 26.08 | 16.26 | 1.51 | 0.23 | 0.98 | 7.67 | 7.75 | 0.000 | 62.92 | 4.53 | 7.44 | 0.00 | 50.39 | 9.81 | 0.78 | 0.51 | 12.53 | 25.77 | 15.64 | 0.00 |
| | B1 | 22.48 | 15.34 | | | 1.31 | 15.87 | | | 50.48 | 15.57 | | | 43.63 | 12.70 | | | 6.85 | 70.89 | | |
| | B2 | 25.31 | 13.37 | | | 1.29 | 5.98 | | | 51.19 | 5.64 | | | 44.38 | 7.38 | | | 7.11 | 32.88 | | |
| 40~60 | A1 | 21.67 | 23.66 | | | 1.09 | 10.28 | | | 58.66 | 7.25 | | | 39.51 | 10.62 | | | 19.15 | 24.26 | | |
| | A2 | 23.20 | 12.64 | 1.95 | 0.14 | 1.09 | 10.04 | 6.61 | 0.000 | 59.00 | 6.98 | 6.89 | 0.00 | 43.35 | 9.26 | 2.02 | 0.13 | 15.63 | 12.06 | 20.52 | 0.00 |
| | B1 | 23.25 | 14.40 | | | 1.35 | 12.47 | | | 49.24 | 12.86 | | | 42.24 | 11.32 | | | 7.00 | 54.60 | | |
| | B2 | 26.08 | 19.79 | | | 1.29 | 9.29 | | | 51.18 | 8.26 | | | 45.06 | 8.67 | | | 6.12 | 35.88 | | |
| 0~60 | A1 | 22.00 | | | 0.85 | 1.11 | | | 0.374 | 58.30 | | | 0.37 | 40.50 | | | 0.73 | 17.80 | | | 0.74 |
| | A2 | 24.72 | | | 0.50 | 0.99 | | | 0.000 | 62.50 | | | 0.00 | 46.00 | | | 0.03 | 16.50 | | | 0.08 |
| | B1 | 22.67 | | | 0.76 | 1.31 | | | 0.668 | 50.40 | | | 0.67 | 43.10 | | | 0.67 | 7.30 | | | 0.71 |
| | B2 | 25.06 | | | 0.45 | 1.27 | | | 0.402 | 52.10 | | | 0.51 | 44.90 | | | 0.87 | 7.10 | | | 0.18 |

注：A1原用地类型为常绿阔叶林地；A2常绿阔叶林的桉树人工林地；B1原用地类型为思茅松的桉树人工林地；B2思茅松林地。

3)桉树引种前后土壤孔隙度的变化特征

从水平角度来看(表4-4),0～60 cm土层深度,桉树林和思茅松林的土壤总孔隙度及毛管孔隙度差异不显著,次生常绿阔叶林土壤总孔隙度和毛管孔隙度差异极其显著($P<0.05$),三种林地土壤非毛管孔隙度差异均不显著;与不同林地土壤容重的变化规律一致,表明土壤的孔隙状况与林地类型、土壤容重有很大关系。桉树林取代次生常绿阔叶林和思茅松林后,土壤总孔隙度分别下降了6.77%和3.15%,土壤毛管孔隙度分别下降了11.96%和4.09%,但是土壤非毛管孔隙度分别增加了7.07%和2.66%。表明桉树林地土壤吸持水分用于维持自身生长发育的能力低,保水性能差,但是桉树林地接纳降雨量、减少地表径流量的能力较强,土壤抗冲刷和抗侵蚀的能力有所增加。

从垂直角度来看,三种林型土壤总孔隙度和非毛管孔隙度差异极其显著($P<0.05$),而土壤毛管孔隙度差异不显著。三种林型表层、中层、深层土壤总孔隙度变化情况均为A2>A1>B2>B1,次生常绿阔叶林地三个土层的总孔隙度均大于桉树林地和思茅松林地(图4-4)。桉树林取代次生常绿阔叶林后,三个土层土壤总孔隙度分别下降了6.77%、12.60%、0.58%;取代思茅松林后,分别下降了3.68%、1.97%、3.79%。表明桉树引种影响了土壤结构的疏松性和通透性,这与不同林地类型根系分布、林下枯枝落叶的多少有关。

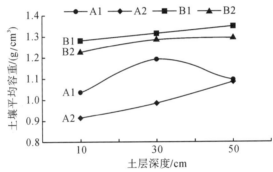

图4-3　各林型土壤平均容重垂直变化趋势

三种林型表层和深层土壤平均毛管孔隙度均为B2>A2>B1>A1;中层土壤毛管孔隙度为A2>B2>B1>A1(图4-4),表明思茅松林地土壤表层和深层毛管孔隙度最大,持水能力最强;次生常绿阔叶林地土壤中层毛管孔隙度最大,持水性能最强,这与不同林型根系的分布情况有关。桉树林地土壤表、中、深三个土层毛管孔隙度最小,土壤持水能力较弱。桉树林在取代了次生常绿阔叶林后,三个土层土壤毛管孔隙度分别下降了2.99%、9.65%、3.84%,取代思茅松林后,三个土层土壤平均毛管孔隙度分别下降了4.28%、1.68%、6.26%。

三种林型土壤表层非毛管孔隙度均表现为A2>A1>B2>B1,土壤中层均表现为A1>A2>B2>B1,土壤深层均表现为A1>A2>B1>B2(图4-4)。桉树林取代次生常绿阔叶林和思茅松林后,土壤表层的非毛管孔隙度分别下降了6.77%和0.36%,但是土壤中层分别增加12.14%和下降3.74%,土壤深层也分别增加18.27%和12.56%。说明桉树林取代次生常绿阔叶林和思茅松林后,土壤表层非毛管孔隙度下降,雨水下渗速度变小,当降雨量较大时,地表径流加大,土壤易遭受侵蚀,抗蚀性低;但土壤中层和深层抗蚀性能有所提高。

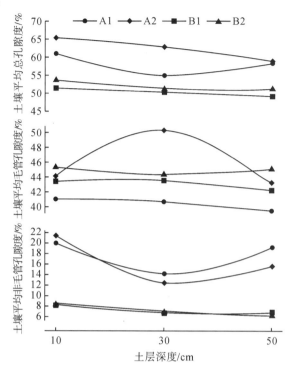

图 4-4 各林型土壤平均孔隙度垂直变化趋势

综上所述，在第一轮伐期内，桉树引种前后土壤物理性质发生了变化。首先，桉树引种对土壤表层、中层和深层的水分消耗量较大，土壤平均含水量较次生常绿阔叶林和思茅松林分别下降了 10.98％和 9.55％。其次，桉树林取代原有的常绿阔叶林和思茅松林后，土壤平均容重分别增加了 10.14％和 3.31％。同时随着土层深度的增加，桉树林地的土壤容重持续增大，表明土壤的紧实度增加，通气透水能力下降，土壤结构变差。最后，孔隙度方面，桉树引种后，土壤平均总孔隙度和平均毛管孔隙度较之次生常绿阔叶林和思茅松林分别下降了 6.77％、3.15％和 11.96％、4.09％，表明桉树林下土壤有效水的储存能力和保水性能变差；但是土壤平均非毛管孔隙度分别上升了 7.07％和 2.66％，说明桉树林地接纳降雨量、减少地表径流量的能力比次生常绿阔叶林和思茅松林强，桉树在一定程度上具有涵养水源和削减洪水的作用；另外，桉树林下土壤中层和深层的抗侵蚀能力较之表层好。

## 2. 桉树引种前后土壤化学性质的变化

桉树引种前后土壤化学性质的变化主要从有机质、氮、磷、钾等肥力因子和阳离子交换量(CEC)、微量元素、pH 等土壤肥力的重要影响因子方面进行分析。

1)土壤 pH

从水平层面看(表 4-5)：0~60 cm 土层深度，三种林地土壤 pH 差异不显著($P >$ 0.05)，并且整体呈弱酸性。其中，A1 土壤 pH 最大，达到 5.40，B1 土壤 pH 最小为 5.21，各林地土壤 pH 的大小排序为：A1＞B2＞A2＞B1(图 4-5)，表明原用地类型为常绿阔叶林的桉树人工林地土壤酸度较高。桉树人工林取代常绿阔叶林和思茅松林后，土壤 pH 分别下降了 0.37% 和 2.25%。同为桉树人工林地，由于原用地类型不同，林下土壤 pH 也有差异，原用地类型为常绿阔叶林的桉树林地土壤 pH 大于原用地类型为思茅松林地的桉树林地。

从垂直剖面来看（表 4-5），0～20 cm、20～40 cm、40～60 cm 土层深度，三种林地土壤 pH 差异不显著（$P>0.05$）。随着深度的增加，三种林地土壤 pH 呈上升趋势，表层和中层土壤 pH 均低于深层，这是由于林木凋落物集中在土壤表层，且土壤表层和中层有较多的根系分布，根系正常呼吸产生的 $CO_2$ 及根分泌的有机酸和 $H^+$ 使土壤 pH 降低。三种林地表层、中层、深层土壤 pH 变化为：A1>B2>A2>B1（图 4-5）。桉树人工林取代常绿阔叶林后，表层、中层、深层土壤 pH 分别下降了 1.27%、2.04%、0.91%；取代思茅松林后，表层、中层、深层土壤 pH 分别增加了 1.33%、2.25%、4.49%，表明桉树引种使土壤酸碱度发生了变化，但变化幅度不大。

2）土壤有机质

从水平层面看（表 4-5），0～60 cm 土层深度，桉树人工林地、常绿阔叶林地、思茅松林地土壤有机质差异不显著（$P>0.05$）。三种林地土壤有机质的大小排序为：A2>A1>B2>B1（图 4-5）。桉树人工林取代常绿阔叶林和思茅松林后，土壤有机质含量分别下降了 6.97% 和 11.03%，表明常绿阔叶林、思茅松林土壤有机质含量较高，桉树人工林对土壤有机质的消耗较大。A1 土壤有机质含量是 B1 的 2.22 倍，说明同为桉树人工林地，由于原用地类型不同，林下土壤有机质也有较大的差异。

从垂直剖面看（表 4-5），0～20 cm、20～40 cm、40～60 cm 土层深度，三种林地土壤有机质含量差异显著（$P<0.05$）。随着深度的增加，土壤有机质含量下降。这是由于林地土壤表层有丰富的植物凋落物残体，这些凋落物残体在分解过程中通过多种生化反应形成结构各异的有机物质，是土壤有机质的主要来源，所以土壤表层有机质含量较高。三种林地表层、中层、深层土壤有机质变化为：A2>A1>B2>B1（图 4-5），桉树人工林取代常绿阔叶林和思茅松林后，表层、中层、深层土壤有机质分别下降了 3.41%、3.76%、15.53% 和 5.95%、28.06%、21.49%，表明桉树人工林对土壤有机质的消耗较大。A2 和 A1 各土层土壤有机质含量均远大于 B2 和 B1，表明常绿阔叶林的土壤有机质含量最高，土壤有机质含量的大小与林地原用地类型有关。

3）全氮、水解性氮

从水平层面看（表 4-5），0～60 cm 土层深度，桉树人工林地土壤全氮、水解性氮含量差异不显著（$P>0.05$），常绿阔叶林地、思茅松林地土壤全氮、水解性氮含量差异显著（$P<0.05$）。A2 土壤全氮、水解性氮含量最大，B2 土壤全氮、水解性氮含量最小，各林地土壤中全氮、水解性氮含量大小排序为：A2>A1>B1>B2（图 4-5），表明常绿阔叶林地和原用地类型为常绿阔叶林的桉树林地的土壤全氮、水解性氮含量较高。这是因为土壤氮素的含量主要来源为植物残体，常绿阔叶林地植物残体最多，而桉树人工林受人为因素如利用方式、施肥等措施的影响较多，所以土壤中氮素的含量较高。桉树人工林取代常绿阔叶林和思茅松林后，土壤中全氮、水解性氮的含量分别上升 4.84%、30.96% 和 8.39%、49.89%。即使同为桉树人工林地，由于原用地类型不同，林下土壤全氮、水解性氮的含量也有较大的差异，A1 土壤全氮、水解性氮含量分别是 B1 的 2.08 和 1.96 倍，表明土壤全氮、水解性氮含量的大小与林地的原用地类型有很大的关系。

从垂直剖面看（表 4-5），0～20 cm、20～40 cm、40～60 cm 土层深度，三种林地土壤全氮含量差异显著（$P<0.05$）。0～20 cm、20～40 cm 土层厚度，三种林地土壤水解性氮含量差异显著（$P<0.05$）。40～60 cm 土层深度，三种林地土壤水解性氮含量差异不显著（$P>0.05$）。随深度的增加，三种林地表层和中层土壤全氮、水解性氮含量均低于深层，这是因为林地表层枯枝落叶较多且林地微生物活动主要体现在土壤表层。三种林地表层、中层、深层土壤全氮、水解性氮变化为：A2>A1>B1>B2（图 4-5）。桉树人工林取代常绿阔叶林后，三个土层土壤全氮、水解性氮分别下降了 16.27％、3.58％、14.92％和 16.81％、5.76％、8.05％。桉树人工林取代思茅松林后，表层、中层、深层土壤全氮、水解性氮分别上升了 17.22％、43.99％、42.25％和 15.49％、75.50％、88.57％，表明桉树人工林引种对土壤中全氮、水解性氮的含量有一定的影响且土壤中全氮、水解性氮含量的变化与林地原用地类型有关。

4）有效磷

从水平层面看（表 4-5），0～60 cm 土层深度，桉树林地土壤有效磷含量差异不显著（$P>0.05$），常绿阔叶林地、思茅松林地土壤有效磷含量差异显著（$P<0.05$）。A1 土壤有效磷含量最大，B2 土壤有效磷含量最小，各林地土壤中有效磷含量大小排序为：A1>A2>B1>B2（图 4-5），表明与常绿阔叶林、思茅松林相比，桉树人工林地土壤有效磷含量较高。桉树人工林取代常绿阔叶林和思茅松林后，土壤中有效磷含量分别上升了 39.62％、34.69％，这与人工林的施肥过程存在一定关系。同时，A1 土壤有效磷含量是 B1 土壤的 1.96 倍，表明土壤有效磷含量的大小与林地的原用地类型有关。

从垂直剖面看（表 4-5），0～20 cm、20～40 cm 土层深度，三种林地土壤有效磷含量差异显著（$P<0.05$）。40～60 cm 土层深度，三种林地土壤有效磷含量差异不显著（$P>0.05$）。随深度的增加，三种林地类型土壤中有效磷含量呈下降趋势，表层和中层土壤有效磷含量均低于深层。三种林地表层、中层、深层土壤有效磷变化为：A1>A2>B1>B2（图 4-5）。桉树人工林取代常绿阔叶林和思茅松林后，表层、中层、深层土壤有效磷含量分别上升了 50.59％、33.45％、51.16％和 36.59％、52.17％、10.71％。

5）速效钾

从水平层面看（表 4-5），0～60 cm 土层深度，A2、A1 土壤速效钾含量差异显著（$P<0.05$），B2、B1 土壤速效钾含量差异不显著（$P>0.05$）。各林地土壤中速效钾含量大小排序为：B1>B2>A1>A2（图 4-5），表明与常绿阔叶林、思茅松林相比，桉树人工林地土壤速效钾含量较高。桉树人工林取代常绿阔叶林和思茅松林后，土壤中速效钾含量分别上升 29.09％、26.65％。同时，原用地类型为思茅松林的桉树林地土壤速效钾含量是原用地类型为常绿阔叶林地的桉树林地的 1.66 倍，表明土壤速效钾含量的大小与林地的原用地类型有关。

从垂直剖面看（表 4-5），0～20 cm、20～40 cm、40～60 cm 土层深度，三种林地土壤速效钾含量差异不显著（$P>0.05$）。随着深度的增加，三种林地土壤中速效钾含量呈下降趋势，表层和中层土壤速效钾含量均高于深层。三种林地类型表层、中层、深层土壤速效钾变化为：B1＞B2＞A1＞A2(图 4-5)，桉树人工林取代常绿阔叶林和思茅松林后，表层、中层、深层土壤速效钾含量分别上升了 22.25%、37.46%、4.01% 和 12.90%、43.58%、29.16%。表明桉树人工林的引种使土壤中速效钾含量上升。这是由于土壤中的钾主要来自土壤中的含钾矿物，其次是施肥带入土壤中的钾，所以使桉树人工林地土壤中速效钾含量较其他两种林地高。

6)交换性镁

从水平层面看(表 4-5)，0~60 cm 土层深度，A2、A1 土壤交换性镁含量差异显著($P<0.05$)，B1、B2 土壤交换性镁含量差异不显著($P>0.05$)。各林地土壤中交换性镁含量大小排序为：B2＞B1＞A2＞A1(图 4-5)，桉树人工林取代常绿阔叶林和思茅松林后，土壤中交换性镁含量分别下降了 27.48%、25.93%。表明桉树人工林对土壤交换性镁的消耗较大，且在桉树人工林的管理中，并没有对土壤交换性镁进行施肥补充。B1 土壤交换性镁含量是 A1 的 3.55 倍，表明土壤交换性镁含量的大小与林地的原用地类型有很大的关系。

从垂直剖面看(表 4-5)，0~20 cm、20~40 cm、40~60 cm 土层深度，三种林地土壤交换性镁含量差异不显著($P>0.05$)。随深度的增加，三种林地土壤中交换性镁含量呈下降趋势。三种林地表层、中层、深层土壤交换性镁变化为：B1＞B2＞A2＞A1(图 4-5)，桉树人工林取代常绿阔叶林后，三个土层土壤交换性镁含量分别下降了 39.13%、10.75%、10.39%。桉树人工林取代思茅松林后，三个土层土壤交换性镁含量分别上升了 35.00%、44.12%、55.56%。表明桉树的引种对土壤中交换性镁的含量有一定的影响且土壤中交换性镁含量的大小与林地原用地类型有关。

7)交换性钙

从水平层面看(表 4-5)，0~60 cm 土层深度，三种林地土壤交换性钙含量差异不显著($P>0.05$)。各林地土壤中交换性钙含量大小排序为：A2＞A1＞B2＞B1(图 4-5)，桉树人工林取代常绿阔叶林和思茅松林后，土壤中交换性钙含量分别下降了 21.06%、4.43%。表明桉树人工林对土壤交换性钙的消耗较大。同时，B1 土壤交换性钙含量与 A1 相比，其土壤交换性钙含量下降了 15.22%，表明土壤交换性钙含量的大小与林地的原用地类型有关。

从垂直剖面看(表 4-5)，0~20 cm、20~40 cm、40~60 cm 土层深度，三种林地土壤交换性钙含量差异不显著($P>0.05$)。随深度的增加，三种林地土壤中交换性钙含量呈下降趋势，这与土壤交换性镁含量变化一致。三种林地类型表层、中层、深层土壤交换性钙变化为：A2＞A1＞B2＞B1(图 4-5)，桉树林取代常绿阔叶林和思茅松林后，土壤表层、中层、深层土壤交换性钙含量分别下降了 8.13%、17.23%、13.77% 和 5.38%、5.39%、2.41%。表明桉树人工林的引种后土壤中交换性钙的含量下降但变化幅度不大。

表4-5　桉树引种前后不同土层深度的土壤化学性质变化

| 土层深度/cm | 林地类型 | pH 均值 | Sig. | 有机质/(g/kg) 均值 | Sig. | 全氮/% 均值 | Sig. | 水解性氮/% 均值 | Sig. | 有效磷/(mg/kg) 均值 | Sig. | 速效钾/(mg/kg) 均值 | Sig. | 交换性镁/(cmol/kg) 均值 | Sig. | 交换性钙/(cmol/kg) 均值 | Sig. |
|---|---|---|---|---|---|---|---|---|---|---|---|---|---|---|---|---|---|
| 0~20 | A1 | 5.31 | 0.961 | 56.59 | 0.032 | 24.55 | 0.001 | 188.93 | 0.000 | 8.90 | 0.010 | 83.91 | 0.328 | 0.140 | 0.313 | 13.79 | 0.384 |
| | A2 | 5.25 | | 58.59 | | 29.32 | | 227.11 | | 5.91 | | 68.64 | | 0.230 | | 15.01 | |
| | B1 | 5.19 | | 28.27 | | 12.80 | | 90.29 | | 3.92 | | 118.06 | | 0.540 | | 10.56 | |
| | B2 | 5.26 | | 30.06 | | 10.92 | | 78.18 | | 2.87 | | 104.57 | | 0.400 | | 11.16 | |
| 20~40 | A1 | 5.38 | 0.387 | 40.46 | 0.004 | 18.59 | 0.000 | 139.03 | 0.000 | 3.91 | 0.009 | 60.88 | 0.083 | 0.083 | 0.190 | 12.35 | 0.451 |
| | A2 | 5.27 | | 42.04 | | 19.28 | | 147.53 | | 2.93 | | 44.29 | | 0.093 | | 14.92 | |
| | B1 | 5.21 | | 15.10 | | 10.18 | | 70.28 | | 2.45 | | 108.98 | | 0.490 | | 10.36 | |
| | B2 | 5.33 | | 20.99 | | 7.07 | | 48.70 | | 1.61 | | 75.90 | | 0.340 | | 10.95 | |
| 40~60 | A1 | 5.52 | 0.259 | 31.05 | 0.002 | 14.43 | 0.000 | 107.19 | 0.083 | 2.73 | 0.096 | 43.48 | 0.182 | 0.069 | 0.132 | 11.52 | 0.176 |
| | A2 | 5.47 | | 36.76 | | 16.96 | | 116.58 | | 2.31 | | 32.91 | | 0.077 | | 13.36 | |
| | B1 | 5.24 | | 10.01 | | 7.34 | | 85.47 | | 1.55 | | 78.67 | | 0.420 | | 10.15 | |
| | B2 | 5.49 | | 12.75 | | 5.16 | | 37.27 | | 1.40 | | 60.91 | | 0.270 | | 10.40 | |
| 0~60 | A1 | 5.40 | 0.898 | 42.70 | 0.192 | 19.19 | 0.340 | 145.05 | 0.018 | 5.18 | 0.021 | 62.76 | 0.016 | 0.097 | 0.021 | 12.55 | 0.450 |
| | A2 | 5.33 | 0.058 | 45.80 | 0.262 | 21.85 | 0.000 | 163.74 | 0.000 | 3.72 | 0.005 | 48.61 | 0.001 | 0.133 | 0.004 | 14.43 | 0.635 |
| | B1 | 5.21 | 0.877 | 17.79 | 0.155 | 10.11 | 0.339 | 82.01 | 0.830 | 2.64 | 0.049 | 101.90 | 0.216 | 0.483 | 0.842 | 10.36 | 0.991 |
| | B2 | 5.36 | 0.325 | 21.27 | 0.104 | 7.72 | 0.018 | 54.72 | 0.006 | 1.96 | 0.001 | 80.46 | 0.406 | 0.337 | 0.777 | 10.84 | 0.972 |

注：A1 原用地类型为常绿阔叶林的桉树人工林地；A2 常绿阔叶林地；B1 原用地类型为思茅松的桉树人工地；B2 思茅松林地。

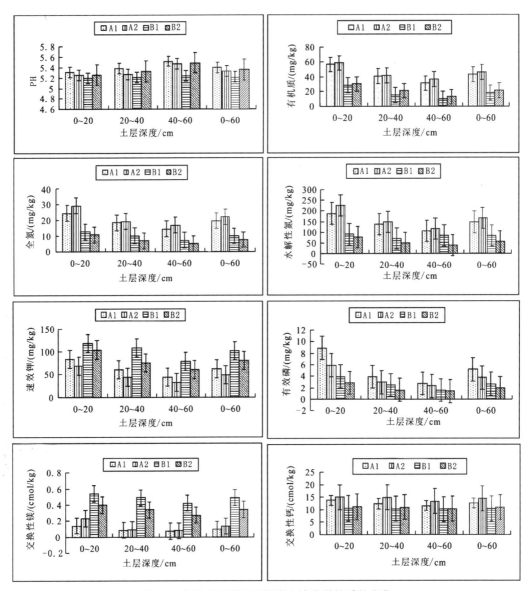

图 4-5　各林型不同土层深度土壤化学性质的变化

## 3. 桉树引种前后土壤微量元素的变化

（1）从水平层面看（表 4-6），0～60 cm 土层深度上，有效 Fe、有效 Zn 和有效 Cu 的含量大小排序均为 B2＞B1＞A2＞A1；有效 Mn 含量排序为 A2＞A1＞B2＞B1；有效 B 含量排序为 A2＞B2＞A1＞B1；说明桉树人工林替换原有次生常绿阔叶林和思茅松林后，土壤中微量元素 Fe、Zn、Cu、Mn、B 的含量均呈下降趋势，说明桉树对微量元素消耗较大。常绿阔叶林土壤中有效 Mn 和有效 B 的含量高于思茅松林，但有效 Fe、有效 Zn 和有效 Cu 的含量则低于思茅松林。

（2）从垂直剖面来看，有效 Fe 含量（表 4-6）：0～20 cm 土层深度，三种林地土壤有效 Fe 含量差异不显著（$P＞0.05$），20～40 cm、40～60 cm 土层深度，三种林地土壤有效

Fe 含量差异显著($P<0.05$)，特别是在土壤深层，不同林地土壤有效 Fe 含量差异尤其显著。随着深度的增加，三种林地类型土壤有效 Fe 含量均呈上升趋势，这是由于植被根际的富集效应，植物向根际分泌有机酸和根际微生物共同作用的结果。三种林地土壤表层、中层、深层有效 Fe 含量变化为：B2＞B1＞A2＞A1(图 4-6)，桉树人工林取代常绿阔叶林和思茅松林后，表层、中层、深层土壤有效 Fe 含量分别下降了 8.94%、6.99%、5.49% 和 1.27%、6.23%、4.54%，表明桉树人工林对土壤有效 Fe 的消耗较多，虽然研究区土壤中有效 Fe 含量较高，但对有效 Fe 的补充是非常重要的。

有效 Zn 含量(表 4-6)：0～20 cm、20～40 cm、40～60 cm 土层深度，三种林地土壤有效 Zn 含量差异不显著($P>0.05$)，随着深度的增加，三种林地土壤有效 Zn 含量均呈上升趋势，与土壤有效 Fe 的变化规律一致。三种林地土壤表层有效 Zn 含量变化为：B2＞B1＞A2＞A1；中层、深层有效 Zn 含量变化为：B1＞B2＞A2＞A1(图 4-6)。桉树人工林取代常绿阔叶林和思茅松林后，表层土壤有效 Zn 含量分别下降了 7.40% 和 14.33%，中层和深层土壤有效 Zn 含量无明显变化规律。

### 表 4-6　桉树种植前后不同土层深度土壤微量元素分析

| 土层深度/cm | 林地 | 有效 Fe/(g/kg) | | 有效 Zn/(g/kg) | | 有效 Cu/(g/kg) | | 有效 Mn/(g/kg) | | 有效 B/(g/kg) | |
|---|---|---|---|---|---|---|---|---|---|---|---|
| | | 均值 | Sig. | 均值 | Sig. | 均值 | Sig. | 均值 | Sig. | 均值 | Sig. |
| 0～20 | A1 | 26.878 | | 0.157 | | 0.014 | | 0.231 | | 0.888 | |
| | A2 | 29.516 | | 0.169 | | 0.015 | | 0.324 | | 0.632 | |
| | B1 | 36.665 | 0.073 | 0.177 | 0.692 | 0.017 | 0.278 | 0.246 | 0.805 | 0.494 | 0.585 |
| | B2 | 37.137 | | 0.214 | | 0.022 | | 0.258 | | 0.633 | |
| 20～40 | A1 | 29.566 | | 0.182 | | 0.015 | | 0.220 | | 1.055 | |
| | A2 | 31.789 | | 0.245 | | 0.017 | | 0.297 | | 0.876 | |
| | B1 | 40.143 | 0.046 | 0.334 | 0.606 | 0.019 | 0.502 | 0.228 | 0.642 | 0.570 | 0.121 |
| | B2 | 42.811 | | 0.268 | | 0.023 | | 0.252 | | 0.928 | |
| 40～60 | A1 | 31.754 | | 0.251 | | 0.019 | | 0.216 | | 1.335 | |
| | A2 | 33.597 | | 0.253 | | 0.020 | | 0.275 | | 1.126 | |
| | B1 | 44.450 | 0.016 | 0.346 | 0.641 | 0.023 | 0.527 | 0.169 | 0.482 | 0.653 | 0.329 |
| | B2 | 46.563 | | 0.287 | | 0.026 | | 0.176 | | 1.189 | |
| 0～60 | A1 | 29.399 | 0.084 | 0.197 | 0.729 | 0.016 | 0.559 | 0.222 | 0.983 | 1.092 | 0.297 |
| | A2 | 31.634 | 0.822 | 0.222 | 0.777 | 0.018 | 0.671 | 0.299 | 0.894 | 0.878 | 0.308 |
| | B1 | 40.577 | 0.147 | 0.257 | 0.284 | 0.019 | 0.809 | 0.201 | 0.706 | 0.572 | 0.773 |
| | B2 | 42.013 | 0.282 | 0.286 | 0.854 | 0.024 | 0.784 | 0.217 | 0.493 | 0.917 | 0.393 |

注：A1 原用地类型为常绿阔叶林的桉树人工林地；A2 常绿阔叶林地；B1 原用地类型为思茅松的桉树人工林地；B2 思茅松林地。

有效 Cu 含量(表 4-6)：0～20 cm、20～40 cm、40～60 cm 土层深度，三种林地土壤有效 Cu 含量差异不显著($P>0.05$)，随深度的增加，三种林地土壤有效 Cu 含量均呈上升趋势，与土壤有效 Fe、有效 Zn 的变化规律一致。三种林地类型土壤表层、中层、深层有效 Cu 含量变化为：B2＞B1＞A2＞A1(图 4-6)，桉树人工林取代常绿阔叶林和思茅松林后，表层、中层、深层土壤有效 Cu 含量分别下降了 4.72%、10.95%、5.00% 和 21.54%、15.48%、12.34%。

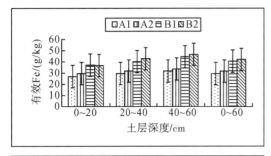
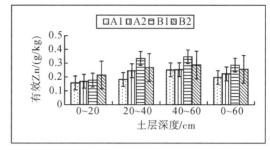
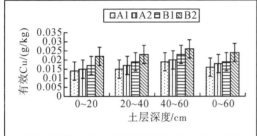
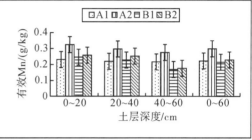
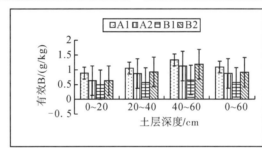

图 4-6　不同林型不同土层深度土壤微量元素的垂直变化

有效 Mn 含量(表 4-6)：0~20 cm、20~40 cm、40~60 cm 土层深度，三种林地土壤有效 Mn 含量差异不显著($P>0.05$)，随着深度的增加，三种林地土壤有效 Mn 含量均呈下降趋势，这主要与云贵高原特殊的气候及土壤有关，植被生长过程中需要从根际吸收足够的有效 Mn 来满足生长的需求，而在酸性土壤中，可供利用的 Mn 比较少，造成深层有效 Mn 含量下降。三种林地土壤表层、中层有效 Mn 含量变化为：A2＞B2＞B1＞A1，深层土壤有效 Mn 含量变化为：A2＞A1＞B2＞B1(图 4-6)，桉树人工林取代常绿阔叶林和思茅松林后，表层、中层、深层土壤有效 Mn 含量分别下降了 28.73%、25.85%、21.52%和 4.61%、9.55%、3.98%，表明桉树人工林对土壤有效 Mn 消耗较常绿阔叶林和思茅松林多，且消耗程度与原用地类型有关，取代思茅松林后，土壤有效 Mn 含量下降较少。

有效 B 含量(表 4-6)：0~20 cm、20~40 cm、40~60 cm 土层深度，三种林地土壤有效 B 含量差异不显著($P>0.05$)，随着深度的增加，三种林地土壤有效 B 含量均呈上升趋势，与土壤有效 Fe、有效 Zn、有效 Cu 的变化规律一致。三种林地表层、中层、深层土壤有效 B 含量变化为：A1＞B2＞A2＞B1(图 4-6)，桉树人工林取代常绿阔叶林后，表层、中层、深层土壤有效 B 含量分别上升了 40.51%、20.43%和 18.56%，取代思茅松林后，表层、中层、深层土壤有效 B 含量分别下降了 21.96%、38.58%和 45.08%。

## 4. 桉树引种前后土壤综合质量的变化

1）土壤综合质量指数（IQSI$_{18}$）的变化

根据土壤质量综合指数值公式计算土壤质量综合指数。其中 ISQI$_1$、ISQI$_2$、ISQI$_3$、ISQI$_4$ 为第 1、2、3、4 主成分的土壤质量综合指数，ISQI$_{18}$ 为综合考虑含水量、容重、土壤 pH、有机质、有效 Fe、有效 Zn 等 18 个土壤物理和化学指标，并根据它们的贡献率得出土壤质量综合指数。具体过程如下：

（1）确定主成分贡献率及指标因子的载荷。根据研究所选择的 18 项指标，在 SPSS 中进行主成分分析，得到主成分贡献率和指标负荷量见表 4-7 和表 4-8。

表 4-7　土壤质量因子的主成分贡献率

| 主成分 | 特征值 | 贡献率/% | 累积贡献率/% | 主成分 | 特征值 | 贡献率/% | 累积贡献率/% |
|---|---|---|---|---|---|---|---|
| 1 | 6.246 | 34.700 | 34.700 | 10 | 0.444 | 2.468 | 93.263 |
| 2 | 3.071 | 17.063 | 51.763 | 11 | 0.358 | 1.989 | 95.252 |
| 3 | 1.798 | 9.988 | 61.752 | 12 | 0.244 | 1.358 | 96.610 |
| 4 | 1.645 | 9.139 | 70.890 | 13 | 0.212 | 1.178 | 97.788 |
| 5 | 0.943 | 5.237 | 76.128 | 14 | 0.166 | 0.921 | 98.709 |
| 6 | 0.820 | 4.556 | 80.683 | 15 | 0.148 | 0.825 | 99.534 |
| 7 | 0.679 | 3.775 | 84.458 | 16 | 0.074 | 0.410 | 99.944 |
| 8 | 0.609 | 3.386 | 87.844 | 17 | 0.010 | 0.056 | 100.000 |
| 9 | 0.531 | 2.950 | 90.795 | 18 | 0.000 | 0.000 | 100.000 |

表 4-8　土壤质量指标的负荷量

| 序号 | 土壤质量指标 | 1 | 2 | 3 | 4 |
|---|---|---|---|---|---|
| 1 | pH | 0.036 | −0.210 | −0.397 | 0.689 |
| 2 | 有机质 | 0.752 | 0.456 | 0.301 | −0.015 |
| 3 | 全氮 | 0.763 | 0.407 | 0.349 | −0.111 |
| 4 | 水解性氮 | 0.722 | 0.255 | 0.333 | 0.045 |
| 5 | 有效磷 | 0.665 | 0.191 | 0.503 | 0.135 |
| 6 | 速效钾 | −0.350 | 0.005 | 0.257 | 0.760 |
| 7 | 交换性镁 | −0.475 | 0.258 | 0.225 | 0.463 |
| 8 | 交换性钙 | 0.298 | −0.670 | −0.008 | 0.236 |
| 9 | 土壤容重 | −0.899 | 0.002 | 0.382 | −0.069 |
| 10 | 毛管孔隙度 | 0.805 | −0.074 | −0.436 | 0.091 |
| 11 | 总孔隙度 | 0.899 | −0.002 | −0.382 | 0.069 |
| 12 | 非毛管孔隙度 | 0.815 | 0.205 | −0.216 | 0.019 |
| 13 | 土壤水分 | 0.416 | −0.067 | 0.379 | 0.190 |
| 14 | 有效 Fe | −0.671 | 0.559 | −0.185 | −0.017 |
| 15 | 有效 Zn | −0.183 | 0.535 | −0.150 | 0.154 |
| 16 | 有效 Cu | −0.323 | 0.754 | −0.090 | −0.201 |
| 17 | 有效 Mn | 0.058 | 0.718 | −0.107 | 0.414 |
| 18 | 有效 B | −0.064 | 0.549 | −0.446 | −0.015 |

从表 4-7 中可以看出第 1 主成分中包含了原矩阵信息中 34.7% 的信息量，第 2 主成

分中包含原矩阵信息的 17.06% 的信息量，这样直至第 4 个主成分时，特征值都大于 1，前 4 个主成分的累计贡献率达到 70.89%，可以综合反映出原来所有土壤质量要素的绝大部分信息，符合主成分分析的要求。

表 4-8 反映了每个主成分和各个因子的相关性程度，值越大就说明该因子对应主成分中的贡献率就越大。正负号代表原因子和主成分的正、负相关性。从第 1、2、3、4 主成分的负荷值可知，第 1 主成分中容重、速效 K、交换性 Mg、有效 Fe、有效 Zn、有效 Cu、有效 B，第 2 主成分中 pH、交换性 Ca、毛管孔隙度、总孔隙度、土壤含水量，第 3 主成分中 pH、交换性 Ca、毛管孔隙度、总孔隙度、非毛管孔隙度、有效 Fe、有效 Zn、有效 Cu、有效 Mn、有效 B，第 4 主成分中有机质、全氮、容重、有效 Fe、有效 Cu、有效 B 的负荷均为负值，采用降型分布函数计算隶属度值[公式(4-8)]，其他因子采用升型分布函数计算隶属度值[公式(4-7)]。

(2)确定指标隶属度值。根据表 4-8 的指标因子的载荷值及公式(4-7)和公式(4-8)，得到土壤质量指标隶属度值见下表 4-9。

表 4-9 土壤质量指标的隶属度值

| 土层深度/cm | 林型 | 土壤容重 | | 毛管孔隙度 | | 总孔隙度 | | 非毛管孔隙度 | | 土壤水分 | | pH | |
| --- | --- | --- | --- | --- | --- | --- | --- | --- | --- | --- | --- | --- | --- |
| | | I | II | I | II | I | II | I | II | I | II | I | II |
| 0~20 | A1 | 0.607 | 0.393 | 0.438 | 0.562 | 0.393 | 0.607 | 0.682 | 0.318 | 0.497 | 0.503 | 0.318 | 0.682 |
| | A2 | 0.504 | 0.496 | 0.703 | 0.297 | 0.496 | 0.504 | 0.305 | 0.695 | 0.387 | 0.613 | 0.662 | 0.338 |
| | B1 | 0.591 | 0.409 | 0.490 | 0.510 | 0.409 | 0.591 | 0.401 | 0.599 | 0.552 | 0.448 | 0.621 | 0.379 |
| | B2 | 0.452 | 0.548 | 0.566 | 0.434 | 0.548 | 0.452 | 0.416 | 0.584 | 0.442 | 0.558 | 0.411 | 0.589 |
| 20~40 | A1 | 0.491 | 0.509 | 0.519 | 0.481 | 0.509 | 0.491 | 0.531 | 0.469 | 0.579 | 0.421 | 0.336 | 0.664 |
| | A2 | 0.439 | 0.561 | 0.666 | 0.334 | 0.561 | 0.439 | 0.422 | 0.578 | 0.630 | 0.370 | 0.670 | 0.330 |
| | B1 | 0.709 | 0.291 | 0.333 | 0.667 | 0.291 | 0.709 | 0.318 | 0.682 | 0.621 | 0.379 | 0.570 | 0.430 |
| | B2 | 0.609 | 0.391 | 0.427 | 0.573 | 0.391 | 0.609 | 0.430 | 0.570 | 0.448 | 0.552 | 0.449 | 0.551 |
| 40~60 | A1 | 0.530 | 0.470 | 0.431 | 0.569 | 0.470 | 0.530 | 0.507 | 0.493 | 0.443 | 0.557 | 0.462 | 0.538 |
| | A2 | 0.284 | 0.716 | 0.596 | 0.404 | 0.716 | 0.284 | 0.395 | 0.605 | 0.338 | 0.662 | 0.430 | 0.570 |
| | B1 | 0.360 | 0.640 | 0.579 | 0.421 | 0.640 | 0.360 | 0.439 | 0.561 | 0.455 | 0.545 | 0.634 | 0.366 |
| | B2 | 0.535 | 0.465 | 0.439 | 0.561 | 0.465 | 0.535 | 0.363 | 0.637 | 0.362 | 0.638 | 0.503 | 0.497 |

| 土层深度/cm | 林型 | 有机质 | | 全氮 | | 水解性氮 | | 有效磷 | | 速效钾 | | 交换性镁 | |
| --- | --- | --- | --- | --- | --- | --- | --- | --- | --- | --- | --- | --- | --- |
| | | I | II | I | II | I | II | I | II | I | II | I | II |
| 0~20 | A1 | 0.486 | 0.514 | 0.448 | 0.552 | 0.514 | 0.486 | 0.433 | 0.567 | 0.463 | 0.537 | 0.349 | 0.651 |
| | A2 | 0.444 | 0.556 | 0.610 | 0.390 | 0.271 | 0.729 | 0.557 | 0.443 | 0.538 | 0.462 | 0.393 | 0.607 |
| | B1 | 0.395 | 0.605 | 0.347 | 0.653 | 0.285 | 0.715 | 0.248 | 0.752 | 0.571 | 0.429 | 0.394 | 0.606 |
| | B2 | 0.442 | 0.558 | 0.374 | 0.626 | 0.249 | 0.751 | 0.366 | 0.634 | 0.487 | 0.513 | 0.400 | 0.600 |
| 20~40 | A1 | 0.433 | 0.567 | 0.403 | 0.597 | 0.427 | 0.573 | 0.421 | 0.579 | 0.536 | 0.464 | 0.388 | 0.612 |
| | A2 | 0.388 | 0.612 | 0.614 | 0.386 | 0.645 | 0.355 | 0.333 | 0.667 | 0.347 | 0.653 | 0.430 | 0.570 |
| | B1 | 0.196 | 0.804 | 0.203 | 0.797 | 0.215 | 0.785 | 0.218 | 0.782 | 0.436 | 0.564 | 0.169 | 0.831 |
| | B2 | 0.309 | 0.691 | 0.287 | 0.713 | 0.378 | 0.622 | 0.579 | 0.421 | 0.268 | 0.732 | 0.202 | 0.798 |

续表

| 土层深度/cm | 林型 | 有机质 I | 有机质 II | 全氮 I | 全氮 II | 水解性氮 I | 水解性氮 II | 有效磷 I | 有效磷 II | 速效钾 I | 速效钾 II | 交换性镁 I | 交换性镁 II |
|---|---|---|---|---|---|---|---|---|---|---|---|---|---|
| 40~60 | A1 | 0.471 | 0.529 | 0.478 | 0.522 | 0.427 | 0.573 | 0.357 | 0.643 | 0.546 | 0.454 | 0.463 | 0.537 |
|  | A2 | 0.361 | 0.639 | 0.417 | 0.583 | 0.645 | 0.355 | 0.245 | 0.755 | 0.516 | 0.484 | 0.250 | 0.750 |
|  | B1 | 0.206 | 0.794 | 0.231 | 0.769 | 0.169 | 0.831 | 0.458 | 0.542 | 0.378 | 0.622 | 0.187 | 0.813 |
|  | B2 | 0.311 | 0.689 | 0.290 | 0.710 | 0.484 | 0.516 | 0.505 | 0.495 | 0.243 | 0.757 | 0.242 | 0.758 |

| 土层深度/cm | 林型 | 交换性钙 I | 交换性钙 II | 有效Fe I | 有效Fe II | 有效Zn I | 有效Zn II | 有效Cu I | 有效Cu II | 有效Mn I | 有效Mn II | 有效B I | 有效B II |
|---|---|---|---|---|---|---|---|---|---|---|---|---|---|
| 0~20 | A1 | 0.305 | 0.695 | 0.428 | 0.572 | 0.530 | 0.470 | 0.447 | 0.553 | 0.301 | 0.699 | 0.543 | 0.457 |
|  | A2 | 0.528 | 0.472 | 0.470 | 0.530 | 0.479 | 0.521 | 0.504 | 0.496 | 0.546 | 0.454 | 0.518 | 0.482 |
|  | B1 | 0.545 | 0.455 | 0.423 | 0.577 | 0.544 | 0.456 | 0.518 | 0.482 | 0.270 | 0.730 | 0.311 | 0.689 |
|  | B2 | 0.544 | 0.456 | 0.552 | 0.448 | 0.312 | 0.688 | 0.356 | 0.644 | 0.394 | 0.606 | 0.345 | 0.655 |
| 20~40 | A1 | 0.571 | 0.429 | 0.529 | 0.471 | 0.341 | 0.659 | 0.505 | 0.495 | 0.329 | 0.671 | 0.583 | 0.417 |
|  | A2 | 0.492 | 0.508 | 0.505 | 0.495 | 0.424 | 0.576 | 0.534 | 0.466 | 0.522 | 0.478 | 0.528 | 0.472 |
|  | B1 | 0.538 | 0.462 | 0.574 | 0.426 | 0.420 | 0.580 | 0.556 | 0.444 | 0.250 | 0.750 | 0.370 | 0.630 |
|  | B2 | 0.568 | 0.432 | 0.579 | 0.421 | 0.239 | 0.761 | 0.329 | 0.671 | 0.382 | 0.618 | 0.416 | 0.584 |
| 40~60 | A1 | 0.717 | 0.283 | 0.483 | 0.517 | 0.272 | 0.728 | 0.474 | 0.526 | 0.310 | 0.690 | 0.530 | 0.470 |
|  | A2 | 0.284 | 0.716 | 0.521 | 0.479 | 0.373 | 0.627 | 0.487 | 0.513 | 0.428 | 0.572 | 0.532 | 0.468 |
|  | B1 | 0.547 | 0.453 | 0.609 | 0.391 | 0.312 | 0.688 | 0.520 | 0.480 | 0.313 | 0.687 | 0.272 | 0.728 |
|  | B2 | 0.561 | 0.439 | 0.537 | 0.463 | 0.333 | 0.667 | 0.249 | 0.751 | 0.380 | 0.620 | 0.396 | 0.604 |

注：Ⅰ、Ⅱ分别为采用升型和降型函数计算出的隶属度值。

(3)确定指标权重。得到指标隶属度值后，根据公式(4-9)计算 ISQI 土壤综合质量评价中各指标的权重值(表 4-10)。

表 4-10　土壤质量指标在不同主成分因子中的权重

| 土壤质量因子 | 权重 1 | 权重 2 | 权重 3 | 权重 4 | 土壤质量因子 | 权重 1 | 权重 2 | 权重 3 | 权重 4 |
|---|---|---|---|---|---|---|---|---|---|
| pH | 0.004 | 0.036 | 0.077 | 0.187 | 毛管孔隙度 | 0.088 | 0.013 | 0.085 | 0.025 |
| 有机质 | 0.082 | 0.077 | 0.059 | 0.004 | 总孔隙度 | 0.098 | 0.001 | 0.074 | 0.019 |
| 全氮 | 0.083 | 0.069 | 0.068 | 0.030 | 非毛管孔隙度 | 0.089 | 0.035 | 0.042 | 0.005 |
| 水解性氮 | 0.079 | 0.043 | 0.065 | 0.012 | 土壤水分 | 0.045 | 0.011 | 0.074 | 0.051 |
| 有效磷 | 0.072 | 0.032 | 0.098 | 0.037 | 有效 Fe | 0.073 | 0.095 | 0.036 | 0.005 |
| 速效钾 | 0.038 | 0.001 | 0.050 | 0.206 | 有效 Zn | 0.020 | 0.090 | 0.029 | 0.042 |
| 交换性镁 | 0.052 | 0.044 | 0.044 | 0.125 | 有效 Cu | 0.035 | 0.127 | 0.017 | 0.055 |
| 交换性钙 | 0.032 | 0.113 | 0.002 | 0.064 | 有效 Mn | 0.006 | 0.121 | 0.021 | 0.112 |
| 土壤容重 | 0.098 | 0.001 | 0.074 | 0.019 | 有效 B | 0.007 | 0.093 | 0.087 | 0.004 |

(4)计算土壤综合质量指数 ISQI。根据公式(4-10)，结合各因子权重，得到桉树引种前后土壤综合质量指数 $ISQI_{18}$，见表 4-11。

表 4-11 各林地土壤质量综合指数($ISQI_{18}$)

| 土地利用类型 | 土层深度/cm | $ISQI_1$ | $ISQI_2$ | $ISQI_3$ | $ISQI_4$ | $ISQI_{18}$ |
|---|---|---|---|---|---|---|
| A1 桉树林地<br>（原用地类型为常绿阔叶林） | 0~20 | 0.490 | 0.454 | 0.461 | 0.471 | 0.337 |
| | 20~40 | 0.488 | 0.451 | 0.446 | 0.445 | 0.331 |
| | 40~60 | 0.478 | 0.420 | 0.434 | 0.404 | 0.318 |
| | ISQI 均值 | | | | | 0.329 |
| A2 常绿阔叶林地 | 0~20 | 0.535 | 0.489 | 0.420 | 0.525 | 0.359 |
| | 20~40 | 0.515 | 0.478 | 0.399 | 0.494 | 0.345 |
| | 40~60 | 0.494 | 0.477 | 0.379 | 0.429 | 0.330 |
| | ISQI 均值 | | | | | 0.345 |
| B1 桉树林地<br>（原用地类型为思茅松林） | 0~20 | 0.470 | 0.400 | 0.435 | 0.495 | 0.319 |
| | 20~40 | 0.427 | 0.373 | 0.434 | 0.442 | 0.296 |
| | 40~60 | 0.356 | 0.369 | 0.357 | 0.416 | 0.260 |
| | ISQI 均值 | | | | | 0.292 |
| B2 思茅松林地 | 0~20 | 0.473 | 0.405 | 0.441 | 0.455 | 0.320 |
| | 20~40 | 0.470 | 0.388 | 0.430 | 0.409 | 0.310 |
| | 40~60 | 0.458 | 0.382 | 0.421 | 0.395 | 0.302 |
| | ISQI 均值 | | | | | 0.310 |

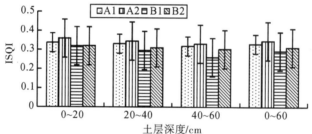

图 4-7　不同林地不同土层土壤质量综合指数($ISQI_{18}$)

从水平层面看，三种林地土壤质量综合指数的大小顺序为：A2>A1>B2>B1，A2 常绿阔叶林地的土壤质量综合指数（$ISQI_{18}$=0.345）最大，B1 原用地类型为思茅松林的桉树林地的土壤质量综合指数（$ISQI_{18}$=0.292）最小（表 4-11，图 4-7）。相比于常绿阔叶林地和思茅松林地，桉树人工林地的土壤质量综合指数分别下降了 4.61% 和 6.12%。表明桉树人工林引种取代常绿阔叶林和思茅松林后，土壤质量下降。原用地类型不同，土壤质量状况亦不同，A1 原用地类型为常绿阔叶林的桉树林地土壤质量（$ISQI_{18}$=0.329）大于 B1 原用地类型为思茅松林的桉树林地（$ISQI_{18}$=0.292）。

从垂直剖面看，三种林地土壤质量综合指数均随土层深度的增加而下降（表 4-11，图 4-7），其中 B1 原用地类型为思茅松林的桉树林地的 $ISQI_{18}$ 下降最明显，中层比表层下降了 7.34%，深层比中层下降了 11.96%；相同土层不同林地的土壤综合质量指数以表土层较高，该土层 A2 常绿阔叶林的土壤质量综合指数最大为 0.359，其次分别为 A1 原用地类型为常绿阔叶林的桉树林地（$ISQI_{18}$=0.337）、B1 原用地类型为思茅松林的桉树林地（$ISQI_{18}$=0.320）、B2 思茅松林地（$ISQI_{18}$=0.319）。桉树人工林取代常绿阔叶林和思茅松林后，各土层土壤质量均下降，取代常绿阔叶林后，三个土层土壤质量综合指数分别下降了 6.16％、3.93％和 3.63％；取代思茅松林后，分别下降了 0.31％、4.56％和3.50％。同为桉树人工林地，由于原用地类型不同，土壤质量综合指数也有差异，原用地类型为常绿阔叶林的桉树林地各土层土壤质量综合指数均大于原用地类型为思茅松林地的桉树林地，表明土壤质量综合指数的大小与林地的原用地类型有关。

总体上，常绿阔叶林林地土壤质量最优，桉树人工林取代了常绿阔叶林及思茅松林后，土壤质量下降，但下降幅度较小。一方面是由于造林前选择了土壤肥力、植被覆盖度较高、立地条件较好的地段；另一方面，施肥、保留枯枝落叶等人工管理因素，使桉树人工林土壤质量下降幅度较小。因此，桉树人工林引种应采取一定抚育措施，提高土地生产力，防止对区域土壤生态环境产生负面影响。

2) 土壤退化指数（DI）的变化

土壤退化指数（DI）可以定量反映区域土地利用变化过程中土壤退化或改善的程度，土壤退化指数可以是正数也可以是负数，负数表明土壤在退化，正数说明土壤质量在提高。研究区受不同林地类型人工施肥差异的影响，思茅松林地和原用地类型为思茅松林地的桉树林地，其速效钾和交换性镁的含量要远高于其他林地类型，为了消除这种影响，本研究将此两种指标排除，同时通过各指标与土壤质量综合指数相关性分析，最终选取土壤容重、有机质、全氮、水解性氮、有效磷、有效 Fe、有效 Zn、有效 Cu、有效 Mn 9个指标作为 DI 的评价指标，其中基准值采用常绿阔叶林理化性质的平均值。用公式 4-11计算澜沧县土壤 DI 指数，见表 4-12。

表 4-12 不同林型下土壤退化指数　　　　　　　　单位：％

| 土层深度/cm | A2 | A1 | B1 | B2 |
|---|---|---|---|---|
| 0～20 | 0 | −6.08 | −26.46 | −31.78 |
| 20～40 | 0 | −5.32 | −18.59 | −24.66 |
| 40～60 | 0 | −3.36 | −17.80 | −21.17 |
| 0～60 | 0 | −1.23 | −22.72 | −23.95 |

图 4-8　不同林型不同土层土壤退化指数 A

注：A1 原用地类型为常绿阔叶林的桉树人工林地；A2 常绿阔叶林地；B1 原用地类型为思茅松的桉树人工林地；B2思茅松林地。

三种林地土壤退化指数计算结果表明，常绿阔叶林地为基准土地利用类型，其退化指数为 0。土壤退化指数可以定量地反映土壤退化和改善的程度，刘世梁等（2008）在对自然林、撂荒地、灌丛林、次生阔叶林、坡耕地和人工林 6 种土地利用方式下的土壤质量进行分析，指出如果 DI 值大于−5％，表明土壤没有退化，−10％～−5％表明土壤有轻微的退化，−20％～−10％表明有中度退化，如果小于−20％则表明有严重的退化。

（1）从水平层面看，在 0～60 cm 土层深度（表 4-12，图 4-8），与常绿阔叶林地相比，

A1 原用地类型为常绿阔叶林的桉树林地土壤未发生退化（DI＝－1.23％＞－5％），而 B1 原用地类型为思茅松林的桉树林地土壤质量严重退化（DI＝－22.72％＜－20％），表明桉树人工林地土壤质量退化程度与原用地类型有关；同时 A1 和 B1 桉树林地土壤退化指数要大于 B2 思茅松林地土壤，说明同样是人工林，思茅松林下土壤退化比桉树人工林严重。原因有两点：一是常绿阔叶林地土壤肥力、立地条件较好，桉树人工林引种时间较短，土壤还保留部分原有较好的性状；二是桉树人工林生长过程中，积累了较多的凋落物，加上人工施肥管理，使桉树人工林地的土壤质量较思茅松林高。

（2）从垂直剖面看（表 4-12，图 4-8），随着深度的增加，三种林地土壤退化指数均呈上升趋势，表层土壤质量退化程度较中层和深层高。与常绿阔叶林相比，A1 原用地类型为常绿阔叶林的桉树林地土壤表层和中层土壤轻微退化（－10％＜DI＜－5％），深层土壤未发生退化（DI＞－5％），三个土层土壤退化指数分别为：－6.08％、－5.32％ 和 －3.36％；B1 原用地类型为思茅松林的桉树林地土壤表层土壤严重退化（DI＜－20％），中层和深层土壤中度退化（－20％＜DI＜－10％），三个土层土壤退化指数分别为：－26.46％、－18.59％ 和－17.80％。表明原用地类型不同，土壤退化程度也不同，A1 原用地类型为常绿阔叶林的桉树林地土壤质量优于 B1 原用地类型为思茅松林的桉树林地。不同土层桉树林地土壤退化指数均大于 B2 思茅松林地。与思茅松林相比，原用地类型为思茅松林的桉树林地各土层土壤退化指数分别上升了 5.32％、6.07％ 和 3.37％。

## 4.1.5　西盟县和孟连县桉树与其他用地类型下土壤理化性质及综合质量差异

为了进一步分析桉树与其他用地类型的土壤理化性质及综合质量差异，选取西盟县和孟连县 2015 年耕地、茶园、咖啡园、桉树林地、橡胶地、常绿阔叶林地 6 种土地类型，采集其土壤样品并进行理化性质测试，从物理性质、化学性质和土壤综合质量三个方面进行分析。其中物理性质主要包括土壤含水量、土壤容重、孔隙度等；化学性质主要包括有机质、pH、N、P、K、交换性 Mg、交换性 Ca；土壤综合质量则运用土壤综合质量指数（ISQI）和土壤退化指数（DI）进行分析。

### 1. 土壤物理性质的差异

1）含水量

研究区土壤含水量排序为耕地＞茶园＞常绿阔叶林地＞桉树林地＞咖啡园＞橡胶林地。耕地平均土壤含水量最大，为 40.440％；橡胶林地的平均土壤含水量最小，为 33.143％（表 4-13）。耕地主要是水田和旱地，大多有沟渠灌溉设施，土壤含水量最高；橡胶林地由于割胶、管理等干扰很强，林下植被覆盖物几乎没有，土壤蓄水能力最差；常绿阔叶林下物种丰富度相比桉树要多，土壤蓄水能力相对较好，而桉树林下基本以紫茎泽兰为主，植被覆盖单一，土壤蓄水能力较差；茶园和咖啡同属于经济作物，但在实际土壤采集时发现，茶园多分布于云雾较大的地方，湿度较大，同时茶园的土质普遍较咖啡园稀松，所以土壤含水量相对较好。

2)土壤容重

研究区土壤容重的排序为(表 4-13)：橡胶林地＞咖啡园＞桉树林地＞常绿阔叶林地＞耕地＞茶园。容重最大的为橡胶林地，达到 1.357 g/cm³，容重最小的为茶园，仅为 1.189 g/cm³，表明橡胶和咖啡地土壤相比茶园和耕地更为板结，土壤通水透气能力相对较差，而常绿阔叶林地和桉树林地居中。

3)孔隙度

研究区土壤的毛管孔隙度大小排序为(表 4-13)：耕地＞茶园＞常绿阔叶林地＞桉树林地＞咖啡园＞橡胶林地；非毛管孔隙度的排序为：茶园＞橡胶林地＞常绿阔叶林地＞耕地＞桉树林地＞咖啡园；总孔隙度排序为：茶园＞耕地＞常绿阔叶林地＞桉树林地＞咖啡园＞橡胶林地。其中耕地、茶园的毛管孔隙度和总孔隙度大，这与定期松土行为有一定关系，常绿阔叶林下植被覆盖较好，植被根茎对土壤孔隙度的影响较大，而桉树、咖啡和橡胶的土壤上层植被覆盖度低，管理过程中踩踏干扰严重，孔隙度相对较低，表明耕地和茶园土壤中有效水贮存容量大，咖啡园和橡胶园则较差，常绿阔叶林和桉树林的土壤中有效水含量介于这几种用地类型之间。而茶园和橡胶林地的非毛管孔隙度值较高，说明接纳地表径流的能力较好，土壤抗冲蚀能力较好，桉树林地和咖啡园的抗地表径流冲蚀能力较差，常绿阔叶林地和耕地的抗冲蚀能力则介于这几种用地类型之间。

表 4-13　不同用地类型下土壤物理性质的差异

| 用地类型 | 含水量/% | Sig. | 土壤容重/(g/cm³) | Sig. | 毛管孔隙度/% | Sig. | 非毛管孔隙度/% | Sig. | 总孔隙度/% | Sig. |
|---|---|---|---|---|---|---|---|---|---|---|
| 桉树林 | 35.379 | 0.000 | 1.270 | 0.000 | 49.221 | 0.000 | 2.850 | 0.000 | 52.071 | 0.000 |
| 橡胶林 | 33.143 | 0.000 | 1.357 | 0.000 | 44.382 | 0.000 | 4.410 | 0.035 | 48.792 | 0.000 |
| 常绿阔叶林 | 38.839 | 0.000 | 1.226 | 0.000 | 50.065 | 0.000 | 3.679 | 0.001 | 53.745 | 0.000 |
| 耕地 | 40.440 | 0.000 | 1.211 | 0.000 | 51.098 | 0.000 | 3.220 | 0.001 | 54.318 | 0.000 |
| 咖啡园 | 34.821 | 0.043 | 1.340 | 0.008 | 47.861 | 0.000 | 1.590 | 0.251 | 49.451 | 0.008 |
| 茶园 | 39.180 | 0.000 | 1.189 | 0.000 | 50.579 | 0.000 | 4.545 | 0.000 | 55.123 | 0.000 |

## 2. 土壤化学性质的差异

取各用地类型土壤样本化学性质测定的平均值，分析各土地类型土壤化学性质的差异，其中 1 代表桉树林，2 代表橡胶林，3 代表常绿阔叶林，4 代表耕地，5 代表咖啡园，6 代表茶园(图 4-9)。

(1)pH：研究区土壤 pH 均在 5.300 以下，属于强酸性土壤。耕地土壤 pH 最高，为 5.228，而咖啡园土壤 pH 最低，为 4.855。桉树、橡胶、茶园和常绿阔叶林地土壤的 pH 差异不大，且均在 5.000 左右。

(2)有机质：研究区土壤有机质含量最高的用地类型为茶园，达 44.346 g/kg，有机质含量最低的用地类型为咖啡园，含量为 30.693 mg/kg；林地类型中，橡胶林和桉树林地土壤有机质含量相对较低，而常绿阔叶林地含量相对较高。原因是常绿阔叶林样地中土壤腐殖质层比桉树林和橡胶林地厚，利于有机质的积累，而耕地和茶园有机质含量较高与人工施肥有一定关系。

（3）水解性氮和全氮：耕地土壤水解性氮含量最高，达 160.886 mg/kg，咖啡园土壤水解性氮含量最低，含量为 96.328 mg/kg，其次较低的是橡胶林地，含量为 113.993 mg/kg。全氮含量最低的是咖啡园，其次为橡胶林地，含量较高的分别为茶园、耕地、常绿阔叶林和桉树林地。林地类型中常绿阔叶林地的水解性氮和全氮含量最高，而橡胶林地和桉树林地的水解性氮和全氮含量最低，表明人工林对土壤氮元素的消耗要大于常绿阔叶林。

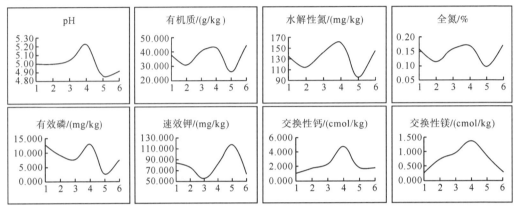

图 4-9　研究区不同用地类型土壤化学性质差异

（4）有效磷：耕地土壤有效磷含量最高，达到 12.910 mg/kg，其次为桉树林地，达到 12.702 mg/kg，最低为咖啡园，含量为 2.665 mg/kg，茶园土壤有效磷的含量仅略高于咖啡园，为 7.305 mg/kg，耕地和桉树林地有效磷含量较高与磷肥施用有很大关系。

（5）速效钾：研究区咖啡园土壤速效钾含量最高，达到 117.750 mg/kg，常绿阔叶林地土壤速效钾含量最低，为 54.546 mg/kg，其次为橡胶林和桉树林地。表明常绿阔叶林对土壤钾元素的消耗量高于桉树和橡胶林地，而耕地和茶园土壤速效钾含量较高与人工施肥存在一定关系。

（6）交换性钙和交换性镁：耕地交换性钙和交换性镁含量最高，分别达到 4.736 cmol/kg 和 1.374 cmol/kg，桉树林地土壤交换性钙和交换性镁含量最低，分别为 0.974 cmol/kg 和 0.238 cmol/kg，其余用地类型土壤的交换性钙和交换性镁含量差异不大，整体交换性钙和交换性镁曲线变化一致。研究区桉树、橡胶、常绿阔叶林、耕地、茶园和咖啡园均不存在人工钙肥施放，表明耕地对土壤中钙元素和镁元素的消耗要低于其他用地类型，而桉树林地对土壤中钙、镁的消耗最大。

**3. 土壤综合质量的差异**

根据土壤综合质量指数（ISQI）的计算公式（4-7）、式（4-8）、式（4-9）及式（4-10），用土壤含水量、土壤容重、土壤总孔隙度、毛管孔隙度和非毛管孔隙度 5 个物理指标和土壤 pH、有机质、有效磷、水解性氮、全氮、速效钾、交换性钙、交换性镁 8 个化学指标，采用每一种用地类型 13 个土壤理化性质实测数据的均值，经 SPSS 主成分分析确定因子贡献率和因子载荷等，计算各用地类型下的土壤 $ISQI_{13}$ 指数并进行评价（图 4-10）。

根据土壤退化指数（DI）的计算公式（4-11），并结合研究区土壤理化性质的实测值，选取总孔隙度、土壤容重、有机质、全氮、水解性氮、pH 6 个指标作为土壤退化指数（DI）的评价指标，基准值采用常绿阔叶林地的平均值，计算桉树林、橡胶林、耕地、茶园和咖啡园土壤退化指数。依据其他学者的相关研究，如果 DI 指数值大于 $-5\%$ 表明土壤没有退化，$-10\% \sim -5\%$ 为轻微退化，$-20\% \sim -10\%$ 为中度退化，小于 $-20\%$ 则说明土壤严重退化（刘世梁等，2008）。DI 指数计算结果如下表 4-14 所示。

1）土壤综合质量指数（ISQI）的差异

研究区土壤综合质量 $ISQI_{13}$ 指数从大到小分别为耕地、茶园、常绿阔叶林地、桉树林、咖啡园、橡胶林（图 4-10），表明耕地土壤的综合质量最好，茶园次之，而橡胶林地土壤的综合质量最差。耕地土壤综合质量较高与耕地主要分布于立地条件较好的地方，日照、灌溉条件好，土壤含水量高，人工施肥频率较高，土壤理化性质相比其他用地类型好等有直接联系；常绿阔叶林地土壤综合质量高于桉树林和橡胶林，这与常绿阔叶林地具有较高的物种丰富度和较好的微生态环境有较大的关系。同时人为活动、经营管理对桉树、橡胶及咖啡的干扰较大，地表覆盖物人为减少，所以土壤综合质量相对较差。同为人工林，橡胶林土壤质量远低于桉树林，是因为橡胶林人工从开始种植到可割胶利用，一直有人工管理，林下无枯枝落叶，而桉树人工管理集中在种植初期前三年，林下草本层覆盖度较高，枯枝落叶层较厚。

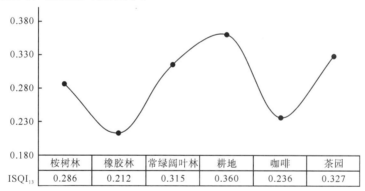

| | 桉树林 | 橡胶林 | 常绿阔叶林 | 耕地 | 咖啡 | 茶园 |
|---|---|---|---|---|---|---|
| $ISQI_{13}$ | 0.286 | 0.212 | 0.315 | 0.360 | 0.236 | 0.327 |

图 4-10 不同用地类型下土壤综合质量指数（$ISQI_{13}$）的差异

2）土壤退化指数（DI）的差异

研究区不同用地类型土壤退化指数 DI 排序为耕地＞茶园＞桉树林地＞橡胶林地＞咖啡园，其中咖啡土壤 DI 指数小于 $-20\%$，属于严重退化；橡胶林地土壤退化指数 DI 为 $-13.951\%$，介于 $-20\% \sim -10\%$，属于中度退化；桉树林地土壤 DI 指数为 $-6.936\%$，介于 $-10\% \sim -5\%$，属于轻微退化；其余耕地、茶园土壤均大于 $-5\%$，没有退化。表明除耕地和茶园外，其余用地类型均存在土地退化风险，尤其是咖啡园和橡胶林地，桉树林地虽然土地退化指数属于轻微退化，但其潜在的退化风险仍然不能忽视。

表 4-14 研究区土壤退化指数
单位：%

| 用地类型 | 桉树 | 橡胶 | 耕地 | 茶园 | 咖啡 |
|---|---|---|---|---|---|
| DI 指数 | $-6.936$ | $-13.951$ | 5.110 | 2.907 | $-27.960$ |

## 4.1.6　小结

第一轮伐期内，在施 N、P、K 肥的情况下桉树人工林引种对土壤的理化性质、微量元素及综合质量产生了一定的影响。

(1)桉树林取代次生常绿阔叶林和思茅松林后，土壤物理性质变化是：①土壤含水量降低，且含水量的大小与原用地类型有关；②土壤容重降低、土壤紧实度增加，通气透水能力下降，土壤结构变差；③土壤总空隙度下降，且随着土层深度的增加，土壤毛管空隙度和非毛管孔隙度均呈下降趋势。

(2)桉树林取代次生常绿阔叶林和思茅松林后：①在水平层面上，0~60 cm 土层深度范围内 pH 降低，有机质含量减少，氮、磷、钾含量增加，交换性镁和交换性钙减少。②在垂直剖面上，桉树人工林地土壤 pH 下降，pH 的变化与原用地类型有关；随着土层深度的增加，桉树人工林土壤有机质含量下降的幅度比常绿阔叶林和思茅松林下降幅度更大；桉树林地土壤氮、磷、钾元素在各个土层深度均大于常绿阔叶林和思茅松林，这与人工施肥存在一定关系；桉树人工林地土壤镁和钙含量比次生常绿阔叶林和思茅松林都低，其对镁和钙的消耗要高于次生常绿阔叶林和思茅松林。

(3)桉树林取代次生常绿阔叶林和思茅松林后，土壤有效 Fe、Zn、Cu、Mn、B 含量均呈下降趋势，桉树人工林在生长时间较短的过程中所消耗的土壤有效 Fe、Zn、Cu、B、Mn 均比常绿阔叶林和思茅松林多。

(4)土壤综合质量指数(ISQI)和土壤退化指数(DI)的对比分析表明，常绿阔叶林土壤质量最优，且桉树人工林取代常绿阔叶林后，土壤质量有一定程度退化，取代思茅松林地后，土壤质量退化幅度不大。

(5)不同用地类型下土壤物理性质的分析表明：土壤含水量最高的是茶园，最低的是橡胶林地；而土壤容重最大的是橡胶林地，最小的是茶园，橡胶林土壤透水透气能力最差；孔隙度的变化说明耕地、茶园土壤中有效水贮存容量大，咖啡园和橡胶林则较差，常绿阔叶林和桉树林的土壤中有效水含量介于这几种用地类型之间，但是橡胶林地在一定程度上接纳地表径流的能力较好，土壤抗冲蚀能力较好，而桉树林地和咖啡园则在抗地表径流冲蚀的能力较差，常绿阔叶林和耕地的抗冲蚀能力则介于这几种用地类型之间。

(6)不同用地类型下土壤化学性质的分析表明：耕地土壤中的 pH、有机质、水解性氮、全氮、有效磷、交换性钙和交换性镁含量均明显高于其他用地类型；咖啡园在 pH、有机质、水解性氮、全氮和有效磷含量上明显低于其他用地类型，而在速效钾的含量上则明显高于其他用地类型；桉树林和橡胶林对土壤中交换性钙和交换性镁的消耗明显高于其他用地类型。

(7)不同用地类型下土壤综合质量的分析表明：土壤 ISQI 指数由大到小分别为耕地、茶园、常绿阔叶林、桉树林、咖啡园和橡胶林。土壤 DI 指数表明，咖啡园存在重度退化风险，橡胶林地存在中度退化风险，桉树林地存在轻微退化风险，茶园地整体退化风险很低。说明橡胶林地和咖啡地对土壤的综合质量水平有较大的负向影响，表现为土壤综合质量水平低、土地退化风险高，其次为桉树林地和茶园，而耕地和常绿阔叶林地的土壤综合质量较好。

(8)根据桉树人工林对土壤的影响分析结果，今后桉树人工林的引种过程中，需要考虑以下措施：①采取科学的育林制度和作业方式，保护林下植被和生物多样性，提高人工林群落的自肥能力，维持地力和人工林的可持续发展。②在桉树人工林管理过程中，尽可能保存林地枯枝落叶，维持其人工林养分的正常循环。同时适当增加氮、磷、钾、交换性钙和交换性镁等肥料的投入。③在桉树人工林轮伐期间，根据土壤状况，选择适当的植被类型恢复生态系统，并适时进行土壤微量元素的输入，保持森林生态系统的可持续发展。④根据当地实际情况及实验研究确定合理的施肥比例，改善咖啡和橡胶这两种人工经济园林地土壤综合质量，防止土地进一步退化。

## 4.2　澜沧县桉树人工林引种对林下植物多样性的影响

桉树引种对于区域的经济发展有一定带动作用，但对于桉树引种是否对生物多样性造成影响，需要对桉树引种区进行深入研究。本书运用地理学和生态学的理论和研究方法，以大面积桉树人工林引种区澜沧县为研究案例区，对次生常绿阔叶林地、思茅松林地、灌木林地、桉树林地的林下植物物种多样性进行对比分析，探讨桉树引种对林下植物物种多样性的影响，并对引种区植物物种多样性生态安全进行分析，为桉树引种合理化和景观生态安全格局的构建提供科学依据。

### 4.2.1　样地设置调查及研究方法

**1. 样地设置**

采用澜沧县桉树引种前后的遥感影像图（2000 年和 2009 年），确定原用地类型是常绿阔叶林地、思茅松林地、灌木林地的桉树林地。在此基础上根据不同年份桉树种植分布图进一步确定 7 年树龄桉树种植区，按不同海拔、坡向、坡度、土壤类型设置 14 块调查样地，其中，原用地类型为常绿阔叶林地的桉树林样地 6 块，原用地类型为思茅松林地的桉树林样地 6 块，原用地类型为灌木林地的桉树林样地 2 块。为避免环境影响造成的样地间差异，在所设立的桉树林样地附近，选择立地条件基本相似的次生常绿阔叶林地、思茅松林地、灌木林地为对比样地。其中，桉树林地与次生常绿阔叶林地的对比样地 6 组，桉树林地与思茅松林地的对比样地 6 组，桉树林地与灌木林地的对比样地 2 组。

**2. 调查方法**

采用群落学调查法，设置面积为 20 m×20 m 的正方形调查样地，将样地划分为 4 个 10 m×10 m 的小样方，共设置了 7 年树龄桉树林地样地 14 块，调查了乔木层样方 56 个，灌草层样方 70 个；次生常绿阔叶林地对比样地 6 块，调查了乔木层样方 24 个，灌草层样方 30 个；思茅松林地对比样地 6 块，调查了乔木层样方 24 个，灌草层样方 30 个；灌木林对比样地 2 块，调查了灌草层样方 10 个。研究区共设置了样地 28 块，调查样方 244 个。对每块样地均记录经纬度、海拔高度、坡向、坡度、坡位、土壤类型等立地因子。

乔木层调查：样地设置后，直接对桉树林地、次生常绿阔叶林地、思茅松林地内乔木层的树种、株数、胸径、树高等指标进行全面调查。

灌木层和草本层的调查：在每块 20 m×20 m 的正方形调查样地内，分别在正方形的四角及中间设置 5 个 3 m×3 m 的灌木层和草本层调查样方。记录每个样方内的灌木和草本种类、株/丛数、高度等指标。对于野外不能确定的植物物种，采集标本，进一步进行鉴定。根据外业调查和植物标本鉴定，综合运用《云南高等植物电子辞典》《云南植物志》《中国植物志》《Flora of China》等软件和志书查找植物的科属种及拉丁名。

## 3. 数据统计分析方法

1）重要值

重要值是体现植物在整个群落中的作用及所处地位的重要依据。从重要值的角度对群落中的不同种群进行分析，能比较客观、全面地反映该种植物在群落中所处的地位及对整个群落起到的影响作用（Curtis and McIntosh，1951）。

灌木和草本的重要值为

$$I_v = \frac{H_r + C_r + F_r}{3} \tag{4-12}$$

式中，$H_r$ 为相对高度；$C_r$ 为相对盖度；$F_r$ 为相对频度；

$H_r = H$（某个种的高度）$/\sum H$（全部种的总高度）；

$C_r = C$（某个种的株数）$/\sum C$（全部种的总株数）；

$F_r = F$（某个种的频度）$/\sum F$（全部种的总频度）。

2）物种多样性测度

物种丰富度：物种丰富度是一个群落中的物种数目，是最简单、最古老的物种多样性测度方法。以样地中物种的数目表示物种丰富度（$S$）。

物种多样性指数：用 Simpson 指数和 Shannon-Wiener 指数表示物种多样性。

Simpson 指数（$H'$）为

$$H' = 1 - \sum_{i=1}^{S} P_i^2 \quad (i=1, 2, \cdots, S) \tag{4-13}$$

式中，$P_i$ 为第 $i$ 种的个体数（$N_i$）占所有物种总个体（$N$）的比例，即 $P_i = N_i/N$。

Shannon-Wiener 指数（$H$）为

$$H = -\sum_{i=1}^{S} (P_i \ln P_i) \quad (i=1, 2, \cdots, S) \tag{4-14}$$

式中，$P_i$ 为第 $i$ 种的个体数（$N_i$）占所有物种总个体（$N$）的比例，即 $P_i = N_i/N$。

物种均匀度：植物群落均匀度是指群落中各个种的多度的均匀程度。可以通过多样性指数值与该样地种数、个体总数不变的情况下理论上具有的最大的多样性指数值的比值来度量。以 Shannon-Wiener 多样性指数为基础的均匀度指数：

$$J_{sw} = \frac{-\sum_{i=1}^{S} P_i \ln P_i}{\ln S} \tag{4-15}$$

式中，$n_i$ 为第 $i$ 个种的个体数，$N$ 为群落（样地）所有的个体总数，$P_i$ 为第 $i$ 个种的个体数占总个体数的比例，即 $P_i = n_i / N$。

3）相似性测度

不同土地利用类型植物物种多样性差异的比较研究采用群落间 $\beta$ 多样性测定，运用相似性系数测度，本研究利用 Sorensen 指数测定。

Sorensen 指数：

$$S = \frac{2c}{a+b} \tag{4-16}$$

式中，$a$、$b$ 分别为两种用地类型全部科、属、种数，$c$ 为两种用地类型共有的科、属、种数。相似性系数的值变动范围是 $0 \sim 1$，当相似性系数等于 0 时，表示两群落种类完全不相同；当相似性系数等于 1 时，表示两群落种类完全相同。

4）生态位的测度

通过对林下物种生态位宽度的研究，可以了解种群在不同用地类型下的地位和作用及林下植物群落的结构和特征。生态位宽度指物种或物种群对环境适应状况或对资源利用的多样化程度，若一个植物种群实际利用的资源仅占整个资源谱的一小部分，这个植物种具有较窄的生态位；若占整个资源谱的大部分，则其具有的生态位较宽。一个物种的生态位越宽，则该种的特化程度越小，倾向于泛化种；生态位越窄，其特化程度越强，更倾向于特化种（田晔华，2011）。本研究是在重要值基础上进行生态位分析，把林下植物群落所调查的每一个样方作为多种资源的综合状态，利用每个物种在不同样方内的个体数、重要值、盖度等计算各个物种的生态位宽度。Levins（1968）提出了用物种的个体在资源谱中的分布，即资源利用的宽度，作为生态位的量度，研究采用 Levins 生态位宽度指数对生态位宽度进行测度（钟宇，2009）。

Levins 生态位宽度指数：

$$B_i = 1/(\sum_1^r P_{ij}^2) \tag{4-17}$$

式中，$B_i$ 为物种 $i$ 的生态位宽度；$P_{ij}$ 是物种 $i$ 利用第 $j$ 资源占它所利用全部资源位的比例；$r$ 为资源位数（样方数）。其中，$P_{ij} = n_{ij}/Y_i$，$\sum_{j=1}^r n_{ij}$，$n_{ij}$ 为物种 $i$ 在第 $j$ 样方的重要值；$Y_i$ 为全部样方中的重要值之和。

$B_i$ 值越大，则说明 $i$ 物种的生态位越宽，该物种利用的资源量越多。

5）植物物种多样性生态安全系数

在生物多样性指数和相似性系数计算基础上，以植物物种多样性生态安全系数评价不同土地利用类型对植物物种多样性的影响状况。植物物种多样性生态安全系数定义为区域或土地利用类型生物多样性值与原始自然的、生态安全的区域或土地利用类型生物多样性值之比与两区域相似性系数的乘积，是区域或土地利用类型对生物多样性影响的评价综合指数（Erika et al.，2005）。

生物多样性指数（Biodiversity Index Ratio）：

$$\text{BIR} = (H'/\text{OH}') \times 100\% \tag{4-18}$$

式中，BIR 为土地利用/覆盖类型的生物多样性指数比值；$H'$ 为土地利用/覆盖类型的生物多样性指数；$\text{OH}'$ 为原始自然植被类型的生物多样性指数，这里的生物多样性指数是指 Shannon-Wiener 多样性指数。

植物物种多样性生态安全系数（Biodiversity security coefficient）

$$BSC＝BIR×S×100\%$$ (4-19)

式中，BSC 为生物多样性生态安全系数；BIR 为生物多样性指数比值；$S$ 为相似系数，计算方法同上。生物多样性生态安全系数的大小范围为 1～100，生物多样性生态安全系数越高，区域或土地利用/覆盖类型的生物多样性越接近原始自然状态，其生态安全也越高。将 1～100 的生态安全系数划分为 4 个安全等级，0～25：影响非常严重；25～50：严重；50～75：警戒；75～100：安全（高青竹，2003）。

## 4.2.2　各林地植物物种多样性现状分析

### 1. 各林地林下植物组成分析

群落是由不同植物种类组成的，植物种类组成是群落最重要的特征之一，是决定群落外貌及结构的基础条件。群落的其他特征，诸如结构和外貌等，都是由种类组成决定，植物群落的本质就是不同植物种类在一定生境中的聚合体（赵一鹤，2008）。而每一个植物种，又都是以不同数量的个体集合而成的种群形式存在，它们的特点以及与环境间的相互关系，是研究群落的重要基础。为研究植物群落的物种，区分群落中的优势种和从属种是群落生态研究中的首要工作。重要值是一个反应种群的大小、多少和分布状况的综合性指标，能够较客观地表达不同植物在群落中的作用与地位，可确定群落的优势种，表明群落的性质，也可用于表示各个物种在群落中作用的相对大小，同时也反映某种群对所处生境条件的适应程度。

1）植物生长型组成分析

植物的生长型反映植物生活的环境条件。对次生常绿阔叶林地、思茅松林地、灌木林地、桉树林地植物按照 Whittaker（1977）的生长型系统（宋永昌，2001）划分（表 4-15），将群落中高于 3 米的木本植物划为乔木，3 米以下的划为灌木，0.25 米以下的划为亚灌木或矮灌木。

次生常绿阔叶林地 6 块样地内统计的植物共有 112 种，群落物种组成中乔木所占比例最大，包括 44 种植物，占全部物种数的 39.24%；其次是灌木和草本植物，分别占 25% 和 21.43%；藤本植物有 12 种，占全部物种的 10.71%。

思茅松林地 6 块样地内统计的植物共有 111 种，群落物种组成中灌木所占比例最大，包括 42 种植物，占全部物种数的 37.84%；其次是草本植物，占 36.94%，与灌木植物物种数差异不大；乔木包含有 15 种物种，占全部物种的 13.51%；藤本植物有 6 种，占全部物种的 4.5%。

灌木林地样地内统计的植物共有 56 种，群落物种组成中灌木所占比例最大，占全部物种数的 55.36%；其次是草本植物，占 26.79%；藤本植物包含有 6 种物种，占全部物种的 10.71%。在灌木林地内有毛叶黄杞、红木荷、厚皮香 3 种高度大于 3 米的乔木。

桉树林地 13 块样地内统计的植物共有 155 种，仅含有 1 种乔木，即桉树；群落物种组成中灌木所占比例最大，占全部物种数的 45.81%；其次是草本植物，占 40.65%；藤本植物包含有 11 种物种，占全部物种的 7.1%。在四种林地的调查样地内均未出现附生植物。

表 4-15　各林地植物物种生长型组成特征

| 林地类型 | | 乔木 | 藤本植物 | 灌木 | 亚灌木或矮灌木 | 草本植物 |
|---|---|---|---|---|---|---|
| 次生常绿阔叶林地 | 种数 | 44 | 12 | 28 | 4 | 24 |
| | 百分比/% | 39.29 | 10.71 | 25.00 | 3.57 | 21.43 |
| 思茅松林地 | 种数 | 15 | 5 | 42 | 8 | 41 |
| | 百分比/% | 13.51 | 4.50 | 37.84 | 7.21 | 36.94 |
| 灌木林地 | 种数 | 3 | 6 | 31 | 1 | 15 |
| | 百分比/% | 5.36 | 10.71 | 55.36 | 1.79 | 26.79 |
| 桉树林地 | 种数 | 1 | 11 | 71 | 9 | 63 |
| | 百分比/% | 0.65 | 7.10 | 45.81 | 5.81 | 40.65 |

2)物种科属种数组成分析

对 4 种用地类型林下灌木层和草本层物种的科、属、种数进行统计，结果如表 4-16 所示。次生常绿阔叶林地林下灌木层和草本层植物种共计 96 种，隶属于 46 科 74 属，其中灌木层植物种共计 72 种，隶属于 30 科 50 属；草本层植物种共计 24 种，隶属于 19 科 25 属。把含有 3 种或 3 种以上的植物的科作为林分的优势科（Posachlod et al.，2005），那么次生常绿阔叶林地林下优势科为山茶科、蝶形花科、壳斗科、樟科、野牡丹科、紫金牛科、蔷薇科、大戟科、菝葜科、莎草科。林下灌木层和草本层单科单种的有 29 科，占总科数的 63%；单属单种的共有 64 属，占总属数的 86.5%。次生常绿阔叶林地植物单科单种、单属单种所占比例均超过一半，说明林下植物物种分布不集中。

思茅松林地林下灌木层和草本层植物种共计 99 种，隶属于 45 科 82 属，其中灌木层植物种共计 65 种，隶属于 30 科 5 属；草本层植物种共计 34 种，隶属于 17 科 31 属。林下主要优势科为蝶形花科、大戟科、壳斗科、茜草科、山茶科、蔷薇科、樟科、禾本科、菊科、莎草科。林下单科单种占总科数的 64.4%，单属单种占总属数的 86.6%，二者所占比例均超过一半，表明思茅松林地林下物种组成较为分散。

灌木林地林下共有 54 种植物，隶属于 33 科 49 属，其中灌木层物种共计 40 种，隶属于 22 科 35 属；草本层物种有 14 种，隶属于 1 个科 14 属。林下群落的优势科为：山茶科、蝶形花科、壳斗科、禾本科。林下单科单种占总科数的 75.8%，单属单种占总属数的 89.8%，表明灌木林地林下灌木层和草本层的植物分布较为分散，不集中。

桉树林地林下植物种共计 161 种，隶属于 60 科 128 属，其中灌木层物种有 89 种，隶属于 38 科 66 属；草本层物种有 72 种，隶属于 31 科 62 属；乔木层基本上只有桉树一种，占绝对优势，即乔木层以桃金娘科占绝对优势。林下灌木层和草本层主要优势科为蝶形花科、大戟科、山茶科、樟科、紫金牛科、茜草科、锦葵科、桃金娘科、马鞭草科、野牡丹科、蔷薇科、禾本科、菊科、莎草科、百合科。林下单科单种、单属单种分别占总科数的 63.3%、总属数的 75%，表明桉树林地林下植物物种分布都较为分散。

表 4-16　各林地林下植物物种科、属、种数

| 现状用地类型 | 灌木层 | | | 草本层 | | | 主要优势科 |
|---|---|---|---|---|---|---|---|
| | 科数 | 属数 | 种数 | 科数 | 属数 | 种数 | |
| 次生常绿阔叶林地 | 30 | 50 | 72 | 19 | 24 | 24 | 山茶科、蝶形花科、壳斗科、樟科、莎草科 |
| 思茅松林地 | 30 | 51 | 65 | 17 | 31 | 34 | 蝶形花科、大戟科、壳斗科、禾本科、菊科、莎草科 |
| 灌木林地 | 22 | 35 | 40 | 11 | 14 | 14 | 山茶科、蝶形花科、壳斗科、禾本科 |
| 桉树林地 | 38 | 66 | 89 | 31 | 62 | 72 | 蝶形花科、大戟科、山茶科、菊科、莎草科、百合科 |

3) 林下植物物种重要值

根据实地调查，次生常绿阔叶林地、思茅松林地、灌木林地、桉树林地内各层次物种的重要值如附录Ⅰ所示。

在次生常绿阔叶林地内，灌木层种类繁多，重要值大于 10％的物种有杯状栲 Castanopsis calathiformis、华南石栎 Lithocarpus fenestratus、刺栲 Castanopsis hystrix、水锦树 Wendlandia uvariifolia、木姜子 Litsea pungens、思茅蒲桃 Syzygium szemaoense、巴豆藤 Craspedolobium schochii、小叶干花豆 Fordia microphylla、思茅黄檀 Dalbergia assamica，其中杯状栲的重要值最大，为 40.12％，说明在灌木层中杯状栲的个体大、数量多，在群落中所占优势明显；重要值为 5％～10％的物种数为 13 种，占灌木层总物种数的 18％；重要值在 1％～5％的物种数为 37 种，占全部物种数的 52％；重要值小于 1％的物种数为 11 种，占总物种数的 15.5％。重要值最低的为黄檀 Dalbergia hupeana、潺槁木姜子 Litsea glutinosa、小漆树（野漆树）Toxicodendron delavayi、红梗润楠 Machilus rufipes，依次为 0.67％、0.66％、0.64％、0.63％，是群落的偶见种。草本层物种中，重要值大于 10％的物种有铁芒萁 Dicranopteris linearis、沿阶草 Ophiopogon bodinieri、荩草 Arthraxon hispidus、云南草蔻 Alpinia blepharocalyx、南莎草 Cyperus niveus、莎草 Cyperus sp.、毛蕨 Pteridium aquilinum var. Latiusculum、响铃豆 Crotalaria albida、铺地卷柏 Selaginella helferi、粗齿鳞毛蕨 Dryopteris juxtaposita，在这些物种中，铁芒萁的重要值最大，为 72.75％，其次是沿阶草、荩草、云南草蔻，重要值依次为 67.57％、43.41％、36.21％；重要值为 5％～10％的物种数为 3 种，占草本层全部物种数的 11％；重要值为 1％～5％的物种数为 13 种，占总物种数的 50％；重要值小于 1％的物种数为 0。重要值最低的物种为黄精 Polygonatum sibiricum、乌毛蕨 Blechnum orientale、刚莠竹 Microstegium ciliatum、九节 Psychotria rubra、鸭跖草 Commelina communis、楼梯草 Elatostema involucratum，为群落的偶见种。说明次生常绿阔叶林地林下灌木层以杯状栲占绝对优势，草本层以铁芒萁占绝对优势。

在思茅松林地内，灌木层和草本层物种较为繁多。灌木层中，重要值大于 10％的物种有印栲 Castanopss indica、小叶干花豆、毛叶黄杞 Engelhardtia colebrookiana、思茅黄檀、水锦树 Wendlandia uvariifolia、牡荆 Vitex negundo、思茅松 Pinus kesiya、斑鸠菊 Vernonia esculenta，其中印栲的重要值最大为 33.37％；重要值为 5％～10％的物种数有 15 种，占灌木层全部物种数的 22.4％；重要值为 1％～5％的物种数有 37 种，占全部物种数的 55％；重要值小于 1％的物种数有 7 种，其中野毛柿 Diospyros kak var. silvestrisi、西南桦 Betula alnoides、萝藦藤 Cynanchum callialata、光叶薯芋 Dioscorea glabra 的重要值最小。草本层中，重要值大于 10% 的物种有紫茎泽兰 *Eupatorium adenophora*、刚莠竹 *Microstegium ciliatum*、南莎草 *Cyperus niveus*、莎草 *Cyperus* sp.、狗牙根 *Cynodon dactylon*、荩草 *Arthraxon hispidus*、白茅 *Imperata cylindrica*、香茅草 *Cymbopogon distans*、西南鸢尾 *Iris bulleyana*、香薷 *Elsholtzia ciliata*、耳草 *Hedyotis auricularia*，其中紫茎泽兰和刚莠竹的重要值大于 50%；重要值为 5%～10% 的物种数有 4 种，约占草本层总物种数的 10%；重要值为 1%～5% 的物种数有 22 种，占全部物种数的 56%，重要值小于 1% 的物种数有 2 种，即下缘叶香青 *Anaphalis contorta*、仙茅 *Curculigo orchioides*，其重要值依次为 0.8、0.79。以上统计表明，思茅松林地林下灌木层中印栲、小叶干花豆、水锦树、牡荆、毛叶黄杞、思茅黄檀、思茅松、斑鸠菊占主要优势，野毛柿、西南桦、萝藦藤、光叶薯芋为偶见种；草本层中紫茎泽兰和刚莠竹的个体数量多，在群落中占绝对优势，南莎草、狗牙根、荩草、香茅草、莎草、西南鸢尾、香薷、白茅、耳草也均占有一定优势，下缘叶香青、仙茅为偶见种。此外，由于思茅松林地乔木层以思茅松占绝对优势，其冠幅小，林间郁闭度小，林下光照充足，灌木层以喜阳物种居多，如金叶子、水红木、小漆树（野漆树）等，草本层以适应性强的广布植物物种为主。

灌木林地内，灌木层物种重要值大于 10% 的物种有沙针 *Osyris quadripartita*、思茅蒲桃、三股筋香 *Lindera thomsonii*、毛杨梅 *Myrica esculenta*；重要值为 5%～10% 的物种数有 9 种，占灌木层全部物种数的 22.5%；重要值为 1%～5% 的物种数有 25 种，占全部物种数的 62.5%；重要值最低的为山蚂蝗 *Desmodium sequax*，其重要值为 0.97%；说明灌木林地灌木层以沙针、思茅蒲桃、三股筋香、杨梅占主要优势，山蚂蝗等居从属地位。草本层中，重要值在 20% 以上的物种有四脉金茅 *Eulalia quadrinervis*、香青 *Anaphalis sinica*、紫茎泽兰 *Eupatcrium adenophora*，其中四脉金茅的重要值为 46.18%，香青的重要值为 31.1%，紫茎泽兰的重要值为 29.65%，重要值为 10%～20% 的物种有多花龙胆 *Gentiana striolata* 和香薷 *Elsholtzia ciliata*，分别为 14.97% 和 10.83%，其余物种的重要值均为 1%～5%；重要值最小的物种为石蒜 *Lycoris radiata* 和黄毛草莓 *Fragaria nilgerrensis*。说明灌木林地林下草本层中以四脉金茅、香青、紫茎泽兰、多花龙胆、香薷为主要优势物种，石蒜和宁波草莓等为偶见种。

在桉树林地内，乔木层以桃金娘科的桉树占绝对优势，灌木层物种重要值最大的为黑面神，为 58.79%，其次为茜草科的水锦树，重要值为 44.88%，重要值大于 10% 的物种包括木姜子、假朝天罐 *Osbeckia crinita*、盐肤木 *Rhus chinensis*、半齿柃木 *Eurya semiserrulata*、岗柃 *Eurya groffii*、薄叶杜茎山 *Maesa macilentoides*、山牡荆 *Vitex quinata*、滇银柴等 18 个物种；重要值为 5%～10% 的物种数有 14 种，占灌木层全部物种数的 15%；重要值为 1%～5% 的物种数有 49 种，占全部物种数的 58%；重要值最小的物种为灌木山蚂蝗和西南楝树，其重要值分别为 0.91% 和 0.87%；说明桉树林地灌木层主要以黑面神和水锦树占主要优势，木姜子、假朝天罐、盐肤木等占有一定优势，灌木山蚂蝗和西南楝树居于从属地位。在草本层中，重要值最大的物种为紫茎泽兰，其次是飞机草、荩草、鳞毛蕨，重要值分别为 65.97%、46.17%、36.34%、30.58%，重要值大于 10% 的物种还有刚莠竹和狗牙根、莎草、西南鸢尾；重要值在 5%～10% 的物种数有 50 种，占草本层全部物种数的 77%；重要值小于 1% 的物种有的鱼眼草 *Dichrocephala auriculata*、下田菊 *Adenostemma lavenia*、虎掌草 *Anemone rivularis*、野棉花 *Anemone vitifolia*、狼尾草 *Pennisetium alopecuroides*、小龙胆 *Gentiana parvula* 等，说明桉树林地林下草本层中紫茎泽兰、飞机草、荩草、鳞毛蕨占重要优势，鱼眼草、虎掌草、下田菊、野棉花、狼尾草、小龙胆居从属地位。桉树林地由于乔木层冠幅小，林间光照强度较大，其灌木层主要以偏阳性植物种占优势，如木姜子、假朝天罐、盐肤木、薄叶杜茎山、山牡荆等，草本层以外来入侵物种紫茎泽兰、飞机草占绝对优势，林下灌木植物和草本植物发育良好。

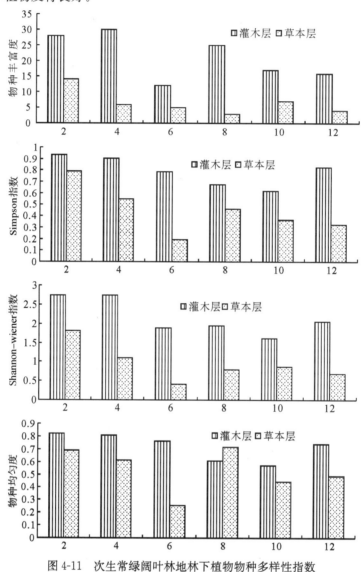

图 4-11 次生常绿阔叶林地林下植物物种多样性指数

## 2. 各用地类型林下植物物种多样性指数分析

物种多样性是指一个群落中的物种数目和各物种的个体数目分配的均匀度，不仅反映群落组成中物种的丰富程度，也反映不同自然地理条件与群落的相互关系，以及群落的稳定性与动态，是群落组织结构的重要特征。本研究采用了物种丰富度、Simpson 指数、Shannon-wiener 指数、物种均匀度四个物种多样性指数对次生常绿阔叶林地、思茅松林地、灌木林地、桉树林地四种用地类型林下灌木层和草本层的物种多样性进行分析。

1)次生常绿阔叶林地林下植物物种多样性指数分析

次生常绿阔叶林地林下植物物种多样性指数的分析结果如图 4-11 所示，灌木层物种丰富度的变化范围为 12～30，Simpson 指数的变化范围为 0.6173～0.9333，Shannon-Wiener 指数为 1.6207～2.7461，物种均匀度的变化范围为 0.5720～0.8227；草本层物种丰富度的变化范围为 3～14，Simpson 指数的变化范围为 0.1930～0.7894，Shannon-Wiener 指数的变化范围为 0.4099～1.8152，物种均匀度的变化范围为 0.2547～0.7193。结果表明，次生常绿阔叶林地林下植物物种丰富度、Simpson 指数、Shannon-wiener 指数、物种均匀度的变化规律总体上表现为灌木层＞草本层，即次生常绿阔叶林地林下灌木层植物物种多样性高于草本层，且灌木层各物种株数分布较均匀，主要物种不十分突出，并不占绝对优势，草本层植物个体数分布不均匀，但主要物种较明显。由于次生常绿阔叶林地每个样地所处的环境条件不同，物种多样性指数大小也各有差异。物种丰富度越高，并不代表植物物种多样性指数越大，物种丰富度越低，并不代表植物物种多样性指数就会越小，如：灌木层中，样地 4 物种丰富度最大，但其 Simpson 指数和 Shannon-Wiener 指数不是最大的；样地 6 物种丰富度最小，而其 Simpson 指数和 Shannon-Wiener 指数不是最小的。这主要是因为多样性指数不仅受到物种丰富度的制约，还受到种间个体数量及植物分布均匀度的影响。

2)思茅松林地林下物种多样性指数分析

思茅松林地林下植物物种多样性指数分析结果如图 4-12 所示，灌木层物种丰富度的变化范围为 13～31，Simpson 指数的变化范围为 0.8121～0.9318，Shannon-Wiener 指数为 2.0271～2.8607，物种均匀度的变化范围为 0.7122～0.8780；草本层物种丰富度的变化范围为 8～20，Simpson 指数变化范围为 0.4725～0.8709，Shannon-Wiener 指数为 1.0365～2.3453，物种均匀度的变化范围为 0.3992～0.8224。结果表明，思茅松林地林下物种丰富度、Simpson 指数、Shannon-wiener 指数、物种均匀度的变化规律总体上表现为灌木层＞草本层。从物种丰富度看，灌木层物种丰富度最大值为最小值的 2.7 倍，物种数平均为 24，草本层物种数最大值为最小值的 2.75 倍，物种数平均为 14。由最大值与最小值的比值、平均物种数在灌木层和草本层间的差异可知，草本层的受影响程度稍大于灌木层，但影响程度不大。从 Simpson 指数和 Shannon-Wiener 指数看，两种多样性指数所反映的趋势基本一致，且与物种丰富度所表现出的变化规律一致，思茅松林地林下灌木层的物种多样性高于草本层的物种多样性。但受植物物种分布均匀度和数量影响，使得物种丰富度不与 Simpson 指数和 Shannon-Wiener 指数成正相关。从物种均匀度看，思茅松林地林下灌木层的物种均匀度高于草本层的物种均匀度，但样地 20、24 的灌木层均匀度小于草本层的均匀度。

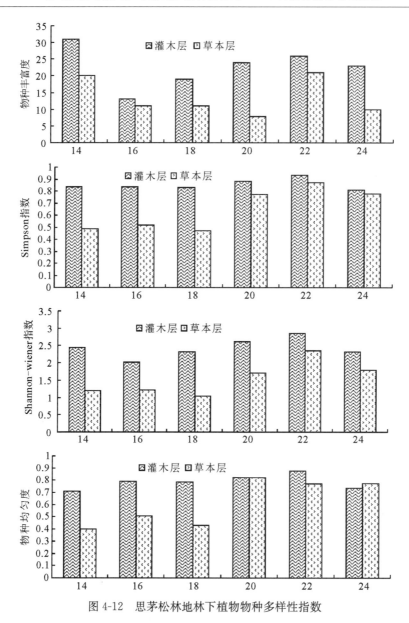

图 4-12 思茅松林地林下植物物种多样性指数

### 3)灌木林地林下植物物种多样性指数分析

表 4-17 灌木林地林下植物物种多样性指数

| 样点编号 | 层次 | 物种丰富度 | Simpson 指数 | Shannon-Wiener 指数 | 物种均匀度 |
|---|---|---|---|---|---|
| 26 | 灌木层 | 21 | 0.8992 | 2.5370 | 0.8333 |
| | 草本层 | 5 | 0.6586 | 1.1915 | 0.7403 |
| 28 | 灌木层 | 26 | 0.8989 | 2.7000 | 0.8289 |
| | 草本层 | 14 | 0.5413 | 1.1347 | 0.4190 |

灌木林地林下植物物种多样性指数分析结果如表 4-17 所示。结果表明，林下物种丰富度、Simpson 指数、Shannon-wiener 指数、物种均匀度的变化规律总体上表现为灌木层＞草本层，即灌木林地林下灌木层植物物种多样性高于草本层；灌木层物种均匀度较

高，主要物种不十分突出，并不占绝对优势，草本层的均匀度要低于灌木层，主要物种突出。

4）桉树林地林下植物物种多样性指数分析

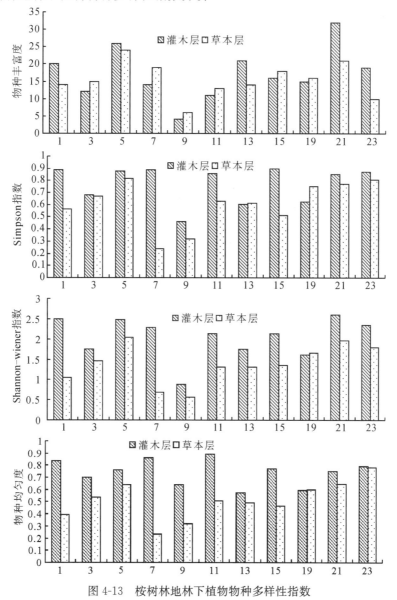

图 4-13　桉树林地林下植物物种多样性指数

桉树林地各样地的植物物种多样性指数分析结果如图 4-13 所示，灌木层物种丰富度的变化范围为 4～32，Simpson 指数的变化范围为 0.4637～0.8966，Shannon-Wiener 指数为 0.8853～2.6020，物种均匀度的变化范围为 0.5746～0.892；草本层物种丰富度的变化范围为 6～24，Simpson 指数变化范围为 0.3182～0.8187，Shannon-Wiener 指数为 0.5693～2.0393，物种均匀度的变化范围为 0.2353～0.7817。从物种丰富度看，林下灌木层和草本层的物种丰富度没有较为明显的变化规律。由于每块桉树林地样地所处的环境条件不同，物种丰富度大小也各有差异。灌木层物种丰富度的最大值为 32，最小值为

4,最大值为最小值的 8 倍;草本层物种丰富度最大值为 24,最小值为 6,最大值为最小值的 4 倍。在桉树林地垂直结构中,灌木层受影响的程度要略大于草本层。从 Simpson 指数和 Shannon-wiener 指数看,总体趋势上 Simpson 指数和 Shannon-Wiener 指数所反映出的变化规律基本一致,即灌木层的 Simpson 指数、Shannon-Wiener 指数大于草本层。但由于物种多样性指数不仅受物种丰富度的制约,还受种间个体数量的影响以及各种植物物种的均匀度指数的影响,样地 13、19 的草本层 Simpson 指数大于灌木层,样地 19 的草本层 Shannon-wiener 指数大于灌木层。从物种均匀度看,总体上桉树林地林下灌木层的物种均匀度高于草本层。可认为灌木层各物种株数分布在桉树林中较均匀,主要物种不十分突出,并不占绝对优势,草本层植物个体数分布不均匀,但主要物种较明显。

## 4.2.3 桉树引种对林下植物物种多样性影响分析

### 1. 群落植物生长型组成变化分析

对次生常绿阔叶林地、思茅松林地、灌木林地与桉树林地的群落植物生长型组成进行对比分析,结果如表 4-18 所示。次生常绿阔叶林地转变为桉树林地后,乔木植物、藤本植物所占比例下降,分别减少了 38.31%、2.87%;灌木植物、亚灌木或矮灌木植物、草本层植物所占比例增加,分别增加了 13.24%、2.31%、25.63%。思茅松林地转变为桉树林地后,乔木植物所占比例降低了 12.56%,藤本植物、灌木植物、亚灌木或矮灌木植物、草本植物所占比例分别增加了 0.26%、5.02%、2.31%、4.96%,增加比例不高。灌木林地转变为桉树林地后,乔木植物、藤本植物、灌木植物所占比例分别降低了 2.73%、5.45%、21.15%,亚灌木或矮灌木植物、草本植物所占比例分别增加了 3.47%、25.84%。

因此,次生常绿阔叶林地变为桉树林地后,群落的木本植物、藤本植物有所退化,但有利于灌木和草本植物的发育,其中变化最明显的为乔木和草本植物;思茅松林地转变为桉树林地后,群落内的乔木退化,灌木、草本植物增加,但增长程度较弱;灌木林地转变为桉树林地后,灌木和草本植物变化较为明显,即群落灌木植物退化,但有利于草本植物的生长发育。

**表 4-18 其他林地与桉树林地群落植物生长型对比**

| 用地变化 | 原始用地类型 | 变化项 | 生长型 | | | | |
|---|---|---|---|---|---|---|---|
| | | | 乔木 | 藤本植物 | 灌木 | 亚灌木或矮灌木 | 草本植物 |
| C→A | 常绿阔叶林地 | 变化物种数 | −43 | −4 | 11 | 2 | 24 |
| | | 变化百分比/% | −38.31 | −2.87 | 13.24 | 2.31 | 25.63 |
| S→A | 思茅松林地 | 变化物种数 | −14 | 0 | 3 | 2 | 3 |
| | | 变化百分比/% | −12.56 | 0.26 | 5.02 | 2.31 | 4.96 |
| G→A | 灌木林地 | 变化物种数 | −2 | −4 | −18 | 1 | 5 |
| | | 变化百分比/% | −2.73 | −5.45 | −21.15 | 3.47 | 25.84 |

注:C→A 表示次生常绿阔叶林地转变为桉树林地;S→A 表示思茅松林地转变为桉树林地;G→A 表示灌木林地转变为桉树林地。

## 2. 林下植物物种组成变化分析

1）林下植物物种科、属、种数组成及相似性

（1）各样地间对比：从各样地间对比看，次生常绿阔叶林地、思茅松林地、灌木林地与桉树林地间各对比样地物种科属、种数及相似性如图 4-14、图 4-15、图 4-16 所示。

在科属种数量组成方面，次生常绿阔叶林地与桉树林地大部分对比样地间的科、属、种数表现为：桉树林地灌木层的科数、属数、种数小于次生常绿阔叶林地，草本层的科数、属数、种数大于次生常绿阔叶林地，除了 AC-3 这组桉树林地灌木层的科数、属数、种数大于次生常绿阔叶林地，AC-1、AC-5 对比组桉树林地草本层的科数、属数、种数小于次生常绿阔叶林地以外；思茅松林地与桉树林地大部分对比样地间的科、属、种数表现为：桉树林地灌木层的科属种数小于思茅松林地，桉树林地草本层科属种数大于思茅松林地，除了 AS-2、AS-5 两组桉树林地灌木层的科数、属数、种数大于思茅松林地，AS-1、AS-3 两组桉树林地林下草本层科数、属数、种数小于思茅松林地以外；灌木林地与桉树林地大部分对比样地间的科、属、种数表现为：桉树林地林下灌木层科数、种数、属数均小于灌木林地，二者草本层科属种数无显著变化规律。

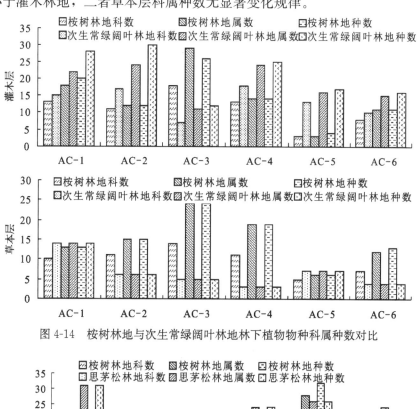

图 4-14　桉树林地与次生常绿阔叶林地林下植物物种科属种数对比

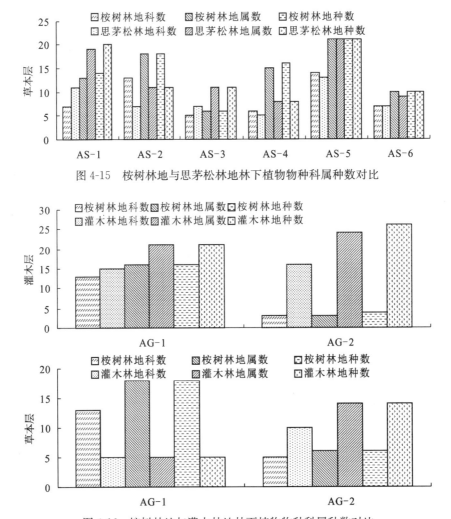

图 4-15　桉树林地与思茅松林地林下植物物种科属种数对比

图 4-16　桉树林地与灌木林地林下植物物种科属种数对比

在相似性系数方面(表 4-19),当相似性系数值为 0~0.25 时,为极不相似;0.25~0.5 时,为轻度相似;0.5~0.75 时,为中度相似;0.75~1 时,为高度相似(喻庆国,2007)。次生常绿阔叶林地与桉树林地各对比样地灌木层科、属、种的相似程度包括三个等级,即极不相似、轻度相似、中度相似,其中,科、属、种轻度相似所占比例较大,分别为 67%、83%、83%;思茅松林地各对比样地物种科、属、种的相似性中,仅有 1 个对比组的相似性为极不相似,其他对比样地的相似性程度均为轻度相似和中度相似,科、属、种轻度相似所占比例均为 50%,中度相似所占比例均为 33%;灌木林地与桉树林地各对比样地物种科、属、种的相似程度包括极不相似和中度相似,灌木层科、属、种的相似程度均为极不相似,草本层中有一个对比组的相似程度为极不相似,另一个对比组的相似程度为中度相似,可认为桉树林地与灌木林地各对比样地间的相似程度主要为极不相似。

**表 4-19　各样地林下科、属、种相似性系数**

| 对比样地 | 现状用地类型 | 灌木层 | | | 草本层 | | |
|---|---|---|---|---|---|---|---|
| | | 科 Sorensen 系数 | 属 Sorensen 系数 | 种 Sorensen 系数 | 科 Sorensen 系数 | 属 Sorensen 系数 | 种 Sorensen 系数 |
| AC-1 | 桉树林地 次生常绿阔叶林地 | 0.5 | 0.4 | 0.375 | 0.5 | 0.4444 | 0.4444 |
| AC-2 | 桉树林地 次生常绿阔叶林地 | 0.4286 | 0.3333 | 0.2857 | 0.7059 | 0.5714 | 0.5714 |
| AC-3 | 桉树林地 次生常绿阔叶林地 | 0.24 | 0.15 | 0.1579 | 0.3158 | 0.2069 | 0.2069 |
| AC-4 | 桉树林地 次生常绿阔叶林地 | 0.4516 | 0.3684 | 0.359 | 0.4286 | 0.2727 | 0.2727 |
| AC-5 | 桉树林地 次生常绿阔叶林地 | 0.375 | 0.3158 | 0.381 | 0.3333 | 0.3077 | 0.1538 |
| AC-6 | 桉树林地 次生常绿阔叶林地 | 0.5556 | 0.4615 | 0.4444 | 0.5455 | 0.375 | 0.3529 |
| AS-1 | 桉树林地 思茅松林地 | 0.6667 | 0.549 | 0.5385 | 0.6667 | 0.5925 | 0.5882 |
| AS-2 | 桉树林地 思茅松林地 | 0.4348 | 0.3448 | 0.3448 | 0.6 | 0.5517 | 0.5517 |
| AS-3 | 桉树林地 思茅松林地 | 0.125 | 0.087 | 0.087 | 0.5 | 0.3529 | 0.3529 |
| AS-4 | 桉树林地 思茅松林地 | 0.3333 | 0.359 | 0.359 | 0.5455 | 0.4348 | 0.4167 |
| AS-5 | 桉树林地 思茅松林地 | 0.5556 | 0.5556 | 0.5172 | 0.6667 | 0.5238 | 0.5238 |
| AS-6 | 桉树林地 思茅松林地 | 0.4667 | 0.439 | 0.4186 | 0.5714 | 0.4211 | 0.4 |
| AG-1 | 桉树林地 灌木林地 | 0.0769 | 0.0541 | 0.0541 | 0.1111 | 0.087 | 0.087 |
| AG-2 | 桉树林地 灌木林地 | 0.2105 | 0.1481 | 0.1333 | 0.5333 | 0.5 | 0.5 |

（2）总体情况对比：从总体看，次生常绿阔叶林地、思茅松林地、灌木林地与桉树林地林下植物物种科、属、种数组成及相似性如图 4-17、表 4-20 所示。

在物种科属种数量组成方面，次生常绿阔叶林地与桉树林地林下灌木层植物科、属、种数量对比表现为：次生常绿阔叶林地＞桉树林地，草本层的科、属、种数量表现为：次生常绿阔叶林地＜桉树林地。思茅松林地与桉树林地林下灌木层植物科、属、种数量对比表现为：思茅松林地＞桉树林地，草本层的科、属、种数量表现为：思茅松林地＜桉树林地。灌木林地和桉树林地林下灌木层植物科、属、种数量对比表现为：灌木林地＞桉树林地，草本层的科、属、种数量表现为：灌木林地＜桉树林地。

在科属种相似性方面(表 4-20),次生常绿阔叶林地与桉树林地两种用地类型下科的相似程度为中度相似,属和种的相似程度为轻度相似。具体表现为:两种用地类型林下灌木层共有科为 18 科,如蝶形花科、大戟科、樟科、芸香科等,占所有科数的 43.9%。共有属为 24 属,如木姜子属、柃木属、蒲桃属、水锦树属等,占所有属数的 32.9%;共有种为 29 种,如木姜子、思茅蒲桃、水锦树、岗柃等,占两种林地林下灌木层全部物种数的 30.2%;草本层共有科为 14 科,如禾本科、菊科、百合科、鸢尾科等,占草本层所有科的 43.9%;共有属为 14 属,如苔草属、鸢尾属、莎草属、耳草属等,占所有属数的 25.5%。共有种为 15 种,如苔草、西南鸢尾、南莎草、白花蛇舌草等,占所有物种数的 34%。次生常绿阔叶林地与桉树林地的科、属、种共有成分所占比例均未超过一半,表明次生常绿阔叶林地与桉树林地林下植物物种组成复杂,科、属、种共有成分少。

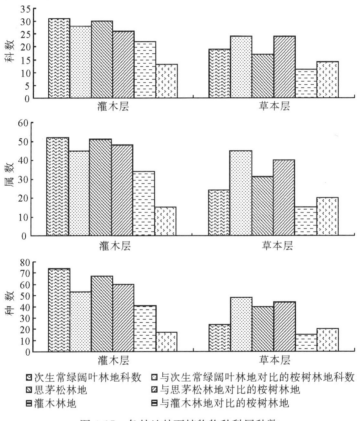

图 4-17　各林地林下植物物种科属种数

表 4-20 各林地林下植物科、属、种相似性

| 层次 | 现在用地 | 原始用地 | 共同科数 | 科 Sorensen 系数 | 共同属数 | 属 Sorensen 系数 | 共同种数 | 种 Sorensen 系数 |
|---|---|---|---|---|---|---|---|---|
| 灌木层 | 次生常绿阔叶林地 桉树林地 | 常绿阔叶林地 | 18 | 0.6102 | 24 | 0.4948 | 29 | 0.464 |
| | 思茅松林地 桉树林地 | 思茅松林地 | 19 | 0.6786 | 29 | 0.5859 | 38 | 0.5984 |
| | 灌木林地 桉树林地 | 灌木林地 | 8 | 0.4571 | 7 | 0.2105 | 6 | 0.2667 |
| 草本层 | 次生常绿阔叶林地 桉树林地 | 常绿阔叶林地 | 14 | 0.6512 | 14 | 0.4058 | 15 | 0.4054 |
| | 思茅松林地 桉树林地 | 思茅松林地 | 13 | 0.6341 | 22 | 0.6197 | 25 | 0.5952 |
| | 灌木林地 桉树林地 | 灌木林地 | 6 | 0.48 | 8 | 0.4571 | 8 | 0.4444 |

　　思茅松林地与桉树林地林下科、属、种的相似程度均表现为中度相似。具体表现为：思茅松林地与对照的桉树林地下灌木层共有科为 19 科，如：大戟科、山茶科、蝶形花科、樟科等，占所有科数的 51.4%。共有属为 29 属，如栲属、水锦树、榕属、厚皮香属等，占所有属数的 41.45%；共有种为 38 种，如：马醉木、金叶子、毛叶黄杞、毛叶算盘子等，占所有物种数的 43%；草本层共有科为 13 科，如：菊科、禾本科、莎草科、鸢尾科等，占了草本层所有科数的 46%。共有属为 22 属，如：紫茎泽兰属、香泽兰属、苈草属、莠竹属、莎草属、凤尾蕨属、蒿属等，占所有属数的 44.9%。共有种为 25 种，如：紫茎泽兰、苈草、飞机草、刚莠竹、白茅、南莎草、凤尾蕨、狗牙根、西南鸢尾、香青、海金沙、香薷、双花雀稗、沿阶草、耳草、牡蒿等，占所有物种总数的 42.4%。思茅松林地与桉树林地林下植物共同科数占了林下植物总科数的一半，而属和种的共有数则低于总数的一半，表明虽然思茅松林地和桉树林地林下植物组成共有成分比次生常绿阔叶林地与桉树林地共有成分高，但二者林下植物物种组成也依然复杂，共有物种数量不多。

　　灌木林与桉树林地两种用地类型下灌木层和草本层的相似性系数不高，桉树林地与灌木林地灌木层科、种和草本层的科、属、种相似程度均为轻度相似，灌木层属的相似程度为极不相似。两种用地类型林下灌木层共有科为 8 科，包括：大戟科、蔷薇科、樟科、桃金娘科等，占所有科数的 29.7%。共有属为 7 属，包括：悬钩子属、黑面神属、蒲桃属等，占所有属数的 15.9%。共有种为 6 种，包括：黑面神、思茅蒲桃、岗柃等，占所有物种数的 11.8%；草本层中，共有科为 6 科，包括禾本科、菊科、蕨科等，占了草本层所有科数的 31.6%。共有属为 8 属，包括蒿属、苈草属、蕨属、金茅属等，占了所有属数的 29.6%。共有种 8 种，包括：糯米团、毛蕨、紫茎泽兰、香薷等，占了所有物种数的 28.6%。由此认为，两种用地类型林下共有成分少，物种科、属、种的相异程

度大，但草本层的相似性系数稍高于灌木层的相似性系数。

　　由于样地间林下环境的差异，使得各林地间的对比结果不一致，但本研究旨在说明整个研究区内的林下植物物种多样性变化情况。在物种科属种数量变化方面，次生常绿阔叶林地、思茅松林地、灌木林地转变为桉树林地后，林下灌木层的科数、属数、种数减少，草本层的科数、属数、种数增加；在林下植物物种科属种相似性方面，次生常绿阔叶林地、灌木林地与桉树林地的相似性主要以轻度相似为主；桉树林地与思茅松林地的相似程度以中度相似为主。在各林地与桉树林地的共有科属种中，仅有思茅松林地与桉树林地林下植物共同科数所占比例超过了一半，次生常绿阔叶林地、灌木林地与桉树林地林下植物共有科属种、思茅松林地与桉树林地林下植物物种共有属和种的比例均小于一半，表明次生常绿阔叶林地、思茅松林地、灌木林地与桉树林地的林下植物物种组成复杂。当次生常绿阔叶林地、思茅松林地、灌木林地转变为桉树林地后，次生常绿阔叶林地、思茅松林地、灌木林地内的物种在桉树林地内出现较少。

　　2）林下植物物种组成及其重要值变化

　　重要值是判定物种在群落中优势程度的重要指标。次生常绿阔叶林地、思茅松林地、灌木林地与其相对比的桉树林地林下植物物种重要值及频度如附录Ⅱ所示。

　　（1）次生常绿阔叶林地转变为桉树林地：在整个次生常绿阔叶林地内，林下灌木层重要值大于5％的物种有杯状栲、水锦树，其中杯状栲的重要值最大，为15.43％而桉树林地林下灌木层重要值大于5％的物种有岗柃、水锦树、薄叶杜茎山、山牵牛，其中岗柃的重要值最大，为10.19％。因此，在整个群落内，次生常绿阔叶林地灌木层以杯状栲占优势，桉树林地以岗柃占优势。两种用地类型的林下共同物种有29种，但这些共有物种在不同用地类型内的重要值和频度都不相同，如：岗柃在桉树林地的重要值为10.19％，而在次生常绿阔叶林地的重要值为1.31％，且两种用地类型下的频度相同；盐肤木、异叶榕、假朝天罐、山蚂蝗、地桃花等在桉树林地的重要值均大于1％，而在次生常绿阔叶林地的重要值则小于1％。在以上的共有物种中，岗柃、异叶榕、地桃花等物种多分布于热带，属于喜热物种，木姜子、盐肤木、假朝天罐、山蚂蝗等多生在于阳坡，属于喜阳物种，这些物种在桉树林地内的重要值大于次生常绿阔叶林地，其在桉树林地所占优势大于次生常绿阔叶林地，薄叶杜茎山、杜茎山在桉树林下为优势种，也属于喜阳物种。因此，桉树林地林下灌木层主要是以喜热和喜阳的物种居多。

　　从草本层物种组成看，次生常绿阔叶林地样地内是以生长于热带地区次生常绿阔叶林地的铁芒萁占绝对优势，其重要值为44.22％，山姜、莛草、莎草的重要值大于5％，林下植物多生长于次生常绿阔叶林地林下阴湿处，如莎草、毛蕨、南莎草、铺地卷柏、西南鸢尾、沿阶草等。桉树林地以紫茎泽兰占绝对优势，重要值为39.11％，飞机草、莛草的重要值分别为13.97％、10.12％，林下物种中紫茎泽兰、糯米团、白茅等为喜阳植物，皱叶狗尾草、狗脊蕨等为喜湿植物，其中，紫茎泽兰和飞机草均为外来物种，是繁殖力极强的恶性杂草。两种用地类型下有莛草、西南鸢尾、南莎草、白花蛇舌草、紫茎泽兰等15种共有物种，这些共有物种在不同林地的重要值有所不同，如铁芒萁、莎草、沿阶草等在次生常绿阔叶林地内为主要物种，但在桉树林地则不属于主要物种，紫茎泽兰、飞机草等在桉树林地为优势物种，但在次生常绿阔叶林地内则为偶见种。

　　总之，桉树林地取代次生常绿阔叶林地后，优势种发生了变化，灌木层优势种由杯状栲变为岗枥，草本层优势种由铁芒萁变为紫茎泽兰、飞机草、荩草；林下植物物种发生变化，原次生常绿阔叶林地内杯状栲、印栲、华南石栎、百穗石栎、千斤拔、刺栲、大头茶、山姜、铺地卷柏、芒萁、唐松草、鸭跖草、楼梯草等物种在桉树林地内消失，原次生常绿阔叶林地内没有出现的物种如薄叶杜茎山、山牵牛、杜茎山、桉树、悬钩子、金丝桃、皱叶狗尾草、白茅、双花雀稗、牡蒿等在桉树林地内出现；两种用地类型下的共有物种在桉树林地取代次生常绿阔叶林地后，重要值发生变化，喜阳喜热物种的重要值增加，而喜阴喜湿物种的重要值降低；林下主要物种中喜阳喜热物种岗枥、异叶榕、地桃花、木姜子、盐肤木、假朝天罐、山蚂蝗等增加，原次生常绿阔叶林地内喜湿喜阴植物皱叶狗尾草、狗脊蕨等在桉树林地内消失或分布减少；林下外来入侵物种紫茎泽兰、飞机草等数量增加，成为桉树林地林下占绝对优势的物种。

　　(2)思茅松林地转变为桉树林地：在整个思茅松林地灌木层中，物种重要值大于5%的物种有印栲、水锦树、干花豆、斑鸠菊，其中印栲的重要值最大，为11.4%，而桉树林地灌木层重要值大于5%的物种有水锦树、岗枥，其中水锦树的重要值最大，为25.75%。因此，在整个群落内，思茅松林地以印栲占主要优势，桉树林地以水锦树占主要优势。两种用地类型林下共有物种38种，但这些物种在思茅松林地和桉树林地的重要值不同，所占优势程度不同，其大部分在思茅松林地内出现的频度大于在桉树林地内出现的频度。如水锦树在桉树林地内的重要值为25.75%，占主要优势，而在思茅松林地内的重要值为9.5%；印栲在思茅松林地内占主要优势，而在桉树林地内则没有该物种。

　　思茅松林地林下灌木层有喜湿物种，如巴豆藤、刺栲等，也有喜干喜热物种，如山蚂蝗、沙针等，而桉树林地林下灌木层主要以喜阳喜热物种为主，如杯状栲、岗枥、异叶榕、朝天罐、余甘子等。草本层中，思茅松林地与桉树林地重要值大于5%的物种相同，包括紫茎泽兰、荩草、刚莠竹，这三种物种在思茅松林地内的重要值分别为30.08%、5.78%、21.25%，在桉树林地内的重要值分别为38.69%、10.45%、8.04%。思茅松林地、桉树林地同为人工林地，主要物种相似，均以紫茎泽兰占绝对优势。紫茎泽兰、刚莠竹、荩草、飞机草、白茅、香薷、西南鸢尾等为两种林地的共有物种，在两种林地内的重要值各异。如紫茎泽兰在思茅松林地和桉树林地均占优势地位，但在思茅松林地内的重要值为30.08%，在桉树林地内的重要值上升到了38.69%；刚莠竹在思茅松林地内的重要值为21.25%，在桉树林地内的重要值下降为8.04%。思茅松林地与桉树林地草本层物种中共有物种占绝大多数，在这些共有物种中，有喜湿物种也有喜阳物种，喜湿物种如双花雀稗、西南鸢尾、沿阶草等，这些喜湿物种在思茅松林地内的重要值大于桉树林地，喜阳物种如紫茎泽兰、白茅、糯米团在桉树林地内的重要值大于思茅松林地。

　　因此，思茅松林地转变为桉树林地后，林下优势种发生变化，灌木层优势种由印栲变为水锦树，草本层优势物种不变，仍为紫茎泽兰；思茅松林地内印栲、马醉木、思茅松、思茅黄檀、巴豆藤、刺栲、厚皮香、茶梨等物种在桉树林地内消失，原思茅松林地内没有出现的物种如岗枥、思茅蒲桃、朝天罐、山牡荆、剑叶木姜子、杯状栲、余甘子、异叶榕、糯米团、白花蛇舌草等在桉树林地内出现；两种用地类型下的共有物种在桉树林地取代思茅松林地后，重要值发生变化，喜阳喜热物种的重要值增加，而喜阴喜湿物种的重要值降低；林下物种中喜阳喜热物种增加，如朝天罐、山牡荆、剑叶木姜子、杯状栲、余甘子等，原思茅松林地内喜湿喜阴植物巴豆藤、刺栲、双花雀裨、西南鸢尾、沿阶草等在桉树林地内消失或分布减少；林下外来入侵物种紫茎泽兰、飞机草等数量增加，且紫茎泽兰成为桉树林地林下占绝对优势的物种。

（3）灌木林地转变为桉树林地：灌木林地林下灌木层中，物种重要值大于 5% 的有沙针、思茅蒲桃、茶梨、三股筋香，其中沙针的重要值最大，为 10.52%，而桉树林地重要值大于 5% 的物种有黑面神、朝天罐、剑叶木姜子、百花酸藤子、大树杨梅，其中黑面神的重要值最大，为 19.67%。两种用地类型下的共有物种有 6 种，这些物种在灌木林地和桉树林地内的重要值不同，所占优势程度也不同，如：黑面神在桉树林地内占主要优势，重要值为 19.67%，在灌木林地内的重要值仅为 1.74%；沙针在灌木林地内为优势物种，但在桉树林地内没有出现。桉树林地的主要物种以喜阳植物为主，如朝天罐、黑面神、黄泡、水红木等，而灌木林地内的物种多为次生灌木成分。

草本层中，灌木林地重要值大于 5% 的物种有四脉金茅、紫茎泽兰、香青、香薷，其中四脉金茅的重要值最大，为 30.43%，而桉树林地重要值大于 5% 的物种有紫茎泽兰、荩草，其中紫茎泽兰的重要值最大，为 52.49%。两种林地内的共有物种有 8 种，但其在林地内的重要值不同，所占的优势程度也不同，如紫茎泽兰在灌木林地和桉树林地内均为主要优势种，但优势程度有所不同，灌木林地内的重要值为 22.77%，而在桉树林地内上升到 52.49%，荩草在桉树林地内为主要优势物种，重要值为 14.19%，而在灌木林地内的重要值为 2.12%。

因此，当灌木林地转变为桉树林地后，林下主要优势物种发生了变化，灌木层主要优势种由沙针转变为黑面神，草本层主要优势种由四脉金茅转变为紫茎泽兰；原灌木林地内出现的物种如杯状栲、巴豆藤、半齿枔木、红木荷、沙针、地桃花、天门冬、茶梨、三股筋香、黄药大头茶、西南山茶、乌饭、白花蛇舌草、双花雀裨、香青、四脉金茅、多花龙胆、香薷、铁线蕨等物种在桉树林地内消失，原灌木林地内没有出现的物种如木姜子、五月茶、剑叶木姜子、朝天罐、黄泡、水红木、红毛悬钩子、杏叶防风、牡蒿、黑果蓼等在桉树林地内出现；两种用地类型下的共有物种在桉树林地取代思茅松林地后，重要值发生变化；林下物种中喜阳喜热物种增加，如朝天罐、黑面神、黄泡、水红木等；林下外来入侵物种紫茎泽兰数量增加，并成为林下占绝对优势的物种。

### 3. 林下植物物种多样性指数的变化分析

1）样地间对比

从各样地间对比看，次生常绿阔叶林地、思茅松林地、灌木林地与桉树林地间物种多样性指数分析结果如图 4-18、图 4-19、图 4-20 所示。由于组间对比样地所处生境条件不同、受人为活动干扰程度不同，林下物种多样性指数变化也存在一定差异。在次生常绿阔叶林地与桉树林地样地对比中，灌木层物种丰富度除 AC-3 组对比样地外，其他对比样地均表现为次生常绿阔叶林地林下灌木层物种丰富度大于桉树林地，而草本层物种丰富度除 AC-1、AC-5 组对比样，此外，其他对比样地均表现为次生常绿阔叶林地林下草本层物种丰富度小于桉树林地；

在思茅松林地与桉树林地对比中，除 AS-2、AS-5、AS-4 对比组外，其他对比样地均表现为思茅松林地林下灌木层和草本层的物种丰富度大于桉树林地；在灌木林地与桉树林地的对比中，灌木林地灌木层的物种丰富度高于桉树林地，而灌木林地和桉树林地草本层物种丰富度在不同的样地存在较大差异。

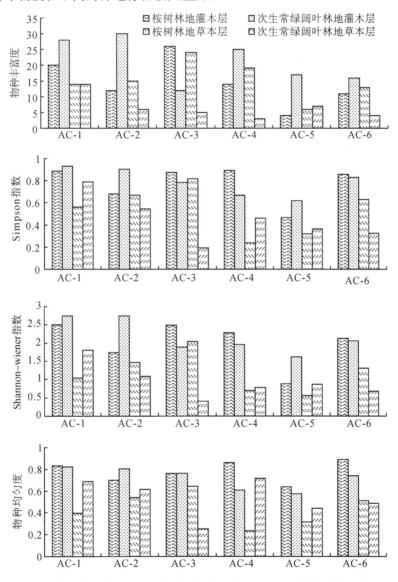

图 4-18　桉树林地与次生常绿阔叶林地各样地物种多样性指数对比

次生常绿阔叶林地和桉树林地林下灌木层和草本层 Simpson 指数和 Shannon-Wiener指数没有显著的变化规律；思茅松林地林下灌木层的 Simpson 指数和 Shannon-Wiener 指数均大于桉树林地，草本层 Simpson 指数和 Shannon-Wiener 指数则没有明显的变化规律；灌木林地灌木层的 Simpson 指数和 Shannon-Wiener 指数大于桉树林地，草本层中，Simpson 指数大于桉树林地，而 Shannon-Wiener 指数则没有明显的变化规律。从物种均匀度看，次生常绿阔叶林地和桉树林地林下灌木层和草本层物种均匀度没有显著的变化规律；思茅松林地林下灌木层、草本层的物种均匀度均大于桉树林地；灌木林地灌木层和草本层的物种均匀度指数均大于桉树林地。

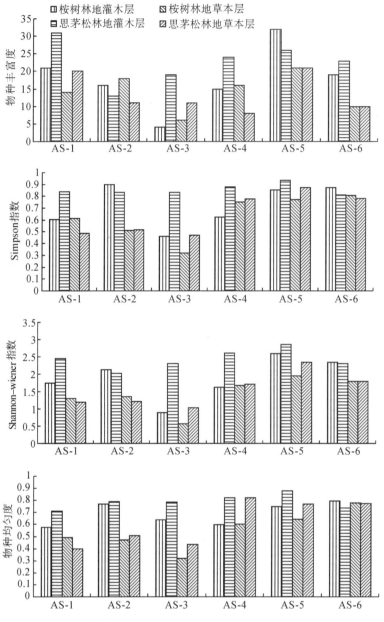

图 4-19  桉树林地与思茅松林地各样地物种多样性指数对比

2)总体情况对比

从物种丰富度看，次生常绿阔叶林地灌木层植物物种丰富度大于桉树林地，而草本层的植物物种丰富度小于桉树林地；思茅松林地灌木层植物物种丰富度大于桉树林地，而草本层的植物物种丰富度小于桉树林地；灌木林地灌木层植物物种丰富度大于桉树林地，而草本层的植物物种丰富度小于桉树林地。从物种多样性指数看，次生常绿阔叶林地林下灌木层和草本层的 Simpson 指数、Shannon-Wiener 指数均小于桉树林地；思茅松林地林下灌木层和草本层的 Simpson 指数和 Shannon-Wiener 指数均大于桉树林地；灌木林地林下灌木层和草本层的 Simpson 指数和 Shannon-Wiener 指数大于桉树林地。从物种均匀度看，次生常绿阔叶林地林下灌木层的物种均匀度小于桉树林地，而草本层的物种均匀度则大于桉树林地；思茅松林地林下灌木层、草本层的物种均匀度均大于桉树林地；灌木林地林下灌木层和草本层的物种均匀度大于桉树林地(图 4-21)。

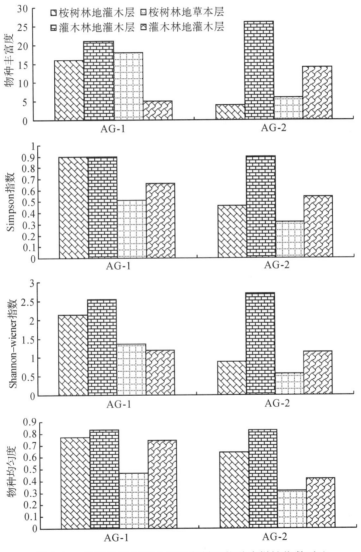

图 4-20　桉树林地与灌木林地各样地物种多样性指数对比

由于样地间环境差异使得各样地间的对比结果不一致，在此主要考虑整个林下的对比结果。因此，当次生常绿阔叶林地转变为桉树林地后，林下灌木层物种丰富度降低，而草本层的物种丰富度增加；林下灌木层和草本层物种多样性有细微的上升，但变化不大；林下灌木层的物种分布均匀程度增加，草本层物种分布均匀程度降低。当思茅松林地、灌木林地转变为桉树林地后，林下灌木层的物种丰富度降低，草本层的物种丰富度增加；林下灌木层和草本层物种多样性降低；林下灌木层和草本层物种分布均匀程度降低。虽然次生常绿阔叶林地转变为桉树林地后，林下灌木层和草本层的物种多样性略微升高，但从整个群落看，次生常绿阔叶林地、思茅松林地、灌木林地转变为桉树林地后，植物物种多样性降低。

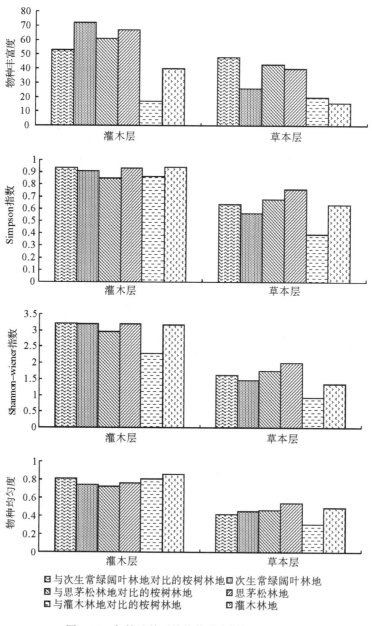

图 4-21　各林地林下植物物种多样性指数对比

## 4. 林下植物物种生态位的变化分析

以重要值作为优势度数量特征，以样方作为资源位，按重要值大小依次排序，选择灌木层和草本层前 20 种植物种计算其优势种生态位宽度值，结果见表 4-20～表 4-24 所示。

由表 4-20～表 4-24 可知，物种的重要值大，但其生态位宽度不一定大，反映物种在群落中的地位，重要值和生态位宽度各有特点，二者不能相互取代。重要值表征的是种群在群落中的优势程度，生态位宽度是度量植物种群对环境资源利用状况的尺度，能够较好地解释群落演替过程中种群的环境适应性和资源利用能力（柳静等，2008）。因此，不同群落同一物种或不同种群的生态位宽度都存在着明显差异，能较好地反映林下植物物种对资源环境的适应性。

1)次生常绿阔叶林地与桉树林地林下植物物种生态位变化分析

由表 4-20、表 4-21 可知，灌木层中，次生常绿阔叶林地植物生态位宽度值在 3 以上的物种有红木荷、粉背菝葜、木姜子、思茅蒲桃，桉树林地林下植物生态位宽度值在 3 以上的物种仅有思茅蒲桃一种，思茅蒲桃在次生常绿阔叶林地和桉树林地内都有分布，且均为优势种。木姜子、粉背菝葜、红木荷为次生常绿阔叶林地的泛化种，在次生常绿阔叶林地内分布广、数量多，所占资源量大，有较强的环境适应能力，而在桉树林地内生态位宽度值小于次生常绿阔叶林地，其分布及对资源的利用受到环境的一定影响；在草本层中，生态位宽度值在 3 以上的物种均在桉树林地内，包括紫茎泽兰、糯米团、南莎草、荩草，其中紫茎泽兰的生态位宽度最大，在桉树林地内占绝对优势，分布广，数量多，有很强的资源利用能力。在林下灌木层共有物种中，除思茅蒲桃在桉树林地的生态位宽度大于次生常绿阔叶林地外，其他物种如水锦树、木姜子、粉背菝葜、半齿柃木在桉树林地内的生态位宽度小于次生常绿阔叶林地；在草本层共有物种中，除毛蕨在桉树林地内的生态位宽度小于次生常绿阔叶林地外，其他物种如荩草、南莎草、西南鸢尾、紫茎泽兰、飞机草等在桉树林地内的生态位宽度大于次生常绿阔叶林地。在林下灌木层中，刺桫、巴豆藤等喜湿物种在次生常绿阔叶林地内的生态位宽度为 2～3，而没有出现在桉树林地的前 20 个物种中，也可认为这两种物种在桉树林地内的生态位宽度小于次生常绿阔叶林地；岗柃、薄叶杜茎山、杜茎山、盐肤木等喜阳物种在桉树林地内出现，其生态位宽度分别为 2.3840、1.0000、1.2354、1.1631，其分布受到环境资源限制；在草本层中，物种无论喜阴喜阳，在桉树林地内的生态位宽度值均表现为增加，这与桉树林地较为丰富的光热等环境资源有关。

总之，当桉树林地取代次生常绿阔叶林地后，林下环境发生变化，林下生态位宽度较大的物种发生变化，灌木层中分布广、数量多、适应性强的物种由木姜子、思茅蒲桃、粉背菝葜、红木荷变为单一的思茅蒲桃，草本层由铁芒萁、荩草转变为紫茎泽兰、荩草、糯米团、南莎草；同一灌木层物种，在次生常绿阔叶林地的生态位宽度大于桉树林地下的生态位宽度，而同一草本层物种，在桉树林地下的生态位宽度大于次生常绿阔叶林地下的生态位宽度；灌木层喜湿物种的生态位宽度变窄，喜阳物种生态位宽度增加，而草本层物种因为桉树林地丰富的空间环境资源，多数物种的生态位宽度变宽；用地变化后，林地群落结构不稳定，给了紫茎泽兰、飞机草等外来入侵物种可乘之机，迅速成为桉树林地内的优势物种，其生态位幅度也逐渐增大。

表 4-20　次生常绿阔叶林地与桉树林地灌木层主要物种生态位宽度

| 次生常绿阔叶林地灌木层 | 重要值/% | Levins 生态位宽度 | 桉树林地灌木层 | 重要值/% | Levins 生态位宽度 |
|---|---|---|---|---|---|
| 杯状栲 | 15.39 | 2.4392 | 岗松 | 10.19 | 2.3834 |
| 水锦树 | 5.37 | 2.9253 | 水锦树 | 8.63 | 2.0824 |
| 木姜子 | 4.95 | 3.0576 | 薄叶杜茎山 | 6.98 | 1.0000 |
| 思茅蒲桃 | 4.07 | 3.0011 | 山牵牛 | 5.20 | 1.9638 |
| 印栲 | 3.69 | 1.2828 | 杜茎山 | 4.53 | 1.2453 |
| 华南石栎 | 3.58 | 1.4884 | 百花酸藤子 | 4.29 | 2.6517 |
| 巴豆藤 | 3.36 | 2.7383 | 思茅蒲桃 | 3.61 | 3.8409 |
| 粉背菝葜 | 3.12 | 3.1827 | 异叶榕 | 3.34 | 2.3174 |
| 百穗石栎 | 3.05 | 1.9502 | 木姜子 | 3.14 | 1.7361 |
| 干花豆 | 2.54 | 1.3135 | 盐肤木 | 2.92 | 1.1631 |
| 半齿柃木 | 2.48 | 1.7051 | 粉背菝葜 | 2.84 | 2.7505 |
| 红木荷 | 2.41 | 3.3218 | 假朝天罐 | 2.57 | 1.7346 |
| 千斤拔 | 2.36 | 1.7861 | 桉树 | 2.56 | 1.3943 |
| 大树杨梅 | 2.36 | 2.8608 | 黑面神 | 2.50 | 1.0000 |
| 筐条菝葜 | 1.96 | 1.8163 | 五月茶 | 2.25 | 2.5271 |
| 刺栲 | 1.96 | 2.3363 | 悬钩子 | 1.97 | 1.9889 |
| 思茅黄檀 | 1.78 | 2.2794 | 山蚂蝗 | 1.80 | 2.8743 |
| 大头茶 | 1.66 | 1.0000 | 半齿柃木 | 1.77 | 1.0000 |
| 沙针 | 1.58 | 1.9809 | 滇银柴 | 1.76 | 1.1717 |
| 剑叶木姜子 | 1.53 | 2.5171 | 三桠苦 | 1.39 | 1.0000 |

表 4-21　次生常绿阔叶林地与桉树林地草本层主要物种生态位宽度

| 次生常绿阔叶林地草本层 | 重要值/% | Levins 生态位宽度 | 桉树林地草本层 | 重要值/% | Levins 生态位宽度 |
|---|---|---|---|---|---|
| 铁芒萁 | 44.47 | 2.9790 | 紫茎泽兰 | 39.11 | 4.9448 |
| 山姜 | 8.85 | 1.0000 | 飞机草 | 13.97 | 2.6104 |
| 荩草 | 8.04 | 2.7768 | 荩草 | 10.12 | 3.0776 |
| 莎草 | 5.46 | 1.8856 | 鳞毛蕨 | 2.83 | 1.0647 |
| 毛蕨 | 4.16 | 1.7721 | 马陆草 | 2.45 | 1.3371 |
| 南莎草 | 2.96 | 1.8842 | 糯米团 | 2.05 | 4.4150 |
| 铺地卷柏 | 2.89 | 1.0000 | 南莎草 | 1.82 | 3.0785 |
| 西南鸢尾 | 2.63 | 1.8527 | 皱叶狗尾草 | 1.61 | 1.3608 |
| 沿阶草 | 2.26 | 1.1244 | 淡竹叶 | 1.50 | 2.6439 |
| 响铃豆 | 2.13 | 1.8998 | 白花蛇舌草 | 1.49 | 1.9964 |
| 紫茎泽兰 | 2.05 | 1.5077 | 毛蕨 | 1.41 | 1.7549 |
| 狗脊蕨 | 1.45 | 1.0000 | 双花雀稗 | 1.31 | 2.6490 |
| 白花蛇舌草 | 1.35 | 1.0000 | 西南鸢尾 | 1.25 | 2.0724 |
| 芒萁 | 1.29 | 1.0000 | 白茅 | 1.23 | 2.2576 |

| 次生常绿阔叶林地草本层 | 重要值/% | Levins 生态位宽度 | 桉树林地草本层 | 重要值/% | Levins 生态位宽度 |
|---|---|---|---|---|---|
| 鳞毛蕨 | 1.05 | 1.0000 | 香薷 | 0.92 | 1.7001 |
| 黄精 | 1.05 | 1.0000 | 黑果蓼 | 0.86 | 1.9998 |
| 乌茅蕨 | 1.03 | 1.0000 | 海金沙 | 0.81 | 1.6584 |
| 飞机草 | 1.02 | 1.0000 | 铜锤玉带 | 0.79 | 1.7397 |
| 醉鱼草 | 1.00 | 1.0000 | 耳草 | 0.79 | 1.8666 |
| 刚莠竹 | 0.99 | 1.0000 | 叶下珠 | 0.78 | 1.7537 |

2)思茅松林地与桉树林地林下植物物种生态位宽度变化分析与前面林地下对比

不同林地类型下的生态位宽度,不仅表明了各物种在不同环境条件下对资源的利用能力,还可以明确各物种在群落中所处的地位及群落结构的变化。由表4-22、表4-23可知,灌木层中,思茅松林地灌木层生态位宽度值在3以上的物种有白花酸藤子、艾胶树、斑鸠菊、马醉木、干花豆、沙针、红木荷、水锦树,以上物种最能适应思茅松林地林下生态环境,在群落中有很大的生态适应范围,能利用群落中的绝大多数环境资源,而桉树林地灌木层生态位宽度在3以上的物种有水锦树、山蚂蝗、艾胶树、斑鸠菊,分布广、数量多,所占资源量大,可利用资源最为丰富且有较强的资源利用能力,从而成为生态幅度最广的物种;草本层中,思茅松林地内生态位宽度值在3以上的物种有荩草、猪屎豆、西南鸢尾,桉树林地生态位宽度值在3以上的物种有紫茎泽兰、白茅、荩草、刚莠竹、香薷。在灌木层共有物种中,除山蚂蝗、五月茶在桉树林地内的生态位宽度大于思茅松林地,其余物种在思茅松林地内的生态位宽度则高于桉树林地内的生态位宽度;在草本层中,紫茎泽兰、刚莠竹、荩草、白茅、香薷、西南鸢尾、南莎草、双花雀稗、莎草、狗牙根、杏叶防风、飞机草、毛蕨为两种林地类型下的主要共有物种,西南鸢尾、南莎草、双花雀稗、杏叶防风、狗牙根这些喜湿植物在思茅松林地内生态位宽度大于桉树林地,紫茎泽兰、刚莠竹、荩草、白茅、香薷、飞机草等在桉树林地内的生态位宽度大于思茅松林地。

因此,当思茅松林地转变为桉树林地后,林下环境与原思茅松林地林下环境存在着一定差异,林下生态位宽度大、对资源环境利用能力强的物种发生了改变,灌木层中分布广、数量多、适应性强的物种由白花酸藤子、艾胶树、斑鸠菊等转变为水锦树、山蚂蝗、艾胶树等,草本层中分布广、数量多、适应性强的物种由荩草、猪屎豆、西南鸢尾转变为紫茎泽兰、白茅、荩草、刚莠竹、香薷;灌木层共有物种中大部分物种的生态位宽度变窄,草本层共有物种中大部分喜阴喜湿物种的生态位宽度变窄,喜阳喜干物种的生态位宽度变大;紫茎泽兰、飞机草等外来入侵物种的生态位宽度增加。

**表 4-22　思茅松林地与桉树林地灌木层主要物种生态位宽度**

| 思茅松林地 | 重要值/% | Levins 生态位宽度 | 桉树林地 | 重要值/% | Levins 生态位宽度 |
|---|---|---|---|---|---|
| 印栲 | 11.40 | 2.7904 | 水锦树 | 25.75 | 3.7734 |
| 水锦树 | 9.50 | 3.3521 | 岗柃 | 5.13 | 1.9619 |
| 干花豆 | 8.82 | 3.5729 | 百花酸藤子 | 4.12 | 2.6449 |
| 斑鸠菊 | 5.37 | 4.7237 | 思茅蒲桃 | 3.99 | 2.9003 |

| 思茅松林地 | 重要值/% | Levins 生态位宽度 | 桉树林地 | 重要值/% | Levins 生态位宽度 |
|---|---|---|---|---|---|
| 牡荆 | 4.53 | 1.281 | 黑面神 | 3.82 | 1.5054 |
| 马醉木 | 3.89 | 3.892 | 朝天罐 | 2.92 | 1.0000 |
| 思茅松 | 3.69 | 2.9089 | 山牡荆 | 2.62 | 1.5098 |
| 百花酸藤子 | 3.56 | 5.0935 | 干花豆 | 2.46 | 1.2674 |
| 沙针 | 3.44 | 3.4998 | 牡荆 | 2.24 | 1.0000 |
| 红木荷 | 2.63 | 3.3932 | 艾胶树 | 2.17 | 3.7428 |
| 黑面神 | 2.33 | 2.5853 | 斑鸠菊 | 2.02 | 3.6634 |
| 思茅黄檀 | 2.14 | 1.0000 | 剑叶木姜子 | 1.98 | 1.8524 |
| 艾胶树 | 2.13 | 4.8261 | 沙针 | 1.98 | 1.9636 |
| 金叶子 | 2.06 | 2.1411 | 五月茶 | 1.65 | 2.8055 |
| 巴豆藤 | 1.95 | 2.7644 | 杯状栲 | 1.61 | 1.9916 |
| 刺栲 | 1.62 | 1.7232 | 山蚂蝗 | 1.50 | 3.7609 |
| 山蚂蝗 | 1.59 | 2.9700 | 余甘子 | 1.40 | 1.5812 |
| 厚皮香 | 1.58 | 1.8648 | 红木荷 | 1.40 | 1.9470 |
| 茶梨 | 1.58 | 1.9928 | 金叶子 | 1.36 | 1.9501 |
| 五月茶 | 1.47 | 1.9274 | 异叶榕 | 1.31 | 2.2956 |

**表 4-23　思茅松林地与桉树林地草本层主要物种生态位宽度**

| 思茅松林草本层物种 | 重要值/% | Levins 生态位宽度 | 桉树林地草本层物种 | 重要值/% | Levins 生态位宽度 |
|---|---|---|---|---|---|
| 紫茎泽兰 | 30.08 | 2.3929 | 紫茎泽兰 | 38.69 | 5.0475 |
| 刚莠竹 | 21.25 | 2.6742 | 莐草 | 10.45 | 4.4612 |
| 莐草 | 5.78 | 3.906 | 飞机草 | 8.78 | 2.415 |
| 白茅 | 4.71 | 2.8659 | 刚莠竹 | 8.04 | 3.1631 |
| 香薷 | 3.37 | 2.3763 | 白茅 | 3.50 | 4.7994 |
| 西南鸢尾 | 3.10 | 3.1054 | 莎草 | 2.92 | 2.3499 |
| 南莎草 | 2.82 | 2.0644 | 毛蕨 | 2.22 | 2.2009 |
| 双花雀稗 | 2.14 | 2.7398 | 香薷 | 2.13 | 3.1269 |
| 莎草 | 2.12 | 2.2925 | 西南鸢尾 | 1.95 | 1.614 |
| 狗牙根 | 203 | 1.5895 | 狗牙根 | 1.48 | 1.2832 |
| 猪屎豆 | 1.84 | 3.5354 | 白花蛇舌草 | 1.43 | 2.7663 |
| 凤尾蕨 | 1.52 | 1.0000 | 牡蒿 | 1.02 | 1.6336 |
| 杏叶防风 | 1.52 | 1.7079 | 南莎草 | 1.02 | 1.6631 |
| 耳草 | 1.47 | 1.3676 | 凤尾蕨 | 0.91 | 1.9874 |
| 香青 | 1.46 | 2.6432 | 双花雀稗 | 0.91 | 1.9866 |
| 沿阶草 | 1.35 | 1.0000 | 酢浆草 | 0.88 | 1.9763 |
| 飞机草 | 1.12 | 1.6209 | 假蓬 | 0.83 | 1.9999 |
| 毛蕨 | 0.91 | 1.9962 | 糯米团 | 0.81 | 1.7977 |

| 思茅松林草本层物种 | 重要值/% | Levins 生态位宽度 | 桉树林地草本层物种 | 重要值/% | Levins 生态位宽度 |
|---|---|---|---|---|---|
| 胜红蓟 | 0.86 | 1.7366 | 黑果蓼 | 0.74 | 1.0000 |
| 狭叶凤尾蕨 | 0.72 | 1.0000 | 杏叶防风 | 0.59 | 1.0000 |

3)灌木林地与桉树林地林下植物物种生态位宽变化分析

桉树林地和灌木林地主要物种的生态位宽度值如表 4-24 所示。由于桉树林地及与其对照的灌木林地内大部分植物种的生态位宽度窄，对资源的利用能力弱，在此仅列出了生态位宽度值大于 1 的物种。在灌木林地和桉树林地内，林下灌木层和草本层物种的生态位宽度值为 1~2。灌木林地内，生态位宽度值大于 1.8 的物种有巴豆藤、茶梨、四脉金茅，对资源的利用能力强，利用了绝大部分的环境资源；在桉树林地内，生态位宽度值大于 1.8 的物种有紫茎泽兰、剑叶木姜子，这两种物种分布广，数量多，资源利用能力强。两种林地类型没有共同物种，林下环境差异大，物种种类存在显著差异。

因此，当桉树林地转变为灌木林地后，林下环境发生变化，适宜生长在灌木林地内的物种在桉树林地内逐渐减少或消失，同时由于林间水热、空间环境的变化，剑叶木姜子、紫茎泽兰成为林下占用绝大部分资源的物种，不受环境影响，分布数量多。用地类型变化后，原生态系统受到破坏，且桉树林地林下群落结构不稳定，使得紫茎泽兰这些外来入侵物种在林地内迅速繁殖，占用了大部分的林下环境资源，成为林下绝对优势物种。

**表 4-24　灌木林地与桉树林地主要物种生态位宽度**

| 层次 | 灌木林 | 重要值/% | Levins 生态位宽度 | 桉树林地种 | 重要值/% | Levins 生态位宽度 |
|---|---|---|---|---|---|---|
| 灌木层 | 茶梨 | 6.80 | 1.8358 | 剑叶木姜子 | 11.87 | 1.8524 |
| | 杨桐 | 4.16 | 1.5622 | 思茅蒲桃 | 2.85 | 1.5542 |
| | 杯状栲 | 4.14 | 1.2524 | | | |
| | 巴豆藤 | 2.17 | 1.9985 | | | |
| | 天门冬 | 2.13 | 1.5931 | | | |
| 草本层 | 四脉金茅 | 30.43 | 1.9102 | 紫茎泽兰 | 52.49 | 1.9999 |
| | 狭叶香青 | 12.96 | 1.6532 | 荩草 | 14.19 | 1.4161 |
| | 毛蕨 | 3.53 | 1.6653 | 白茅 | 3.23 | 1.5012 |
| | 糯米团 | 3.44 | 1.4839 | 香薷 | 3.20 | 1.7151 |

## 5. 原因分析

次生常绿阔叶林地、思茅松林地、灌木林地转变为桉树林地后，林下植物物种组成、物种多样性指数、生态位宽度均发生了变化，导致这些变化的主要原因有以下方面：

(1)桉树林取代次生常绿阔叶林、思茅松林后，由于乔木层树种不同，郁闭度不同，林下光照强度发生变化，林下环境也随之变化，从而造成林下植物物种组成发生变化。次生常绿阔叶林地乔木层主要是以水锦树、印栲、杯状栲、木姜子、红木荷等冠幅较大植物占主要优势，乔木层郁闭度为 40%~90%，林内环境趋于阴湿，林下植物以喜湿、喜阴植物为主。思茅松林地乔木层以思茅松占绝对优势，但同时也有印栲、水锦树、干花豆等物种占主要优势，乔木层郁闭度为 $10\%\sim70\%$。桉树林地乔木层是以桉树占绝对优势的，桉树冠幅小，树干笔直，枝叶少，种植株距为 2m 或 3m，行距为 1.5m 或 2m，林间郁闭度为 $35\%\sim60\%$，林下光照强度高，林下灌木层多为喜阳植物。次生常绿阔叶林地转变为桉树林地后，林地乔木层郁闭度降低，林下光照强度增强，土壤含水量降低，从而使得林下喜湿、喜阴植物减少，喜阳植物增加。思茅松林地与桉树林地同为人工林地，二者在林下环境条件有一定的相似性，林下共有物种较次生常绿阔叶林地多，林下植物物种组成有较高的相似程度。灌木林地多以次生灌木成分为主，林下灌草层郁闭度为 $65\%\sim70\%$，灌木林地转变为桉树林地后，林下物种变化较大。

此外，地表覆被变化伴随着林下环境变化，导致物种生态位宽度发生变化，原用地类型林下环境利用能力强的物种，在桉树林地内对其环境的利用能力、适应能力降低，生态位宽度值降低，甚至在桉树林地内消失；或在原用地类型林下对环境利用能力弱的物种在桉树林地内对环境利用的能力增强。

（2）桉树林取代次生常绿阔叶林、思茅松林、灌木林后，林地受人为活动干扰程度增加，对林下植物组成、林下植物物种多样性都有较大程度的影响。次生常绿阔叶林地、灌木林地是在自然条件下逐渐形成的植物群落，思茅松林地、桉树林地均为人工林地，是为了获取经济效益而进行的造林活动。在桉树种植前，需要对种植地进行劈草炼山、挖除杂灌等，种植后前三年对林地进行追肥、拔草砍灌等抚育管理活动，使得原次生常绿阔叶林地、思茅松林地、灌木林地内植被受到破坏甚至消失，而原群落内的植物种子有少部分在桉树林地生境内生存下来，成为各林地与桉树林地内的共有物种。大部分木本植物的更新主要依靠种子散布，而种子的传播距离是有限的，其林下植物更新的动力主要来自于动物传播。在动物多样性受到影响，缺乏有效种子来源的情况下，土壤种子库是人工林地植被恢复的主要依靠，但土壤种子库主要是以草本植物为主，缺乏木本植物，从而在一定程度上有利于增加桉树林地草本层物种的多样性（平亮等，2009）。此外，桉树林地在生长过程中生态系统结构不稳定甚至缺失，使得其生境中的外来入侵物种迅速进入，由于其生长速度快，繁殖力强，从而发展成为桉树林地林下的主要成分，如紫茎泽兰和飞机草。

（3）桉树林取代次生常绿阔叶林、思茅松林、灌木林后，林地环境条件、树种等变化综合影响了林下植物物种多样性的变化。次生常绿阔叶林地转变为桉树林地后，林下灌木层和草本层的物种多样性均有小幅升高。物种多样性指数主要受物种个体数的影响，并不是物种丰富度大，物种多样性指数就大。次生常绿阔叶林地内主要以乔木植物占主要地位，乔木植物占据较多的环境资源，从而影响灌木层和草本层的物种数量及分布；桉树林地林下光照条件好，环境资源丰富，较适合灌木层和草本层植物生长，为灌木层和草本层多样性的升高提供了条件，林下植物物种多样性有小幅升高。思茅松林地、灌木林地转变为桉树林地后，林下灌木层和草本层的植物物种多样性降低，与桉树林也受到人为抚育管理及桉树的化感效应的影响有关，这也抑制了其他植物的生长。

## 4.2.4　桉树引种对林下植物物种多样性生态安全影响分析

### 1. 物种多样性指数比值分析

桉树林地植物物种多样性指数与其他林地植物物种多样性指数的比值可以较好地表达其他林地转变为桉树林地后植物物种多样性的生态安全状况，结果如表 4-25。桉树林地与思茅松林地的植物物种多样性比值最大，达到了 82.22%；其次是桉树林地与灌木林地的植物物种多样性比值，为 73.34%；最后是桉树林地与次生常绿阔叶林地的植物物种多样性比值，为 60.42%。以上结果表明：思茅松林地和灌木林地植物物种多样性与桉树林地植物物种多样性较为接近，当思茅松林地、灌木林地转变为桉树林地后，对林地植物物种多样性有一定的影响，但不大；次生常绿阔叶林地植物物种多样性与桉树林地植物物种多样性存在较大差异，当次生常绿阔叶林地转变为桉树林地后，对林地植物物种多样性影响程度最大。

**表 4-25　桉树林地与不同土地利用类型植物物种多样性生态安全系数**

| 土地利用类型 | 次生常绿阔叶林地 | 思茅松林地 | 灌木林地 |
| --- | --- | --- | --- |
| 多样性比值/% | 60.42 | 82.22 | 73.34 |
| 相同物种数/种 | 43.00 | 63.00 | 14.00 |
| 相似性系数/% | 43.00 | 59.00 | 30.00 |
| 植物物种多样性生态安全系数/% | 25.98 | 48.51 | 22.00 |
| 植物物种多样性生态安全等级 | 严重 | 严重 | 非常严重 |

### 2. 相似性系数分析

物种是一个生态系统组成结构的基本构件，指示着生态系统健康以及生态安全状况。桉树林地植物种类组成越接近于次生常绿阔叶林地、思茅松林地、灌木林地，则说明当次生常绿阔叶林地、思茅松林地、灌木林地转变为桉树林地后对区域的植物物种多样性影响小，对区域植物物种多样性生态安全影响小；反之，则影响大，区域植物物种多样性生态安全受到威胁。结果显示，在植物物种组成上，桉树林地与思茅松林地有着较高的相似性系数，为 59%；其次是次生常绿阔叶林地，相似性系数为 43%；相似性系数最低的是灌木林地，相似性系数为 30%（表 4-25）。可见，桉树林地与思茅松林地的植被相似性程度很高，这主要与两个林地有较为相似、宽泛的生境条件有关。桉树林地与次生常绿阔叶林地的植物相似物种未达到一半，这主要与二者乔木层的郁闭度、冠幅有关，桉树林地乔木层以桉树占绝对优势，其冠幅小，郁闭度低，而次生常绿阔叶林地乔木层主要以壳斗科等植物为主，其冠幅较大，郁闭度高，造成两个群落内植物种不同。桉树林地与灌木林地的植物物种相似性最低，这与所调查的灌木林地均为次生灌木林有关，受人为干扰影响程度较大。

### 3. 植物物种多样性生态安全系数分析

基于对多样性指数比值和相似性系数的计算结果，利用植物物种多样性生态安全系数公式计算研究区次生常绿阔叶林地、思茅松林地、灌木林地转变为桉树林地后的植物物种多样性生态安全系数，结果如表4-25所示。当次生常绿阔叶林地和思茅松林地转变为桉树林地后，植物物种多样性生态安全系数分别为25.98％和48.51％，林下植物物种多样性生态安全受到严重影响；当灌木林地转变为桉树林地后，植物物种多样性生态安全系数为22％，植物物种多样性生态安全系数最低，受到非常严重的影响。植物物种多样性比值大，相似性系数大，其植物物种多样性生态安全系数越大。结果表明，灌木林地、次生常绿阔叶林地转变为桉树林地后，林下植物物种多样性丧失较大，其次是思茅松林地。因此，在土地利用中，应注重利益和生态安全的均衡发展，不能盲目追求经济利益，应从长远的角度看待区域的植物物种多样性生态安全问题。

## 4.2.5　小结

1)各用地类型林下植物物种组成及物种多样性特征

次生常绿阔叶林地以乔木为主，灌木林地以灌木植物为主，思茅松林地和桉树林地均以灌木植物和草本植物为主，且林下植物科属种较丰富，物种分布较为分散。次生常绿阔叶林地、思茅松林地、灌木林地灌木层的物种丰富度、物种多样性、物种均匀度以及桉树林地灌木层的物种多样性、物种均匀度都高于草本层，而桉树林地灌木层和草本层的物种丰富度没有较为明显的变化规律。

2)桉树引种后林下植物物种组成、物种多样性、生态位变化

在群落植物生长型方面，次生常绿阔叶林地、思茅松林地转变为桉树林地后，群落的木本植物有所退化，但有利于灌木植物和草本植物的发育，其中思茅松林地转变为桉树林地后，灌木与草本植物的增长较弱；灌木林地转变为桉树林地后，灌木植物退化，但有利于草本植物发育。

在植物物种组成方面，次生常绿阔叶林地、思茅松林地、灌木林地转变为桉树林地后，林下灌木层的科属种数减少，草本层的科属种数增加；林下优势种发生变化；次生常绿阔叶林地、思茅松林地、灌木林地内的物种在桉树林地内的分布减少或消失；林下喜阳喜热物种增加，喜湿喜阴植物消失或分布减少；林下外来入侵物种数量增加。

在物种多样性方面，次生常绿阔叶林地、思茅松林地、灌木林地转变为桉树林地后，灌木层物种丰富度降低，草本层物种丰富度增加。思茅松林地、灌木林地转变为桉树林地后，灌木层和草本层的物种多样性降低，物种分布均匀程度降低，而次生常绿阔叶林地转变为桉树林地后，灌木层和草本层物种多样性有细微的上升，但变化不大，灌木层物种分布均匀程度增加，草本层物种分布均匀程度降低。总而言之，桉树引种降低了研究区的植物物种多样性。

在物种生态位变化方面，次生常绿阔叶林地、思茅松林地、灌木林地转变为桉树林地后，生态位宽度值较大、对资源环境利用能力强的物种发生了变化；林下灌木层和草本层喜湿、喜阳植物生态位宽度发生了变化；林地群落结构不稳定，外来入侵物种迅速成为桉树林地内的优势物种，其生态位宽度逐渐增大。

3)桉树引种对林下植物物种多样性生态安全影响

桉树引种造成的用地变化使得林下植物物种多样性生态安全受到不同程度的威胁，

林下植物物种存在不同程度的减少或消失现象。其中,以灌木林地转变为桉树林地后林下植物物种多样性生态安全受到的威胁最为严重,其次是次生常绿阔叶林地、思茅松林地。

总之,桉树引种确实对林下植物物种多样性生态安全造成了威胁,降低了引种区的植物物种多样性。

## 4.3　西盟县、孟连县、澜沧县桉树人工林引种对植被覆盖度的影响

以普洱市西盟县、孟连县、澜沧县为研究案例区,研究桉树人工林引种对植被覆盖度的影响。在生态环境系统中,植被覆盖状况在很大程度上影响甚至直接决定着区域生态环境中的第一性生产力、环境承载力、环境洁净与美化、水土流失强度等生态环境系统的状态与功能(孙存举等,2011),因此研究引种区植被覆盖度的变化,可以掌握桉树引种后区域生态环境状况。

### 4.3.1　数据来源及研究方法

**1. 数据来源及处理**

中科院地理空间数据云 2000 年、2005 年、2010 年和 2014 年四期三县的 3 月份 TM 遥感影像,空间分辨率为 30 m;2000 年、2005 年、2010 年和 2014 年四期三县 2~4 月 MODIS 影像,空间分辨率为 250 m;云南省基础数据库中的三县边界矢量图和乡镇边界矢量图。

在 ENVI 5.0 软件中对遥感图像进行线性拉伸、对比度调整等增强处理以及辐射校正、几何校正、大气校正。研究区涉及四景,需要在 ENVI5.0 软件下进行遥感图像的拼接,然后在 ArcMap10.2 中裁剪三县影像数据。

**2. 研究方法**

1)研究区植被指数的选择

目前归一化植被指数(NDVI)和比值植被指数(RVI)常用于植被资源调查和监测(雷丽萍等,1995)。RVI 对大气影响敏感,而且当植被指数覆盖度不够浓密时(小于 50%),它的分辨能力很弱,适用于植被发展高度旺盛、具有高覆盖度的植被监测(胡良军等,2001)。NDVI 可大大消除地形和群落结构的阴影影响,削弱大气的干扰,扩展对植被盖度监测的灵敏度。当植被盖度小于 15% 时,NDVI 能将土壤背景与植被区分开;当植被盖度为 25%~80% 时,NDVI 随植被盖度的增大呈线性增加;当植被盖度大于 80% 时,NDVI 监测能力才会逐步下降(强建华等,2007)。NDVI 对植被的生物物理特征十分敏感,在时效、尺度方面具有明显优势。因此,选择 NDVI 作为研究区分析监测植被覆盖度的指标。

2)NDVI 的提取方法

NDVI 植被指数主要是基于可见光和近红外这两个对植被反映最敏感的波段信息,

不同的 NDVI 值对应不同的土地覆盖类型，NDVI 的计算式为

$$NDVI = (NIR - R)/(NIR + R) \tag{4-20}$$

式中，NIR 为近红外波段反射值；$R$ 为红波段反射值。

针对 TM 遥感影像：$NDVI = (TM4 - TM3)/(TM4 + TM3)$ (4-21)

式中，TM3 为 TM 影像第三通道即红光波段反射值；TM 4 为 TM 影像第四通道即近红外波段反射值(马红斌等，2012)。NDVI 值介于 $-1$ ～ 1，其中 0 代表该区域基本没有植被生长，负值代表非植被覆盖的区域；0～1 表示有植被覆盖，且数值越大代表植被的覆盖面积越大，植被数量越多。云、水体和冰雪在红色及近红外波段均有较大反射，NDVI 值为负值；土壤和岩石在这两个波段的反射率基本相同，NDVI 值接近 0。在 ENVI5.0 遥感处理软件中导入已拼接剪裁好的研究区各时相遥感图像，计算出 NDVI。

3)TM 影像信息的检验

为了验证 TM 影像对植被信息的准确性和可靠性，用研究区 2000 年、2005 年、2010 年和 2014 年四年冬末春初的 MODIS 遥感数据，与基于 TM 影像计算的 NDVI 进行比较和验证。

MODIS 植被指数产品统一采用正弦曲线投影(SINGRID)，先去云、辐射校正、大气校正等处理后再进行投影转换。为了消除云覆被的影响，基于 ENVI 软件用最大值合成法(MVC)，生成 MODIS-NDVI，其值域为 0～1。再在 ENVI 软件中通过波段计算，求出平均值，与 TM 影像 NDVI 值进行对比验证，它们之间的变化基本一致即可。再结合历年研究区的土地利用情况，证实 TM 影像反映的植被信息是否准确和可靠。

4)NDVI 的拉伸变换

NDVI 反映了特定景观中群落面积同景观总面积的比例关系，同时也反映了植物的生物量高低(高飞等，2007)，所以要把植被指数转化为植被盖度等级，实际上是对植被指数的综合和简化(陈述彭等，1998)。公式如下：

$$f = (NDVI - NDVI_{min})/(NDVI_{max} - NDVI_{min}) \times 255 \tag{4-22}$$

式中，$f$ 表示归一为 0～255 的植被指数值；$NDVI_{min}$、$NDVI_{max}$ 分别表示最小、最大归一化植被指数值。$f$ 的值为 0～128 时，近红外波段对植被的反射值很低，地物类型基本为荒漠、戈壁、水域和居民区等无植被的地区；$f$ 的值为 129～255 时，栅格像元灰度值与植被覆盖程度正相关，像元灰度值越大，植被覆盖程度越高(丁建丽等，2002)。

5)植被覆盖等级的划分

根据前人的大量研究成果，以"森林资源规划设计调查主要技术规定""土地利用现状调查规程""全国草场资源调查技术规程""全国沙漠类型划分原则"的有关条款为指导(王劲峰，1995；许鹏，2000)，将研究区植被盖度划分为 5 个等级(表 4-26)。

TM 遥感图像在导入 ENVI5.0 软件后利用 Transform 工具下的 NDVI 命令进行计算(在 NDVI Calculation Parameters 对话框中选择 Byte)，这样得到的灰度图与上面不同的是灰度值范围将由 $-1$ ～ 1 拉伸变换到 0～255，即进行了植被指数的拉伸变换得到 $f$ 值。将处理后的遥感影像导出再导入到 ArcMap10.2 中，根据影像的 value 值(即灰度值)参照表 4-26 分类标准进行分类处理，以区分度相对较高的颜色加以分级，再叠加上三县边界矢量图和乡镇边界矢量图，辅以其他图像信息后生成最终覆盖等级图(附图 1)。

表 4-26 植被覆盖等级划分及评价

| 覆盖度 | 等级 | f 值区间 | 名称 | 评价 |
|---|---|---|---|---|
| >60% | 一级 | 191~255 | 优等覆盖 | 很好 |
| 30%~60% | 二级 | 156~190 | 良等覆盖 | 好 |
| 15%~30% | 三级 | 139~155 | 中等覆盖 | 中 |
| 5%~15% | 四级 | 129~138 | 差等覆盖 | 差 |
| <5% | 五级 | 128 以下 | 劣等覆盖 | 很差 |

## 3. 各级植被覆盖的面积计算

根据表 4-26 和附图 1 计算 2000~2014 年各期各级别的植被覆盖面积。由于遥感图像是栅格数据类型,计算面积时可采用栅格数量乘以单个栅格像元大小(30 m×30 m)的方式进行各级植被覆盖的面积计算。在 ArcMap10.2 软件中用分区统计(Zonal Statistics)功能进行数据的统计,得到各个灰度值对应的像元数量,然后计算出相应的面积大小,最后再进行筛选汇总后得到 2000 年、2005 年、2010 年、2014 年研究区各级别植被覆盖面积比例及分布图(表 4-27,图 4-22)。

表 4-27 2000 年、2005 年、2010 年、2014 年研究区各级别植被覆盖面积及比例

| 年代 | | 2000 年 | | | 2005 年 | | |
|---|---|---|---|---|---|---|---|
| 等级 | 灰度值 | 栅格数量 | 面积/km² | 比例/% | 栅格数量 | 面积/km² | 比例/% |
| 五级 | <128 | 7721931 | 6949.7 | 58.51 | 38217 | 34.4 | 0.29 |
| 四级 | 129~138 | 2494809 | 2245.3 | 18.90 | 285679 | 257.1 | 2.16 |
| 三级 | 139~155 | 2553592 | 2298.2 | 19.35 | 2024085 | 1821.7 | 15.34 |
| 二级 | 156~190 | 426765 | 384.1 | 3.23 | 7715303 | 6943.8 | 58.46 |
| 一级 | 191~255 | 1363 | 1.2 | 0.01 | 3135176 | 2821.7 | 23.75 |
| 总计 | | 13198460 | 11878.6 | 100.00 | 13198460 | 11878.6 | 100.00 |

| 年代 | | 2010 年 | | | 2014 年 | | |
|---|---|---|---|---|---|---|---|
| 等级 | 灰度值 | 栅格数量 | 面积/km² | 比例/% | 栅格数量 | 面积/km² | 比例/% |
| 五级 | <128 | 25154 | 22.6 | 0.19 | 122927 | 110.6 | 0.93 |
| 四级 | 129~138 | 70442 | 63.4 | 0.53 | 134287 | 120.9 | 1.02 |
| 三级 | 139~155 | 1218661 | 1096.8 | 9.23 | 3030423 | 2727.4 | 22.96 |
| 二级 | 156~190 | 7652468 | 6887.2 | 57.98 | 9803801 | 8823.4 | 74.28 |
| 一级 | 191~255 | 4231735 | 3808.6 | 32.06 | 107022 | 96.3 | 0.81 |
| 总计 | | 13198460 | 11878.6 | 100.00 | 13198460 | 11878.6 | 100.00 |

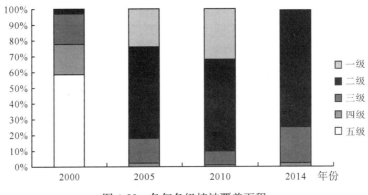

图 4-22　各年各级植被覆盖面积

## 4.3.2　研究区植被覆盖变化特征

### 1. 植被覆盖时间变化特征

2000～2014 年中，2000 年研究区植被覆盖情况是最差的，以五级、四级和三级植被覆盖为主，仅极少数地区达到二级，覆盖度基本没有超过 60％的区域(附图 1 和表 4-27)；2005 年植被覆盖情况发生了很大变化，呈现大量连续成片的深蓝色分布区，植被覆盖等级变为以一级、二级为主，一、二级覆盖区域超过研究区总面积的 80％，覆盖面积近 100 万 hm²(附图 1 和表 4-27)；2010 年与 2005 年比较，各级植被覆盖面积的整体分布情况无太大波动，但一级与二级覆盖的主导地位更加明显，覆盖面积达到研究区总面积的 90％。其中一级植被覆盖增长明显，较 2005 年增加近 10 万 hm²(附图 1 和表 4-27)；2014 年以二级植被覆盖为主，一级植被覆盖面积大幅下降，四级和五级覆盖较少。

总的说来研究区 2000～2014 年植被覆盖变化特征可以归纳为"先增后稳"的过程，整体植被覆盖情况是变好的，其中变化最为显著的在 2000～2005 年。

### 2. 研究区植被覆盖空间变化特征

从整体地域分布看，研究区西部植被覆盖大于东部，南部大于北部；其中西部、南部和东南部植被覆盖情况最好(附图 1)。

从县域来看，研究区植被覆盖较好的区域主要集中在澜沧县南部和东南部，孟连县中西部以及西盟县东部等地；澜沧县中部大部分地区和孟连县东部植被覆盖相对上述区域都略微较差。西盟县和孟连县虽然面积远小于澜沧县，但其整体植被覆盖情况皆优于澜沧县；另外，近澜沧江一带的植被覆盖程度较低，尤其在 2014 年的遥感图中其附近区域有植被覆盖严重退化的现象(附图 1)。

在 ArcGIS10.2 软件中对四年的遥感影像进行 Zonal Statistics Table 运算，计算三县各乡镇的平均灰度值，平均灰度值可以在一定程度反映植被覆盖区的整体覆被情况，其值大小与整体覆被呈正相关(表 4-28)。

表 4-28 各乡镇各年平均灰度值

| 县名 | 排序 | 2000 年 | | 2005 年 | | 2010 年 | | 2014 年 | |
|---|---|---|---|---|---|---|---|---|---|
| | | 乡镇名 | 平均灰度值 | 乡镇名 | 平均灰度值 | 乡镇名 | 平均灰度值 | 乡镇名 | 平均灰度值 |
| 孟连县 | 1 | 勐马 | 135.49 | 勐马 | 178.99 | 勐马 | 181.61 | 勐马 | 166.91 |
| | 2 | 公信 | 127.95 | 公信 | 173.86 | 公信 | 176.87 | 公信 | 166.00 |
| | 3 | 富岩 | 127.19 | 富岩 | 174.51 | 富岩 | 180.70 | 富岩 | 165.35 |
| | 4 | 娜允 | 126.21 | 娜允 | 172.39 | 娜允 | 175.97 | 娜允 | 164.01 |
| | 5 | 芒信 | 124.75 | 芒信 | 172.11 | 芒信 | 173.36 | 芒信 | 165.25 |
| | 6 | 景信 | 117.86 | 景信 | 165.77 | 景信 | 170.46 | 景信 | 161.06 |
| 西盟县 | 1 | 中课 | 134.15 | 中课 | 183.41 | 中课 | 194.02 | 中课 | 171.51 |
| | 2 | 翁嘎科 | 132.07 | 翁嘎科 | 178.00 | 翁嘎科 | 192.99 | 翁嘎科 | 166.51 |
| | 3 | 勐梭 | 129.14 | 勐梭 | 175.93 | 勐梭 | 186.23 | 勐梭 | 165.45 |
| | 4 | 力所 | 129.04 | 力所 | 174.66 | 力所 | 189.41 | 力所 | 167.75 |
| | 5 | 勐卡 | 127.87 | 勐卡 | 178.11 | 勐卡 | 186.97 | 勐卡 | 168.30 |
| | 6 | 岳宋 | 125.87 | 岳宋 | 173.90 | 岳宋 | 187.56 | 岳宋 | 164.47 |
| | 7 | 新厂 | 124.14 | 新厂 | 177.00 | 新厂 | 181.27 | 新厂 | 166.35 |
| 澜沧县 | 1 | 发展河 | 133.65 | 发展河 | 184.33 | 发展河 | 188.09 | 发展河 | 166.65 |
| | 2 | 雪林 | 130.21 | 雪林 | 180.41 | 雪林 | 187.42 | 雪林 | 164.18 |
| | 3 | 糯福 | 129.63 | 糯福 | 182.65 | 糯福 | 183.74 | 糯福 | 167.11 |
| | 4 | 糯扎渡 | 129.23 | 糯扎渡 | 177.54 | 糯扎渡 | 175.65 | 糯扎渡 | 162.68 |
| | 5 | 惠民 | 128.18 | 惠民 | 180.30 | 惠民 | 180.96 | 惠民 | 167.40 |
| | 6 | 木戛 | 126.80 | 木戛 | 175.90 | 木戛 | 181.96 | 木戛 | 163.13 |
| | 7 | 富邦 | 125.19 | 富邦 | 174.19 | 富邦 | 180.45 | 富邦 | 161.27 |
| | 8 | 拉巴 | 124.59 | 拉巴 | 174.74 | 拉巴 | 181.79 | 拉巴 | 165.54 |
| | 9 | 勐朗 | 124.44 | 勐朗 | 174.46 | 勐朗 | 181.97 | 勐朗 | 164.82 |
| | 10 | 酒井 | 124.06 | 酒井 | 176.12 | 酒井 | 183.91 | 酒井 | 166.46 |
| | 11 | 富东 | 123.24 | 富东 | 173.29 | 富东 | 179.93 | 富东 | 159.5 |
| | 12 | 东河 | 122.90 | 东河 | 173.59 | 东河 | 183.71 | 东河 | 162.70 |
| | 13 | 安康 | 122.58 | 安康 | 171.24 | 安康 | 177.57 | 安康 | 159.97 |
| | 14 | 竹塘 | 122.32 | 竹塘 | 170.49 | 竹塘 | 177.00 | 竹塘 | 161.88 |
| | 15 | 文东 | 121.54 | 文东 | 167.73 | 文东 | 172.26 | 文东 | 159.79 |
| | 16 | 上允 | 120.63 | 上允 | 168.10 | 上允 | 172.85 | 上允 | 161.20 |
| | 17 | 大山 | 120.05 | 大山 | 169.68 | 大山 | 176.66 | 大山 | 161.42 |
| | 18 | 南岭 | 119.81 | 南岭 | 169.18 | 南岭 | 176.43 | 南岭 | 162.93 |
| | 19 | 东回 | 118.35 | 东回 | 166.54 | 东回 | 174.00 | 东回 | 163.07 |
| | 20 | 谦六 | 117.25 | 谦六 | 168.24 | 谦六 | 170.25 | 谦六 | 158.27 |

注：平均灰度值 = $\dfrac{\sum(\text{各灰度值} \times \text{对应栅格数})}{\text{栅格总数}}$。

2000~2005 年，所有乡镇的植被覆盖程度都有很大提升，灰度值排序整体无太大变化，主要植被覆盖等级由四、五级变为一、二级；2005~2010 年覆盖度略微升高，是所有年限中研究区整体覆被最好的时期；而 2010~2014 年又呈下降的趋势。但孟连县勐马镇、西盟县中课镇、澜沧县发展河乡除 2000 年外都是高等级植被覆盖区，且覆盖度基本每年都保持在县内第一。其中中课镇平均灰度值最高时在 2010 年达到 194，是所有表中数值最高的，平均覆盖度已超过 60%。相比于此，澜沧县谦六乡、文东乡、上允镇以及孟连县景信乡等常年的整体植被覆盖情况都较差，最低时谦六乡在 2000 年的平均灰度值低至 117.25，平均覆盖度还未达到 5%。

总体上，研究区植被覆盖的空间变化特征相对稳定，植被覆盖度较好的区域分布在西部、南部和东南部；西盟县和孟连县整体的植被覆盖情况皆优于澜沧县；2000~2010年各乡镇的整体植被覆盖度呈现好转的趋势，2010~2014 年以后则呈现下降趋势。

## 4.3.3 植被覆盖变化原因简析

### 1. 桉树人工林的引种与砍伐

2003 年，金光集团与云南省政府合作，在云南省普洱市、文山州、临沧市等地进行桉树人工林规模引种，其中普洱市边三县（孟连县、西盟县、澜沧县）引种面积最大，分布最为集中。2003~2008 年共引种桉树约 3.8 万 hm²，引种面积达三县总面积的 3.1%。三县中又以澜沧县为主（丁宁和赵筱青，2013），其 2003~2005 年引种面积已经占三县引种面积的 55%（杨繁松，2007）。

2005 年植被覆盖度比 2000 年好，覆盖面积和等级均明显增加，与 2003 年开始大面积引种桉树有密切关系。桉树的生长速度快，尽管只是两年的树龄，2005 年时桉树已经很茂盛；到 2010 年左右，正是桉树林生长成熟时期，相比刚引种的 2005 年，此时植被覆盖最好；2014 年相对 2010 年覆被程度有下降的现象，且从等级图中可以明显看出基本没有一级覆盖度，但仍有大面积的植被覆盖度处于 30%~60%，二级覆盖占主导地位，与部分桉树种植区开始采伐有关系。

### 2. 糯扎渡水电站的兴修

澜沧县因为兴修国家重点工程，即澜沧江流域规划建设的最大水电站——华能糯扎渡水电站，沿澜沧江一带砍伐了一定数量的天然林和灌木林（附图 1 中 2014 年植被覆盖等级图）。糯扎渡水电站于 2011 年 3 月 25 日正式通过国家核准，2014 年 6 月 26 日正式全面建成投产，所以 2014 年糯扎渡镇及沿澜沧江周边范围植被覆盖等级下降。

### 3. 公路的兴修和拓建

研究区公路主干道的分布集中于澜沧县。澜沧县地处西双版纳、临沧、普洱三地交汇处，靠近中缅边境线，地理位置重要，是建设大通道重要节点。全县公路通车里程达 7064 km，公路密度达 80 km/hkm²，形成以国、省道为主干，以县乡道为干线，水陆连接的交通公路网。自 2006 年起已新建二级油路超过 140 km，四级油路 356 km，新建弹石路超过 260 km，路基改造及砂石建设超过 1500 km。公路的兴修和拓建势必会改变原有地表覆被类型，许多天然次生常绿阔叶林被砍伐，造成了一定程度植被覆盖的破坏与削减。在 2014 年的主干道分布图(附图 2)中可以看出，尤其在 G214 国道澜沧县境内段和思澜公路澜沧县境内段，由于公路拓建导致植被覆盖退化现象严重，使这一区域植被覆盖度下降明显。

**4. 人口的增长和城市化进程**

人口的快速增长与城市化的持续推进，给生态环境带来了巨大压力，植被覆盖度时空变化特征正是对这种压力的间接响应。2000～2015 年的 15 年间，西盟县、孟连县和澜沧县三县的人口呈增加趋势，常住人口从 2000 年的 8 万人、9.7 万人和 46.4 万人，增加到 2015 年的 9.34 万人、13.93 万人和 50 万人。人口的增长使得衣食住行等人类基本生活消费总需求增加，需要大量的建设用地来支撑生产生活，出现大量的兴建房屋、公路、机场、企业等以及其他破坏植被覆盖的行为，从而降低了植被覆盖度。以澜沧县为例，到 2012 年底，经过修编后的城市用地规模由原来的 9 km² 扩展到 18.97 km²。

城镇人口的增加使得城市工商业加速发展，城市边界不断扩张，大量水泥道路、城镇建筑代替原有的植被覆盖，对植被覆盖造成直接影响。以孟连县的娜允镇，澜沧县的勐朗镇和上允镇为例，随着城市化进程的加快，城镇边界在不断向外围延伸，2014 年五级植被覆盖区域(附图 2 中黄色区域)明显增加，主要分布在城镇建成区与一些村镇外围区域，植被覆盖度较高的区域集中分布在城镇远郊地带。

## 4.3.4　小结

植被指数是地表植被覆盖度的直观反映，利用植被指数的变化分析研究桉树人工林引种区的植被覆盖情况则是一种有效的途径。研究基于 TM 遥感数据，选择 NDVI 作为监测植被覆盖度的指标，并结合 MODIS 植被指数产品进行对比验证，对研究区的植被覆盖进行等级划分并计算各级植被覆盖面积。从时间变化来看，2000～2010 年，由于桉树人工林的大面积引种，研究区整体的植被覆盖逐渐变好。2014 年由于桉树人工林的轮伐、大型水电站和公路的兴修以及人口增长和城市化进程的加快等方面的原因，多数地区植被覆盖等级有所下降，但仍高于 2000 年桉树人工林引种之前的水平，说明桉树人工林对研究区植被覆盖是有影响的；从空间范围来看，研究区高植被覆盖区和低植被覆盖区相对不变，各乡镇的整体植被覆盖度呈现先增加后减小的态势。

# 4.4　西盟县、孟连县、澜沧县桉树引种对植被净初级生产力的影响

## 4.4.1　数据来源及研究方法

以普洱市西盟县、孟连县、澜沧县为研究案例区，研究桉树人工林引种对植被净初级生产力(NPP)的影响。

## 1. 数据来源

1）遥感数据

Landsat 数据：西盟县 2000 年、2005 年、2010 年分辨率为 30 m×30 m 的 Landsat 卫星图像（来自中国科学院计算机网络信息中心·科学数据中心），用于提取土地利用类型。

2）非遥感数据

气象数据来自西盟县、孟连县、澜沧县的 33 个气象站点，包括 2000 年、2005 年、2010 年的年降水量、月均温和日照天数。基于 Arcgis10.2 软件，运用克里金插值法对气象数据进行插值，设置为 WGS84 坐标，UTM 投影。

## 2. 研究方法

桉树人工林引种对植被净初级生产力研究较少，研究采用综合模型对研究区的 NPP 动态变化进行估测，结合研究区实际，对西盟县土地覆被类型进行分类（表 4-29）。

表 4-29　西盟县土地覆被类型分类

| 土地覆被类型分类 | 土地覆被类型细分 | 植被分类 |
| --- | --- | --- |
| 天然林地 | 有林地 | 常绿阔叶林 |
| | 灌木林地 | 灌木林 |
| 人工园林地 | 茶园 | 灌木林 |
| | 橡胶园 | 落叶阔叶林 |
| | 桉树林地 | 常绿阔叶林 |
| 耕地 | 耕地 | |
| 草地 | 草地 | 草地 |
| 建设用地 | 建设用地 | |
| 水域 | 水域 | |

研究采用周广胜和张新时（1995）提出的基于能量守恒和水量平衡方程的区域蒸散模式，结合植物的生理生态特点，建立的植物生理生态学特点与水热平衡关系的植物模型，即综合模型（孙善磊等，2010）。模型公式如下：

$$NPP=RDI^2 \ \frac{r \cdot (1+RDI+RDI^2)}{(1+RDI) \cdot (1+RDI^2)} \cdot e^{-\sqrt{9.87+6.25RDI}} \tag{4-23}$$

式中，NPP 为自然植被净初级生产力[t DM/(hm²·a)]；$r$ 为年降水量（mm）；RDI 为辐射干燥度，计算如下：

$$RDI=(0.629+0.237PER-0.00313PER^2)^2$$
$$PER=PET/r=58.931BT/r \tag{4-24}$$
$$BT=\sum t/12$$

式中，PER 为可能蒸散率；PET 为可能蒸散量（mm）；BT 为年平均生物温度（℃）；$t$ 为月均温，0℃<$t$<30℃。

## 4.4.2　桉树人工林引种区植被净初级生产力变化特征

**1. 测算结果验证**

目前，山区植被模拟的 NPP 进行验证的方法主要有：①基于实测数据的检验；②基于已有研究的检验。由于通过实际测量的办法需要耗费大量的人力、物力，难以获得区域乃至全球大尺度范围的 NPP 值；并且，西盟、孟连、澜沧三县地形复杂，特殊水热分布格局给实地估测整个区域植被 NPP 的研究工作带来了极大的困难。因此，主要通过云南西南地区（包括研究区在内或相邻区域）已有的研究结果，来对研究区的综合模型测算的 NPP 值进行检验。

**表 4-30　已有研究成果与本研究成果对比表**

| 研究区 | 研究者 | 时间 | 研究对象 | NPP 的估测方法 | 研究结果 |
|---|---|---|---|---|---|
| 云南省以及贵州、四川和西藏的大部分地区 | 谷晓平等（谷晓平，20070） | 1981～2000 年 | 陆地生态系统净 NPP | 大气—植被相互作用模型（AVIM2） | 区域内植被 NPP 最高值达 1300gC/(m²·a)，平均值为 581gC/(m²·a)；云南省西部、南部和东部植被 NPP 较大 |
| 西南地区（四川、贵州、云南、广西、重庆） | 邱文君（邱文君，2013） | 1960～2009 年 | 陆地生态系统净 NPP | 过程模型（CEVSA） | 云南省植被净初级生产力均值变化范围较大，南部 NPP 取值平均在 800～1000 gC/(m²·a) |
| 中国陆域植被 | 王李娟等（王李娟，2010） | 2002～2006 年 | 陆地生态系统净 NPP | BIOME-BGC 模型 | 全国植被 NPP 绝大部分集中在 0～300gC/m² 区间，全国 89% 的地区年呈现出减少的趋势 |
| 中国陆域植被 | 刘建锋等（刘建锋，2011） | 2003～2007 年 | 陆地生态系统净 NPP | 3-PGS 模型 | 陆地值被 NPP 年均值为 315.99gC/(m²·a)，NPP 年均总值为 2.98 PgC |
| 中国陆域植被 | 顾娟等（顾娟等，2013） | 2002～2010 年 | 陆地生态系统净 NPP | 遥感 NPP 估算模型 | 云南西南部河谷地带植被的年均 NPP 较其他地区的明显偏大，年 NPP 极大值在 750gC/(m²·a) 以上 |
| 香格里拉市 | 岳彩荣等（岳彩荣，2014） | 2009 年 | 陆地生态系统净 NPP | 基于 MODIS-NDVI 数据构建 NPP 估算模型 | 香格里拉市 2009 年植被净初级生产力为 413g/m²，3月至 10月植被 NPP 占全年的净初级生产力的 82% |
| 云南省全境 | 何云玲等（何云玲，2006） | 1960～2000 年 | 陆地生态系统净 NPP | 气候模型 | 云南省单位面积的平均 NPP 为 10.65t DM/(hm²·a)，484.04 gC/(m²·a) |

续表

| 研究区 | 研究者 | 时间 | 研究对象 | NPP 的估测方法 | 研究结果 |
|--------|--------|------|----------|----------------|----------|
| 西盟、孟连、澜沧三县 | 本研究团队 | 2000 年 2005 年 2010 年 | 陆地生态系统净 NPP | 综合模型 | 三县 NPP 均值 2000 年为 11.38t DM/(hm² · a)，2005 年为 11.45t DM/(hm² · a)，2010 年为 12.55t DM/(hm² · a)，NPP 均值空间分布上为 7.06~16.53 |

　　与中国全陆域植被 NPP 均值相比，云南省西南部 NPP 高于全国均值，如表 4-30 所示，邱文君等估测 1960~2009 年云南省南部 NPP 取值平均为 800~1000 gC/(m² · a)，顾娟等云南西南部河谷地带植被的年均 NPP 较其他地区的明显偏大，年 NPP 极大值在 750gC/(m² · a) 以上，高于本研究综合模型估测值，即西盟县、孟连县、澜沧县 2000~2010 年的 NPP 均值在 11.38~12.55 t DM/(hm² · a)（约 517.22~570.40 gC/(m² · a)）。谷晓平等人的研究分析得出 1981~2000 年云南省 NPP 均值为 581gC/(m² · a)，岳彩荣等人的研究得出 2009 年香格里拉县植被净初级生产力为 413g/m²，接近综合模型的估测值。何云玲等人的研究中指出，云南省西南部 NPP 较高，最高值为 17.51 t DM/(hm² · a)[最高值出现在西盟县，约为 795.83 gC/(m² · a)]，以上结论与综合模型估测所得值相近（西盟县 NPP 值最高，为 16.53 t DM/(hm² · a)）。已有研究与综合模型估测所得值之间存在误差，但是误差值在合理范围之内，误差的存在与研究的时间尺度、空间尺度及估测的模型方法有关，说明可以用综合模型估算西盟、孟连、澜沧三县的 NPP。

**2. 整体区域尺度上的 NPP 特征**

　　从 2000~2010 年的均值空间分布看（附图 3），空间上，NPP 总体呈南北较低，西高东低的分布特征。西部 NPP 值较高的地区，NPP 值为 14.09~16.46 t DM/(hm² · a)，东部及东南部大部分区域的 NPP 相对较低，其值为 8.19~11.14 t DM/(hm² · a)；中西部地区的 NPP[12.37~14.09 t DM/(hm² · a)] 普遍大于中东部地区的 NPP[（12.37~14.09 t DM/(hm² · a)]。

　　从时间变化看，三县 NPP 均值 2000 年为 11.36 t DM/(hm² · a)，2005 年为 11.61 t DM/(hm² · a)，2010 年为 12.55 t DM/(hm² · a)，呈现上升的趋势。2000~2005 年（附图 4 左），60% 以上的地区 NPP 呈增长趋势，增长范围为 0.18~1.00 t DM/(hm² · a)，主要集中在北部、中部、东部及西南角局部小区域范围；西部地区 NPP 变化较小，变化范围为 -0.31~0.18 t DM/(hm² · a)；西南部分地区（孟连县境内）NPP 明显减少，减少范围为 0.32~1.42 t DM/(hm² · a)；2005~2010 年（附图 4 右），西北部部分地区及东南部局部地区 NPP 增长明显，为 1.63~3.34 t DM/(hm² · a)；中西部、南部部分地区的 NPP 增长较小且呈下降趋势，其 NPP 变化为 -1.66~0.48 t DM/(hm² · a)；其余地区的 NPP 有所升高，变化范围为 0.48~1.63 t DM/(hm² · a)。

**3. 县级、乡镇级尺度上的 NPP 特征**

　　县级尺度，从 2000~2010 年均值上看，西盟县 NPP 最高，为 14.89 t DM/(hm² · a)，孟

连县居中，为 12.85 t DM/(hm² · a)，澜沧县 NPP 最低，为 11.18 t DM/(hm² · a)；2000 年、2005 年、2010 年孟连县呈先降低后升高的趋势，澜沧县、西盟县随时间呈现不断升高的趋势(表 4-31)。NPP 分布主要与降水和气温有关，其中，降水为影响 NPP 变化的主要因子。

乡镇尺度，NPP 均值最高的是岳宋乡、勐卡镇、力所乡，均为西盟县乡镇，NPP 均值分别为 16.16 t DM/(hm² · a)、15.68 t DM/(hm² · a)、15.46 t DM/(hm² · a)[(NPP 均值为 15.00～16.16 t DM/(hm² · a)]；其次为翁嘎科镇、新厂镇、勐梭镇、中课镇、富岩镇、公信乡、雪林乡，其 NPP 均值为 13.00～15.00 t DM/(hm² · a)；NPP 均值最低的是上允镇、富邦乡、东河乡、富东乡、大山乡、谦六乡，均为澜沧县乡镇，NPP 均值为 10.00～11.00 t DM/(hm² · a)(表 4-31)。

表 4-31　2000 年、2005 年、2010 年三县及各乡镇 NPP 值

| NPP/[t DM/(hm² · a)] 县名 | 2000 年 NPP | 2005 年 NPP | 2010 年 NPP | 均值 |
|---|---|---|---|---|
| 孟连县 | 12.93 | 11.81 | 13.03 | 12.59 |
| 　娜允镇 | 12.51 | 11.38 | 12.71 | 12.20 |
| 　勐马镇 | 13.13 | 11.48 | 13.30 | 12.64 |
| 　芒信镇 | 12.11 | 11.14 | 11.69 | 11.65 |
| 　景信乡 | 12.06 | 10.84 | 12.48 | 11.79 |
| 　公信乡 | 13.98 | 12.92 | 14.01 | 13.64 |
| 　富岩镇 | 13.77 | 13.58 | 14.13 | 13.83 |
| 西盟县 | 14.54 | 14.78 | 15.28 | 14.87 |
| 　新厂镇 | 14.74 | 14.83 | 14.60 | 14.72 |
| 　中课镇 | 13.21 | 13.37 | 15.41 | 14.00 |
| 　岳宋乡 | 16.20 | 16.19 | 16.10 | 16.16 |
| 　力所乡 | 15.37 | 15.49 | 15.52 | 15.46 |
| 　勐卡镇 | 15.54 | 15.68 | 15.83 | 15.68 |
| 　翁嘎科镇 | 14.77 | 14.93 | 15.17 | 14.96 |
| 　勐梭镇 | 13.58 | 14.27 | 14.77 | 14.21 |
| 澜沧县 | 10.59 | 10.89 | 12.06 | 11.18 |
| 　勐朗镇 | 11.15 | 11.59 | 12.62 | 11.79 |
| 　安康乡 | 10.79 | 11.11 | 12.59 | 11.50 |
| 　文东乡 | 9.92 | 10.25 | 11.23 | 10.47 |
| 　富东乡 | 9.85 | 10.19 | 11.55 | 10.53 |
| 　雪林乡 | 12.17 | 12.52 | 14.52 | 13.07 |
| 　上允镇 | 9.63 | 9.89 | 10.72 | 10.08 |
| 　木戛乡 | 11.11 | 11.37 | 13.76 | 12.08 |

| NPP/[t DM/(hm²·a)]<br>县名 | 2000 年 NPP | 2005 年 NPP | 2010 年 NPP | 均值 |
|---|---|---|---|---|
| 富邦乡 | 9.50 | 9.76 | 11.7 | 10.32 |
| 大山乡 | 10.02 | 10.34 | 11.62 | 10.66 |
| 东河乡 | 9.76 | 10.03 | 11.27 | 10.35 |
| 南岭乡 | 10.55 | 10.91 | 12.24 | 11.23 |
| 竹塘乡 | 11.09 | 11.44 | 13.52 | 12.02 |
| 拉巴乡 | 12.06 | 12.12 | 13.14 | 12.44 |
| 谦六乡 | 10.13 | 10.38 | 11.69 | 10.73 |
| 酒井乡 | 10.85 | 11.28 | 12.53 | 11.55 |
| 糯扎渡镇 | 10.52 | 10.81 | 11.66 | 11.00 |
| 发展河乡 | 10.81 | 11.09 | 12.53 | 11.48 |
| 惠民镇 | 10.52 | 10.89 | 12.45 | 11.29 |
| 糯福乡 | 10.73 | 11.09 | 10.77 | 10.86 |
| 东回镇 | 10.55 | 10.37 | 11.39 | 10.77 |
| 三县 | 11.38 | 11.45 | 12.55 | 11.79 |

从 NPP 随时间的变化趋势上看(表 4-31),中课镇、力所乡、勐卡镇、翁嘎科镇、勐梭镇、勐朗镇、安康乡、文东乡、富东乡、雪林乡、上允镇、木戛乡、富邦乡、大山乡、东河乡、南岭乡、竹塘乡、拉巴乡、谦六乡、酒井乡、糯扎渡镇、发展河乡、惠民镇的 NPP 呈增长的趋势,均为澜沧县和西盟县的乡镇,且 2005~2010 年的增幅大于 2000~2005 年;娜允镇、勐马镇、芒信镇、景信乡、公信乡、富岩镇、东回镇的 NPP 呈先降低后升高的趋势,其中芒信镇 2010 年的 NPP 值不如 2000 年的水平,其余乡镇 2010 年的 NPP 值均大于 2000 年的 NPP;新厂镇、糯福乡的 NPP 随时间变化呈先升高后降低的趋势,新厂镇 2000 年的 NPP 略大于 2010 年,而糯福乡 2010 年的 NPP 稍大于 2000 年;岳宋乡的 NPP 随着时间变化呈下降的趋势,且 2005~2010 年的减幅大于 2000~2005 年。

## 4.4.3　小结

(1)西盟县、孟连县、澜沧县三县 2000~2010 年的 NPP 均值为 11.38~12.55 t DM/(hm²·a)[517.22~570.40 gC/(m²a)],西盟县 NPP 值最高,为 16.53 t DM/(hm²·a),与西南地区 NPP 的研究结果相接近;说明综合模型能够较好的用于西盟、孟连、澜沧三县 NPP 的估算。

(2)2000~2010 年 NPP 均值空间上呈南北较低,西高东低的分布特征;时间变化上看,三县 NPP 均值呈上升趋势。十年间,东部、中部地区(主要为澜沧县)NPP 增长明显,西部地区(主要为西盟县、孟连县大部分地区)NPP 变化相对不明显。

(3)县级尺度上,西盟县 NPP 最高,孟连县居中,澜沧县 NPP 最低;从时间变化上看，2000 年、2005 年、2010 年孟连县 NPP 先降后升，澜沧县、西盟县呈不断升高的趋势。

（4）乡镇尺度上，随着时间的变化，23 个乡镇 NPP 呈增长趋势，绝大多数为澜沧县和西盟县的乡镇；娜允镇、勐马镇、芒信镇、景信乡、公信乡、富岩镇、东回镇的 NPP 呈先降后升趋势，新厂镇、糯福乡的 NPP 呈先升后降的趋势，岳宋乡的 NPP 随时间变化呈下降趋势。

# 第五章　桉树人工林引种的多因子生态
环境综合效应研究

## 5.1　澜沧县桉树人工林引种区生态系统服务价值变化分析

　　近十几年来由于受经济利益的驱动,澜沧县桉树、橡胶等人工园林大规模快速种植,取代了原有的耕地和天然林地等。其中桉树和橡胶人工林的面积分别从 2000 年零种植增长到 2015 年的 36184.00 hm² 和 316.29 hm²,人类活动的干扰使澜沧县土地利用覆被发生了较大变化,生态系统服务价值必然发生改变。因此,基于 RS 和 GIS 技术对普洱市澜沧县 2000 年、2005 年、2010 年和 2015 年四期遥感影像进行解译,修订澜沧县生态系统单位面积服务价值表,采用 Costanza 生态系统服务价值公式,计算分析近十五年来桉树人工林大规模引种区生态系统服务价值时空变化特征,对桉树引种区土地资源可持续利用和生态环境保护战略的制定具有重要意义。

### 5.1.1　数据处理及研究方法

**1. 数据来源及处理**

　　澜沧县社会经济数据,主要来自中华人民共和国国家统计局网站和澜沧县统计年鉴等资料。

　　以澜沧县 2000 年、2005 年和 2010 年三期分辨率为 30 m×30 m 的 Landsat 7 TM 卫星图像以及 2015 年 Landsat8 OLI 卫星图像(卫星图像来自中国科学院计算机网络信息中心·科学数据中心)为数据源,根据土地利用现状分类标准(GB/T 2010~2007),结合研究区特点与研究目的,将土地利用覆被类型分为人工园林(包括橡胶林、桉树林和茶园)、旱地、水田、有林地(包括常绿阔叶林和针叶林)、灌木林、建设用地、荒草地和水域 8 类。在实地考察的基础上,参考澜沧县林相图、土地利用变更数据、Google earth 地图等数据构建了澜沧县土地利用覆被遥感解译标志,采用决策树分类方法对澜沧县土地覆被类型进行解译,并进行 Kappa 系数精度检验,Kappa 系数分别为 0.89、0.90、0.88 和 0.92,均大于 0.85,符合分类要求。

　　建立的四期 NPP 遥感数据来自于美国蒙大拿大学森林学院 NTSG 工作组提供的 MOD17A3-NPP 数据(基于 BIOME-BGC 模型计算,分辨率为 1 km)。

**2. 研究方法**

　　1)生态系统分类
　　根据解译结果以及澜沧县现状,生态系统分为耕地生态系统(水田和旱地)、林地生态系统(有林地和灌木林,其中有林地主要为常绿阔叶林和针叶林)、人工园林生态系统(茶园、橡胶林和桉树林)、草地生态系统(荒草地)、水域生态系统(湖泊水面和水库水面)和乡镇生态系统(建制镇、村庄和采矿用地)六大类。

2)生态系统服务价值的评估方法

1997 年 Constanza 等(1997)对全球生态系统服务价值评估的研究,使生态系统服务价值评估的原理与方法从科学意义上得以明确。由于 Constanza 的研究仅限于全球尺度,国内学者谢高地参考其可靠的部分成果(谢高地等,2008),制定了符合我国实际情况的"中国生态系统单位面积生态服务价值当量表"(表 5-1)。本研究中的林地、耕地、水域生态系统的单位面积生态服务价值当量与谢高地的森林、农田、河流/湖泊生态系统一致,人工园林的单位面积生态服务价值当量取森林与农田生态系统的平均值。由于研究区草地生态系统的地类主要为荒草地,因此取值为草地与荒漠生态系统的平均值。

表 5-1　中国生态系统单位面积生态服务价值当量(2007)

| 二级类型 | 森林 | 草地 | 农田 | 河流/湖泊 | 荒漠 |
|---|---|---|---|---|---|
| 食物生产 | 0.33 | 0.43 | 1.00 | 0.53 | 0.02 |
| 原材料生产 | 2.98 | 0.36 | 0.39 | 0.35 | 0.04 |
| 气体调节 | 4.32 | 1.50 | 0.72 | 0.51 | 0.06 |
| 气候调节 | 4.07 | 1.56 | 0.97 | 2.06 | 0.13 |
| 水文调节 | 4.09 | 1.52 | 0.77 | 18.77 | 0.07 |
| 废物处理 | 1.72 | 1.32 | 1.39 | 14.85 | 0.26 |
| 保持土壤 | 4.02 | 2.24 | 1.47 | 0.41 | 0.17 |
| 维持生物多样性 | 4.51 | 1.87 | 1.02 | 3.43 | 0.40 |
| 提供美学景观 | 2.08 | 0.87 | 0.17 | 4.44 | 0.24 |
| 合计 | 28.12 | 11.67 | 7.90 | 45.35 | 1.39 |

根据谢高地等的研究,1 个生态服务价值当量因子的经济价值量相当于当年研究区平均粮食单产市场价值的 1/7,用公式(5-1)计算澜沧县单位面积农田生态系统提供食物生产服务的经济价值。为消除各年间农作物价格波动对总价值量的影响,选取澜沧县2000 年稻谷和玉米两种主要农作物的播种面积、产量及其平均价格作为基础数据。

$$E_n = 1/7 \sum_{i=1}^{n} \frac{m_i q_i p_i}{M} (n=1,2,3) \tag{5-1}$$

式中,$E_n$ 为澜沧县单位面积农田生态系统提供食物生产服务功能的经济价值(元/hm²);$i$ 为作物种类;$p_i$ 为第 $i$ 种农作物价格(元/kg);$q_i$ 为第 $i$ 种粮食作物单产(kg/hm²);$m_i$ 为第 $i$ 种粮食作物面积(hm²);$M$ 为 $n$ 种粮食作物总面积(hm²)。

通过公式(5-1)计算出澜沧县 1 个生态服务价值当量因子的经济价值为 761.47 元/hm²,由此得到澜沧县六大类生态系统的单位面积生态服务价值。在运用 Costanza 和谢高地的研究成果时,需要考虑生态系统的时空异质性,不同区域的生态系统服务功能大小不同,因此,需要进一步修订澜沧县生态系统单位面积生态服务价值。生态系统的生态服务功能大小与该生态系统的生物量有密切关系,一般来说,生物量越大,生态服务功能越强。假定生态服务功能强度与生物量呈线性关系,采用基于生物量的调整因子来调整生态系统价值系数[公式(5-2)](谢高地等，2008)。对于林地而言，NPP 是生态系统中物质与能量运转基础，直接反映植物群落在自然环境条件下的生产能力(李晓赛等，2015)，NPP 能较好地反映澜沧县有林地和灌木林的生产力，通过公式(5-3)进行动态调整；澜沧县的耕地多为坡耕地和梯田，需要根据生物量修订公式(5-4)对澜沧县的水田与旱地进行修正(谢高地等，2005)；其他地类均赋值为 0，即不对其进行动态调整，最终得到澜沧县的生态系统服务价值系数修订表(表 5-2)。

$$P_{ij}=V_{ij}\times P_k(i=1, 2, \cdots, 9; j=1, 2, \cdots, 8; k=1, 2, 3, 4) \tag{5-2}$$

$$P_k=\frac{\mathrm{NPP}_k}{\mathrm{NPP}_{\mathrm{mean}}}(k=1, 2) \tag{5-3}$$

$$P_k=\frac{b_k}{B}(k=3, 4) \tag{5-4}$$

式中，$P_{ij}$ 为订正后的单位面积生态系统的生态服务价值，$i=1, 2, \cdots, 9$，分别代表食物生产、原材料生产等不同类型的生态系统服务价值；$j=1, 2, \cdots, 8$，分别代表不同生态系统类型；$V_{ij}$ 为表中生态系统服务价值基准单价；$P_k$ 第 $k$ 类生态系统服务的生物量修订因子($k=1, 2, 3, 4$)；$\mathrm{NPP}_k$ 代表第 $k$ 类植被的净初级生产力值[$t/(hm^2 \cdot a)$]，$k=1, 2$]；$\mathrm{NPP}_{\mathrm{mean}}$ 代表所有类型植被的净初级生产力的平均值[$t/(hm^2 \cdot a)$]；$b_k$ 为耕地第 $k$ 类单位面积粮食产量($kg/hm^2$，$k=3, 4$)；B 为澜沧县单位面积粮食产量($kg/hm^2$)。

**表 5-2 澜沧县生态系统单位面积生态服务价值**　　　　　单位：[元/(hm² · a)]

| 一级类型 | 二级类型 | 水域 | 林地 | | 人工园林 | 耕地 | | 草地 | 乡镇 |
| | | | 有林地 ($p_1=1.10$) | 灌木林 ($p_2=0.90$) | | 水田 ($p_3=1.17$) | 旱地 ($p_4=0.78$) | | |
| 供给服务 | 食物生产 | 403.58 | 276.41 | 226.16 | 289.36 | 890.92 | 593.95 | 175.14 | — |
| | 原材料生产 | 266.51 | 2496.10 | 2042.26 | 1271.65 | 347.46 | 231.64 | 152.29 | — |
| 调节服务 | 气体调节 | 388.35 | 3618.51 | 2960.60 | 2215.88 | 641.46 | 427.64 | 593.95 | |
| | 气候调节 | 1568.63 | 3409.10 | 2789.26 | 2143.54 | 864.19 | 576.13 | 647.25 | — |
| | 水文调节 | 14292.79 | 3425.85 | 2802.97 | 2135.92 | 686.01 | 457.34 | 609.18 | −6678.00 |
| | 废物处理 | 11307.83 | 1440.70 | 1178.76 | 1157.43 | 1238.38 | 825.59 | 601.56 | −2174.10 |
| 支持服务 | 保持土壤 | 312.20 | 3367.22 | 2755.00 | 2383.40 | 1309.65 | 873.10 | 921.38 | — |
| | 维持生物多样性 | 2611.84 | 3777.65 | 3090.81 | 2429.09 | 908.74 | 605.83 | 868.08 | |
| 文化服务 | 提供美学景观 | 3380.93 | 1742.24 | 1425.47 | 1123.17 | 151.46 | 100.97 | 426.42 | 214.00 |
| | 合计 | 34532.66 | 23553.78 | 19271.29 | 15149.44 | 7038.27 | 4692.19 | 4995.25 | −8638.1 |

注：$P_i$ 表示二级生态服务价值的修订因子，"−"表示该值忽略不计。乡镇生态系统的单位面积生态服务价值参考了程飞、杨朝现等学者对西南山区城镇的研究成果(王亚娟等，2010；程飞等，2013)。

用 Costanza 等(1997)计算生态系统服务价值公式，计算澜沧县生态系统服务价值。公式为

$$\mathrm{ESV}=\sum A_k\times \mathrm{VC}_k \tag{5-5}$$

$$\mathrm{ESV_f}=\sum A_k\times \mathrm{VC_{fk}} \tag{5-6}$$

式中，ESV 为区域生态系统服务总价值(元)；$A_k$ 为第 $k$ 种生态系统面积($hm^2$)；$VC_k$ 为第 $k$ 种生态系统的价值系数 [元/($hm^2 \cdot a$)]；$ESV_f$ 为生态系统的单项服务功能价值(元)；$VC_{fk}$ 为单项服务功能价值系数 [元/($hm^2 \cdot a$)]。

3)敏感性指数计算方法

为确认生态系统类型对于各景观类型的代表性和所得价值系数(单位面积经济价值量)的准确性，本研究采用敏感性指数(CS)来衡量价值系数的准确性(Bai et al.，2014)。其计算方法是将各土地覆盖类型的价值系数分别增加或减少 50%，分析总生态系统服务总价值的弹性系数的变化情况；如果 CS>1，表明对于生态价值系数，估算的生态系统服务价值是富有弹性的，相应地准确度较低；如果 CS<1，生态系统价值被认为是缺乏弹性的，表明生态价值系数的准确性高，生态系统服务价值估算越准确。计算公式如下：

$$CS = \left| \frac{(ESV_j - ESV_i)/ESV_i}{(VC_{jk} - VC_{ik})/VC_{ik}} \right| \tag{5-7}$$

式中，ESV 为估算的总生态系统服务价值；VC 为生态价值系数；$ESV_j$ 和 $ESV_i$ 代表初始总价值和生态价值系数调整以后的总价值；$k$ 为各生态系统类型。

## 5.1.2　桉树人工林引种区生态系统服务价值动态变化分析

### 1. 生态系统服务价值的时序变化

2000 年、2005 年、2010 年和 2015 年澜沧县的生态系统服务总价值分别为 $149.41 \times 10^8$ 元、$157.96 \times 10^8$ 元、$158.19 \times 10^8$ 元和 $160.18 \times 10^8$ 元，呈增长的趋势(图 5-1)。十五年间生态系统服务价值增加了 $10.77 \times 10^8$ 元，变化率为 7.21%(表 5-3)。

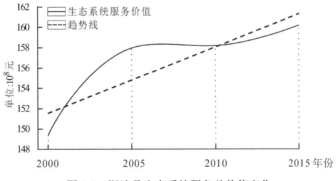

图 5-1　澜沧县生态系统服务总价值变化

从澜沧县各类提供的生态系统服务价值来看(图 5-2)，有林地的生态系统服务价值始终最高，其次是灌木林；2000~2015 年，灌木林、旱地、水田和乡镇生态系统的服务价值减少，人工园林和水域生态系统的服务价值增加，有林地生态系统的服务价值变化呈现"增—减—增"的变化，草地生态系统的服务价值先减后增。

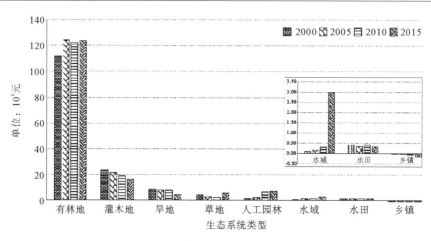

图 5-2　澜沧县各种生态系统服务价值变化

2000～2005 年，由于退耕还林、荒山荒地造林政策的实施，有林地生态系统服务价值增加了 $12.71×10^8$ 元，水域和人工园林的价值量也有少量增加，而其余生态系统价值量均下降。其中，灌木林生态系统服务价值减少最多，减少了 $2.35×10^8$ 元，虽然大部分生态系统服务价值均为减少，但是新增的有林地弥补了其余生态系统价值量减少部分，使得整体生态系统服务价值增加，增加了 $8.55×10^8$ 元（表 5-3）。

2005～2010 年，受经济利益的影响，人工园林种植面积增加，主要占用了有林地、灌木林和旱地。因此，人工园林生态系统服务价值增加量最多，增加了 $4.62×10^8$ 元，水田和水域也有少量增加，而其余生态系统均下降。其中有林地生态系统的价值量减少最多，减少了 $2.27×10^8$ 元，虽然大部分生态系统服务价值均为减少，但是新增的人工园林弥补了其余生态系统价值量下降造成的局部生态系统服务价值的减少，使得整体生态系统服务价值仍然呈增加趋势，增加了 $0.23×10^8$ 元（表 5-3）。

2010～2015 年，有林地、水域、草地和人工园林等的生态系统服务价值呈增长趋势。由于糯扎渡水电站已建成，水库水面面积增加，水域生态系统的价值量增加最多。同时，人工园林面积持续扩大，占用旱地、水田和灌木林等，使旱地、灌木林、水田等呈减少趋势，其中旱地生态系统减少最多，减少了 $2.95×10^8$ 元。总体而言，生态系统服务总价值仍然呈增长趋势，增加了 $1.99×10^8$ 元（表 5-3）。

表 5-3　澜沧县生态系统服务价值构成变化

| 生态系统类型 | 2000～2005 年 | | 2005～2010 年 | | 2010～2015 年 | | 2000～2015 年 | |
|---|---|---|---|---|---|---|---|---|
| | ESV 变化/$10^8$ 元 | 变化率/% | ESV 变化/$10^8$ 元 | 变化率/% | ESV 变化/$10^8$ 元 | 变化率/% | ESV 变化/$10^8$ 元 | 变化率/% |
| 有林地 | 12.71 | 11.39 | −2.27 | −1.82 | 1.76 | 1.44 | 12.20 | 10.93 |
| 旱地 | −1.27 | −14.70 | −0.01 | −0.07 | −2.95 | −39.92 | −4.23 | −48.79 |
| 灌木林 | −2.35 | −10.10 | −1.55 | −7.41 | −2.73 | −14.09 | −6.63 | −28.49 |
| 草地 | −0.77 | −20.04 | −0.70 | −22.90 | 2.92 | 123.29 | 1.45 | 37.66 |
| 人工园林 | 0.25 | 16.36 | 4.62 | 259.34 | 0.46 | 7.15 | 5.32 | 348.01 |

| 生态系统类型 | 2000~2005 年 | | 2005~2010 年 | | 2010~2015 年 | | 2000~2015 年 | |
|---|---|---|---|---|---|---|---|---|
| | ESV 变化/10⁸ 元 | 变化率/% | ESV 变化/10⁸ 元 | 变化率/% | ESV 变化/10⁸ 元 | 变化率/% | ESV 变化/10⁸ 元 | 变化率/% |
| 水田 | −0.08 | −18.06 | 0.04 | 10.18 | −0.05 | −13.90 | −0.10 | −22.27 |
| 乡镇 | 0.00 | 9.17 | −0.04 | 129.28 | −0.09 | 128.68 | −0.14 | 472.40 |
| 水域 | 0.07 | 68.18 | 0.14 | 86.76 | 2.68 | 887.71 | 2.88 | 3002.34 |
| 合计 | 8.55 | 5.73 | 0.23 | 0.14 | 1.99 | 1.26 | 10.77 | 7.21 |

**2. 单项生态系统服务功能价值变化**

根据公式(5-6)计算单项生态系统服务功能的价值量，澜沧县 2000~2015 年主要的生态系统服务功能是维持生物多样性、保持土壤、水文调节、气体调节和气候调节，这五种单项生态系统服务功能之和占总价值的 74% 以上，而且单项服务功能价值量均大于 20×10⁸ 元(图 5-3)；15 年间，只有食物生产功能价值量逐年减少，其余功能的价值量均呈增长趋势，说明澜沧县的生态效益总体是上升的。

**3. 生态系统服务价值的空间变化**

2000 年和 2005 年，澜沧县生态系统服务价值主要构成以 0~10000 元/hm² 和 20000~30000 元/hm² 的有林地和耕地为主，全县均有分布，而桉树、橡胶林等人工园林(10000~16000 元/hm²)所占的比例还很少，零星分布于全县；2003 年桉树、橡胶林等人工园林开始大面积种植，替代了有林地、灌木林和旱地等。随着桉树、橡胶林等人工园林的发展成熟，2010 年生态系统服务价值 0~10000 元/hm²、20000~30000 元/hm² 减少，以 10000~16000 元/hm² 为代表的人工园林在全县均有分布，主要集中在澜沧县中部及西南部；至 2015 年，澜沧县生态系统服务价值分布中，10000~16000 元/hm² 为代表的人工园林趋于稳定，30000 元/hm² 以上的 ESV 出现，分布在县域东部澜沧江沿岸及思澜公路沿线(附图 5)。

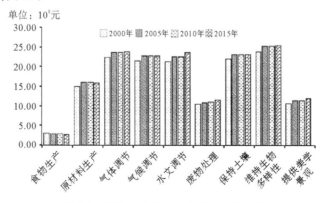

图 5-3　澜沧县各单项生态服务价值变化

从单位面积(hm²)生态系统服务价值角度来分析各乡镇的生态系统服务价值空间变

化(表5-4)。糯福乡的生态系统服务价值最高，2000～2015年的ESV(元/hm²)均超过了21000元/hm²，上允镇的生态系统服务价值最低，在15000元/hm²左右波动。如果把ESV(元/hm²)变化分为三个类型，即Ⅰ型为先减后增，Ⅱ型为先增后减，Ⅲ型为先增后减再增，则澜沧县有11个乡镇为Ⅰ型，1个乡镇为Ⅱ型，8个乡镇为Ⅲ型。Ⅰ和Ⅱ型增减的转折点为2010年，Ⅰ型是因为在这些乡镇2005年开始人工园林大量种植，到2015年发展成熟，生态系统服务先减后增；Ⅱ型是因为糯扎渡镇2010年后开始建设糯扎渡水电站，占用了周边有林地，生态系统服务先增后减；而Ⅲ型的乡镇变化波动大，但最后生态系统服务价值增加。总之，到2015年，澜沧县大部分乡镇的生态环境都有一定的改善。

表5-4  各乡镇生态系统服务价值及其变化类型　　　　　　　　　　单位：(元/hm²)

| 乡镇 | 2000年 | 2005年 | 2010年 | 2015年 | 类型 | 乡镇 | 2000年 | 2005年 | 2010年 | 2015年 | 类型 |
|---|---|---|---|---|---|---|---|---|---|---|---|
| 糯福乡 | 21369.20 | 21404.20 | 21041.30 | 21623.60 | Ⅲ | 糯扎渡镇 | 17908.60 | 18928.60 | 18959.80 | 18809.60 | Ⅱ |
| 惠民镇 | 20443.40 | 19475.80 | 18927.50 | 20367.70 | Ⅰ | 木戛乡 | 17901.90 | 17712.00 | 16684.30 | 17756.00 | Ⅰ |
| 发展河乡 | 20413.50 | 19830.60 | 19791.30 | 20407.20 | Ⅰ | 南岭乡 | 17724.60 | 17010.00 | 14925.70 | 17830.20 | Ⅰ |
| 酒井乡 | 19561.70 | 18884.00 | 17814.00 | 19784.30 | Ⅰ | 安康乡 | 17217.70 | 17543.60 | 16392.20 | 17312.30 | Ⅲ |
| 雪林乡 | 19382.60 | 19169.80 | 18775.30 | 19015.20 | Ⅰ | 大山乡 | 17112.70 | 17233.10 | 14958.10 | 17875.70 | Ⅲ |
| 富东乡 | 18661.20 | 18522.80 | 16610.80 | 18992.30 | Ⅰ | 竹塘乡 | 16394.40 | 16783.30 | 15270.10 | 16363.00 | Ⅲ |
| 东河乡 | 18589.50 | 17786.50 | 16167.20 | 18645.50 | Ⅰ | 东回镇 | 16124.90 | 15800.10 | 14125.40 | 16232.90 | Ⅰ |
| 富邦乡 | 18505.40 | 18693.80 | 17296.00 | 18161.70 | Ⅲ | 谦六乡 | 15924.00 | 16406.80 | 14830.20 | 17332.40 | Ⅲ |
| 拉巴乡 | 18161.40 | 17578.60 | 16506.10 | 17651.60 | Ⅰ | 文东乡 | 15888.10 | 16269.10 | 15071.20 | 15886.10 | Ⅲ |
| 勐朗镇 | 18145.20 | 18044.20 | 16971.30 | 18047.50 | Ⅰ | 上允镇 | 15145.80 | 15428.90 | 14594.90 | 14939.50 | Ⅲ |

从15年间各乡镇ESV(元/hm²)变化空间分布来看(附图6)，澜沧县南部和东部的生态环境得到了很大的改善，西部与北部的ESV(元/hm²)虽然呈减少趋势，但减少量均处于0～1000元/hm²。其中，2000～2005年，各乡镇增加、减少量均处于-1000～1000元/hm²，变化量相对较少；2005～2010年，由于人工园林的大面积种植，大部分乡镇ESV(元/hm²)呈减少趋势，减少量超过了2000元/hm²，而且主要集中于中部地区；2010～2015年，人工园林发展趋于缓和，糯扎渡水电站的建设，以及土地整理工作的开展，耕地质量提高，增加有效耕地面积，改善了农业生态条件和生态环境。

### 4. 敏感性指数分析

为了衡量生态系统服务价值系数的准确性，对生态系统服务价值系数进行敏感性分析，将各土地利用类型的价值系数分别加减50%，分析生态系统服务总价值的弹性系数的变化情况(图5-4)。分析表明，各种情况下价值系数的敏感性指数都小于1，且各年份之间差别不大。其中，林地的敏感性指数最高，为0.7470%～0.7871%，说明当林地的生态价值系数增加1%时，生态系统服务总价值将增加0.7470%～0.7871%。这表明，研究区总的生态系统服务价值缺乏弹性，并且相对于价值系数来说相对稳定。因此，本文所选用的价值系数适用于澜沧县。

2000～2015年，土地利用类型的生态价值系数加减50%时，灌木林和旱地的敏感性指数逐年减少，表明这些地类的生态价值系数变化会对生态系统服务价值产生影响的能力逐渐减弱。有林地和人工园林的敏感系数有增加的趋势，表明有林地和人工园林的生态价值系数变化会对生态系统服务价值产生影响的能力逐渐增加。

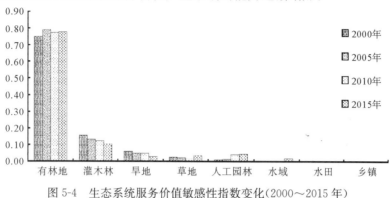

图 5-4  生态系统服务价值敏感性指数变化（2000～2015 年）

## 5.1.3  小结

澜沧县生态系统服务价值总体呈上升趋势，2000 年、2005 年、2010 年和 2015 年澜沧县的生态系统服务总价值分别为 $149.41 \times 10^8$ 元、$157.96 \times 10^8$ 元、$158.19 \times 10^8$ 元和 $160.18 \times 10^8$ 元，15 年间增加了 $10.77 \times 10^8$ 元，增长率为 7.21%。2000～2015 年，灌木林、旱地、水田和乡镇生态系统的服务价值减少，人工园林和水域生态系统的服务价值增加，有林地生态系统的服务价值变化呈现"增—减—增"的变化，草地生态系统的服务价值先减后增。澜沧县生态系统服务主要以维持生物多样性、保持土壤、水文调节、气体调节和气候调节为主，15 年间，除了食物生产功能价值量逐年减少，其余功能的价值量均呈增长趋势，说明澜沧县的生态效益总体是上升的。

15 年间，澜沧县南部和东部的生态环境得到了很大的改善。由于 2005～2010 年中部地区是桉树、橡胶等快速种植时期，ESV 减少量集中在中部及西南部区域；2010～2015 年随着退耕还林和土地整理工作的进行，大部分乡镇的生态环境得到了改善，其中南部和东部乡镇的生态环境改善较为明显。

## 5.2  西盟县桉树人工林引种区生态足迹变化分析

随着人口的快速增长，人类对生态环境的索取也在不断增加，甚至超过了生态环境所能承受的范围。近年来云南省西盟县的人口以平均每年约 1.3% 的增长率持续增长，与此同时，橡胶、茶园和桉树等人工园林大规模种植，取代了原有的耕地和天然林地等，人工园林面积从 2000 年的 1227.26 $hm^2$ 增加到 2015 年的 22313.38 $hm^2$。随着人口的快速增长和人工园林的大规模种植，环境问题也逐渐显露出来，如何实现可持续发展，如何定量分析目前的发展状况，成为当今社会的核心问题。因此，有必要对西盟县生态足迹的动态变化及驱动因子进行分析，揭示西盟县是否处于可持续发展状态，并分析影响生态足迹变化的驱动因子及其影响程度，为西盟县政府制定土地利用政策、环境保护政策等提供一定的科学依据。

## 5.2.1 数据处理及研究方法

### 1. 数据处理

西盟县的生态足迹包括生物资源足迹和能源足迹。其中生物资源消费项目类型包括谷物、豆类、薯类、油料、甘蔗、蔬菜、茶叶、水果、橡胶、木材、肉类、禽蛋和水产品，全球平均生产力数据采用联合国粮农组织 1993 年有关生物资源的世界平均产量资料；能源消费类型分为汽油、柴油、液化气和电力。根据生产力大小差异，生物生产性土地可分为耕地、草地、林地、水域、化石能源地、建设用地六大类。均衡因子和产量因子采用 William 和 Wackernagel 提出的数值(熊春梅等，2009)。

将西盟县的土地利用类型分为耕地、草地、林地、水域、建设用地五类。从理论上讲，为了保证自然资本总量的平衡，应该储备一定量的土地来补偿化石能源的消耗，但实际上我们是在直接消费着资本，并没有做这样的储备(杨开忠等，2000)。

### 2. 研究方法

生态足迹主要由生物资源足迹和能源足迹两部分构成。

1)生物资源足迹

第一步，划分研究区消费项目，计算消费项目的人均消费量，计算公式为

$$C_i = \frac{B_i}{N} = \frac{P_i + I_i - E_i}{N} \tag{5-8}$$

式中，$i$ 为消费项目的类型；$C_i$ 为第 $i$ 种消费项的人均消费量；$N$ 为划定评价单元的人口数；$B_i$ 为第 $i$ 种消费品的年消费总量；$P_i$ 为第 $i$ 种消费项目的年生产量；$I_i$ 为第 $i$ 种消费项目的年进口量；$E_i$ 为第 $i$ 种消费项目的年出口量。

**表 5-5　西盟县人均生态足迹中生物资源足迹部分**

| 生物资源类型 | 全球平均生产力 $Y_i$ /(kg/hm²) | 人均消耗的每类生物生产性土地面积 $A_i$ /(hm²/人) | | | | 生产面积类型 |
| --- | --- | --- | --- | --- | --- | --- |
| | | 2000 年 | 2005 年 | 2010 年 | 2015 年 | |
| 谷物 | 2744 | 0.1064 | 0.1358 | 0.1363 | 0.1627 | 耕地 |
| 豆类 | 1856 | 0.0016 | 0.0021 | 0.0017 | 0.0019 | 耕地 |
| 薯类 | 12607 | 0.0001 | 0.0001 | 0.0001 | 0.0002 | 耕地 |
| 油料 | 1856 | 0.0006 | 0.0011 | 0.0010 | 0.0012 | 耕地 |
| 甘蔗 | 4893 | 0.0633 | 0.0929 | 0.0883 | 0.1971 | 耕地 |
| 蔬菜 | 18000 | 0.0008 | 0.0011 | 0.0026 | 0.0000 | 耕地 |
| 茶叶 | 566 | 0.0014 | 0.0002 | 0.0008 | 0.0085 | 林地 |
| 水果 | 3500 | 0.0052 | 0.0005 | 0.0007 | 0.0025 | 林地 |
| 橡胶 | 1000 | 0.0000 | 0.0002 | 0.0003 | 0.0010 | 林地 |
| 木材/m³ | 1.99 | 0.0584 | 0.0440 | 0.2015 | 0.0009 | 林地 |
| 肉类 | 74 | 0.1371 | 0.2551 | 0.4050 | 0.3981 | 草地 |

| 生物资源类型 | 全球平均生产力 $Y_i$ /(kg/hm²) | 人均消耗的每类生物生产性土地面积 $A_i$/（hm²/人） | | | | 生产面积类型 |
| --- | --- | --- | --- | --- | --- | --- |
| | | 2000 年 | 2005 年 | 2010 年 | 2015 年 | |
| 禽蛋 | 400 | 0.0003 | 0.0006 | 0.0005 | 0.6089 | 草地 |
| 水产品 | 29 | 0.0094 | 0.0189 | 0.0799 | 0.0080 | 水域 |

第二步，利用全球平均生产力数据，折算人均消耗的每类生物生产性土地面积。计算公式为

$$A_i = \frac{C_i}{Y_i} = \frac{P_i + I_i - E_i}{N \cdot Y_i} \tag{5-9}$$

式中，$A_i$ 为人均消耗的每类生物生产性土地面积；$Y_i$ 为相应的生物生产性土地生产第 $i$ 项消费项目的全球平均生产力(宋钰红，2010)(表 5-5)。

第三步，计算生物资源生态足迹。通过均衡因子把各类生物生产性土地面积转换为等价生产力的土地面积汇总得到生物资源生态足迹(表 5-5)。计算公式为

$$ef_1 = \sum (A_i \cdot r_j) = \sum \frac{(P_i + I_i - E_i) \cdot r_j}{N \cdot Y_i} \tag{5-10}$$

式中，$ef_1$ 为人均生态足迹；$r_j$ 为不同土地类型的均衡因子，$j = 1，2，\cdots，n$。因为单位面积耕地、化石能源地、草地、林地等的生物生产能力差异很大，为了使计算结果转化为一个可比较的标准，有必要在每类型生物生产面积前乘上一个均衡因子(权重)，以转化为统一的、可比较的生物生产面积。均衡因子 $r_j$ 为区域范围内某一年份某类生物生产性土地的平均生物生产力与这一区域所有生物生产性土地的平均生物生产力的比值。

2)能源足迹

主要能源分为原煤、焦炭、汽油、煤油、柴油、液化气和电力等。

第一步，采用世界上单位化石能源生产土地面积平均发热量为标准，将当地能源所消耗的热量折算成一定的土地面积。计算公式为

$$A_{ei} = \frac{C_i}{Q_i / Z_i} \tag{5-11}$$

式中，$A_{ei}$ 为人均能源消耗的每类生物生产性土地面积；$Q_i$ 为全球平均能源足迹(表 5-6)；$Z_i$ 为热量折算系数(褚岗等，2009)。

**表 5-6　西盟县人均生态足迹中能源足迹部分**

| 能源类型 | 全球平均能源足迹 $Q_i$/(GJ/hm²) | 热量折算系数 $Z_i$/(GJ/t) | 人均消耗的每类生物生产性土地面积 $A_{ei}$/（hm²/人） | | | | 生产面积类型 |
| --- | --- | --- | --- | --- | --- | --- | --- |
| | | | 2000 年 | 2005 年 | 2010 年 | 2015 年 | |
| 汽油 | 93 | 43.12 | 0.0044 | 0.0051 | 0.0113 | 0.0188 | 化石能源地 |
| 柴油 | 93 | 42.71 | 0.0076 | 0.0096 | 0.0151 | 0.0281 | 化石能源地 |
| 液化气 | 71 | 50.2 | 0.0006 | 0.0006 | 0.0006 | 0.0007 | 化石能源地 |
| 电力* | 1000 | 0.01** | 0.0014 | 0.0015 | 0.0047 | 0.0057 | 建设用地 |

注：* 单位为 10⁴kW·h；** 单位为 GJ/(kW·h)。因为大部分为水力发电，所以电力足迹归于水电站所占的建设用地。

第二步，计算能源足迹。通过均衡因子把各类生物生产性土地面积转换为等价生产

力的土地面积汇总得到能源足迹。其公式为

$$ef_2 = \sum (A_{ei} \cdot r_j) \tag{5-12}$$

3）生态足迹

最后，计算得出人均生态足迹和生态足迹总量。将前两部分生物资源足迹和能源足迹进行加和，得到人均生态足迹。计算公式为

$$ef = ef_1 + ef_2 \tag{5-13}$$

生态足迹总量为评价单元的人口数与其人均生态足迹的乘积（表5-7）。计算公式为

$$EF = N \cdot ef \tag{5-14}$$

表 5-7　西盟县人均生态足迹计算汇总表

| 土地类型 | 人均面积/hm² | | | | 均衡因子 | 均衡面积/hm² | | | |
| --- | --- | --- | --- | --- | --- | --- | --- | --- | --- |
| | 2000 年 | 2005 年 | 2010 年 | 2015 年 | | 2000 年 | 2005 年 | 2010 年 | 2015 年 |
| 耕地 | 0.1727 | 0.2332 | 0.2301 | 0.3742 | 2.8 | 0.4836 | 0.6529 | 0.6443 | 1.0477 |
| 草地 | 0.1374 | 0.2557 | 0.4055 | 0.4000 | 0.5 | 0.0687 | 0.1278 | 0.2027 | 0.2000 |
| 林地 | 0.0650 | 0.0449 | 0.2033 | 0.6170 | 1.1 | 0.0715 | 0.0494 | 0.2237 | 0.6787 |
| 水域 | 0.0094 | 0.0189 | 0.0799 | 0.1968 | 0.2 | 0.0019 | 0.0038 | 0.0160 | 0.0394 |
| 化石能源地 | 0.0126 | 0.0153 | 0.0270 | 0.0476 | 1.1 | 0.0139 | 0.0169 | 0.0297 | 0.0523 |
| 建筑用地 | 0.0014 | 0.0015 | 0.0047 | 0.0057 | 2.8 | 0.0040 | 0.0042 | 0.0130 | 0.0159 |
| 人均生态足迹 | | | | | | 0.6436 | 0.8550 | 1.1295 | 2.0339 |

4）生态承载力

人均生态承载力的计算公式为

$$ec = \sum a_j \times r_j \times y_i \times (1 - 12\%) \tag{5-15}$$

式中，ec 为人均生态承载力；$a_j$ 为 $j$ 类型生物生产性土地人均拥有面积；$y_i$ 为产量因子，由于不同国家或地区的资源禀赋不同，不仅单位面积不同类型的土地生物生产能力差异很大，而且单位面积同类型生物生产土地的生产力也有很大差异。因此，不同国家或地区同类生物生产土地的实际面积是不能直接对比的，需要对其进行调整。产量因子是某个国家或地区某类型土地的平均生产力与世界同类土地的平均生产力的比值。同时按世界环境与发展委员会（WCED）的报告《我们共同的未来》建议，生态承载力中扣除 12% 的生物生产性土地用来保护生物多样性。

生态承载力总量为评价单元的人口数与其人均生态承载力的乘积（表5-8）。其公式为

$$EC = N \cdot ec \tag{5-16}$$

表 5-8　西盟县人均生态承载力计算汇总表

| 类型 | 人均拥有面积/hm² | | | | 产量因子 | 均衡因子 | 均衡面积/hm² | | | |
| --- | --- | --- | --- | --- | --- | --- | --- | --- | --- | --- |
| | 2000 年 | 2005 年 | 2010 年 | 2015 年 | | | 2000 年 | 2005 年 | 2010 年 | 2015 年 |
| 耕地 | 0.4832 | 0.4237 | 0.3986 | 0.2953 | 1.66 | 2.8 | 2.2460 | 1.9692 | 1.8528 | 1.5968 |
| 草地 | 0.0741 | 0.0557 | 0.0456 | 0.0782 | 0.19 | 0.5 | 0.0070 | 0.0053 | 0.0043 | 0.0034 |
| 林地 | 0.9800 | 0.9953 | 0.9219 | 0.9487 | 0.91 | 1.1 | 0.9810 | 0.9963 | 0.9228 | 0.9540 |
| 水域 | 0.0008 | 0.0008 | 0.0011 | 0.0042 | 1.00 | 0.2 | 0.0002 | 0.0002 | 0.0002 | 0.0008 |
| 化石能源地 | 0.0000 | 0.0000 | 0.0000 | 0.0204 | 0.00 | 0.0 | 0.0000 | 0.0000 | 0.0000 | 0.0000 |

| 类型 | 人均拥有面积/hm² | | | | 产量因子 | 均衡因子 | 均衡面积/hm² | | | |
|---|---|---|---|---|---|---|---|---|---|---|
| | 2000 年 | 2005 年 | 2010 年 | 2015 年 | | | 2000 年 | 2005 年 | 2010 年 | 2015 年 |
| 建筑用地 | 0.0202 | 0.0221 | 0.0210 | 0.2953 | 1.66 | 2.8 | 0.0940 | 0.1027 | 0.0974 | 0.0948 |
| 总供给面积 | | | | | | | 3.3281 | 3.0736 | 2.8775 | 2.4251 |
| 生物多样性保护面积(12%) | | | | | | | 0.3994 | 0.3688 | 0.3453 | 0.2910 |
| 人均生态承载力 | | | | | | | 2.9287 | 2.7048 | 2.5322 | 2.1341 |

5)生态赤字/盈余

$$ed＝ec－ef \tag{5-17}$$

式中，ed 为人均生态赤字/盈余；ec 为人均生态承载力；ef 为人均生态足迹。

生态承载力与生态足迹的差值就是生态赤字/盈余的大小。如果 ef＞ec，即 ed＜0，就属于生态赤字；如果 ef＜ec，即 ed＞0，则表现为生态盈余。生态赤字表明该地区的人类负荷超过了其生态容量，要满足其人口在现有生活水平下的消费需求，该地区要么从外区进口欠缺的资源以平衡生态足迹，要么通过消耗自然资本来弥补供给流量的不足，这两种都说明地区发展模式处于相对不可持续的状态，其不可持续的程度用生态赤字来衡量。相反，生态盈余表明该地区的生态容量足以支持其人类负荷，地区内自然资本的收入流大于人口消费的需求流，地区自然资本总量有可能得到增加，生态容量有望扩大，该地区发展模式具有相对可持续性，可持续程度用生态盈余来衡量(Ehrlich et al.，1971)。

**表 5-9　西盟县生态足迹汇总**

| 年份 | 人均生态足迹/(hm²/人) | 人均生态承载力/(hm²/人) | 人均生态赤字/盈余/(hm²/人) | 生态足迹总量/hm² | 生态承载力总量/hm² | 生态赤字/盈余总量/hm² |
|---|---|---|---|---|---|---|
| 2000 | 0.6436 | 2.9287 | 2.2851 | 60116.10 | 273558.15 | 213442.05 |
| 2005 | 0.8550 | 2.7048 | 1.8498 | 79862.13 | 252644.55 | 172782.42 |
| 2010 | 1.1295 | 2.5322 | 1.4027 | 105502.08 | 236522.67 | 131020.60 |
| 2015 | 2.0339 | 2.1341 | 0.1002 | 189978.46 | 199337.74 | 9359.28 |

## 5.2.2　桉树人工林引种区生态足迹动态变化分析

### 1. 生态足迹的时间变化分析

1)生态足迹总体趋势分析

2000～2015 年，西盟县的人均生态足迹明显呈上升趋势(图 5-5)，从 2000 年的 0.6436 hm²/人增加到 2015 年的 2.0339 hm²/人，净增加了 1.3903 hm²/人，同比增长率高达 65.37％(表 5-9)。可见，随着西盟县国民经济的发展，人们对粮食、水果和能源等资源的需求在不断加大，对生态环境的压力也在持续增加。

2000～2015 年，西盟县的人均生态承载力呈缓慢的下降趋势(图 5-5)，从 2000 年的 2.9287 hm²/人减少到 2010 年的 2.1341 hm²/人(表 5-9)。这是因为西盟县 2000～2015 年间土地资源总体不变，人口逐年增加，致使人均土地资源拥有量逐年小幅度降低，但同样意味着西盟县的生态容量在降低，是一种不良的发展趋势。

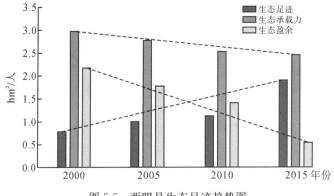

图 5-5　西盟县生态足迹趋势图

通过人均生态足迹和人均生态承载力的比较，西盟县仍处于生态盈余的状态，但盈余程度在不断减小，呈下降趋势(图 5-5)，从 2000 年的 2.2852 hm²/人下降到 2015 年的 0.1002 hm²/人，净减少了 2.1850 hm²/人(表 5-9)。人均生态盈余的下降幅度同人均生态足迹的上升幅度接近，甚至超过人均生态足迹的上升幅度。总之，2000~2015 年间西盟县的人均生态足迹的逐年增加和人均生态承载力的不断减少，导致人均生态盈余逐年下降。

2)西盟县人均生态足迹结构分析

2000~2015 年，西盟县的人均生态足迹不断增加的同时，其内部构成比例也在发生着变化。在 2000 年、2005 年、2010 年和 2015 年这四年中，耕地足迹的比重最大，平均占全年人均生态足迹的 65.01%，其次是林地足迹占 17.52%，草地足迹占 13.35%，化石能源地足迹占 2.33%，水域足迹占 1.02%，最小的是建设用地足迹，仅占 0.76%(图 5-6)。由此可见，西盟县的生态足迹主要是由耕地足迹所决定的。

各类型生态足迹变化情况如下：

如表 5-10 和图 5-6 所示，耕地足迹从 2000 年的 0.4836 hm²/人增加到 2015 年的 1.0477 hm²/人，但其所占人均生态足迹的比重却在减少，由 75.14% 减少到 51.51%，说明人们从耕地上获取的消费产品量一直很大，但近年来有所下降，逐渐转向从其他土地上获取多样的消费品，这是人们生活水平提高的必然结果；林地足迹从 2000 年的 0.0715 hm²/人增加到 0.6787 hm²/人，在 2005 年出现最低值 0.0494 hm²/人，之后急剧增加，在 2015 年其所占比重为 33.37%，仅次于耕地足迹，这说明随着人们生活水平的提高和消费方式的改变，以及工业经济发展需要，对茶、咖啡、橡胶、桉树等经济园林产品的需求量逐渐加大；草地、水域足迹呈平稳的增长趋势，草地足迹从 2000 年的 0.0687 hm²/人增长到 2015 年的 0.2000 hm²/人，比重由 10.68% 减少到 9.83%，水域足迹从 2000 年的 0.0019 hm²/人增长到 2015 年的 0.0394 hm²/人，比重由 0.29% 增长到 1.94%，这与饮食结构的多元化转变有着密切的关系；化石能源地足迹从 2000 年的 0.0139 hm²/人增加到 2015 年的 0.0523 hm²/人，但其比重在 2005 年有所下降，在 2015 年上升到 2.57%。这说明随着经济的增长，能源消费急剧上升，加之私家车普及较快，能源足迹比重的增加在所难免；建设用地从 2000 年的 0.0040 hm²/人增长到 2015 年的 0.0159 hm²/人，从 2000 年到 2005 年几乎没有变化，从 2005 年到 2015 年净增长了 0.0117 hm²/人，比重也增长到 0.78%，这与经济、人口的快速增长密不可分，也是近年来地方政府注重城乡规划建设工作的结果。

表 5-10　西盟县人均生态足迹构成表　　　　　　单位：hm²/人

| 生物生产性土地类型 | 耕地 | 草地 | 林地 | 水域 | 化石能源地 | 建设用地 |
|---|---|---|---|---|---|---|
| 2000 年 | 0.4836 | 0.0687 | 0.0715 | 0.0019 | 0.0139 | 0.0040 |
| 2005 年 | 0.6529 | 0.1278 | 0.0494 | 0.0038 | 0.0169 | 0.0042 |
| 2010 年 | 0.6443 | 0.2027 | 0.2237 | 0.0160 | 0.0297 | 0.0130 |
| 2015 年 | 1.0477 | 0.2000 | 0.6787 | 0.0394 | 0.0523 | 0.0159 |

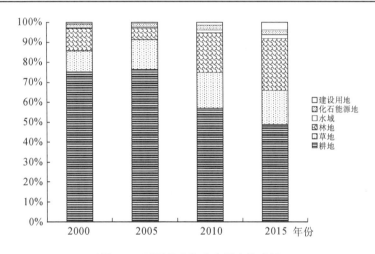

图 5-6　西盟县人均生态足迹构成图

总之，2000～2015 年各类型土地人均生态足迹均在增加，其中耕地足迹变化对研究区总生态足迹变化的影响很大，其次是林地和草地，这三类用地在总生态足迹中所占的比重就达 95% 以上。结果表明，西盟县正在开发利用耕地、草地、林地(含经济园林、天然林)和建设用地，促进该县的经济发展。随着经济的发展，西盟县对能源的需求也在逐年增加。建设用地足迹的增长与人口数量和人们的生活水平密切相关，近年来西盟县的人口持续增加，对建设用地的需求量增大，但由于其自然地理条件的限制，增长速度并不是很快。

3)西盟县人均生态承载力结构分析

2000～2015 年，西盟县人均生态承载力平缓下降的同时，其内部构成也有着不同程度的变化。在 2000 年、2005 年、2010 年和 2015 年这四年中，耕地人均承载力的比重最大，平均占全年人均生态承载力的 67.64%，其次是林地人均承载力占 28.62%，建设用地人均承载力占 3.53%，草地人均承载力占 0.18%，最小的是水域承载力，仅占 0.02% (图 5-7)。由此可见，西盟县的生态承载力主要是由耕地承载力和林地承载力所决定的。

各类型生态承载力变化情况如下：

如表 5-11 和图 5-7 所示，耕地的人均生态承载力从 2000 年的 2.2460 hm²/人增加到

2015 年的 2.6577 hm²/人，其比重也由 67.48％上升到 74.63％。林地的人均生态承载力从 2000 年的 0.9810 hm²/人下降到 2010 年的 0.7305 hm²/人，其比重由 29.48％减少到 20.51％。建设用地的人均生态承载力变化不是很大，从 2000 年的 0.0940 hm²/人增加到 2010 年的 0.1626 hm²/人，其比重由 2.82％增长到 4.57％。草地的人均生态承载力从 2000 年的 0.0070 hm²/人上升到 2015 年的 0.0078 hm²/人，比重也由 0.21％上升到 0.22％。水域的人均生态承载力几乎没有变化。

表 5-11 西盟县人均生态承载力构成表 　　　　　　　　　　　　　单位：hm²/人

| 土地类型 | 耕地 | 草地 | 林地 | 水域 | 建设用地 |
|---|---|---|---|---|---|
| 2000 年 | 2.2460 | 0.0070 | 0.9810 | 0.0002 | 0.0940 |
| 2005 年 | 1.9692 | 0.0053 | 0.9963 | 0.0002 | 0.1027 |
| 2010 年 | 1.8528 | 0.0043 | 0.9228 | 0.0002 | 0.0974 |
| 2015 年 | 2.6577 | 0.0078 | 0.7305 | 0.0025 | 0.1626 |

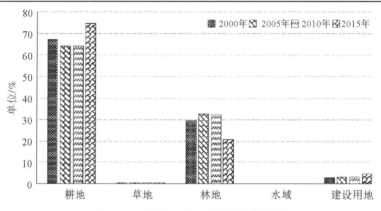

图 5-7　西盟县人均生态承载力构成图

总的来说，西盟县耕地和草地的人均承载力呈上升趋势，同时比重也在上升。林地的人均生态承载力也在下降。近年来，西盟县对于林地建设比较重视，种植了大面积的桉树、橡胶树等人工林，但由于人工林的生态效益不如天然林，而且人工林管理中的过度干扰，导致林地的人均生态承载力并没有增加。随着经济水平的稳步提高，各项基础设施建设得到较快的发展，使建设用地承载力有所提高。水域总面积有所增加，然而人们对水产品的需求也在增加，不免捕捞过度，对水环境造成了一定的影响，最终导致水域承载力的增加并不明显。

4）西盟县人均生态赤字/盈余结构分析

通过对比表 5-10 和表 5-11，可以看出，西盟县耕地、林地和建设用地的人均生态承载力均大于人均生态足迹，呈盈余状态。而草地和水域的人均生态承载力均小于人均生态足迹，呈赤字状态，但赤字程度并不大，所以西盟县整体仍呈盈余状态。

**2. 生态足迹的空间变化分析**

1）各乡镇人均生态足迹空间差异

根据各乡镇生态足迹的计算结果（表 5-12），将西盟县各乡镇总生态足迹从低到高划分为 4 个等级：第一级别（<1.00 hm²/人）、第二级别（1.00～1.50 hm²/人）、第三级别（1.50～2.00 hm²/人）、第四级别（>2.00 hm²/人）。按照分类标准，西盟县 2000 年、2005 年、2010 年和 2015 年各乡镇人均生态足迹空间分布见附图 7。

表 5-12　西盟县各乡镇人均生态足迹汇总

| 乡镇名称 | 各乡镇人均生态足迹/(hm²/人) | | | |
| --- | --- | --- | --- | --- |
| | 2000 年 | 2005 年 | 2010 年 | 2015 年 |
| 勐梭镇 | 1.429 | 0.760 | 1.985 | 2.577 |
| 勐卡镇 | 1.076 | 0.952 | 1.817 | 1.876 |
| 力所乡 | 1.096 | 0.879 | 1.211 | 1.642 |
| 中课镇 | 1.710 | 1.256 | 3.920 | 3.090 |
| 新厂镇 | 0.488 | 0.643 | 1.313 | 1.948 |
| 翁嘎科镇 | 1.391 | 0.785 | 0.990 | 1.216 |
| 岳宋乡 | 1.469 | 2.378 | 1.425 | 1.181 |

从 2000 年到 2015 年，西盟县各乡镇的人均生态足迹总体呈现逐渐升高的趋势，等级较高的第三、四级别乡镇数量不断增加；等级较低的第一、二级别乡镇不断减少。从空间分布来看，西盟县中东部地区的人均生态足迹要高于西部地区，其中岳宋乡和翁嘎科镇的人均生态足迹一直处于较低水平。中课镇的人均生态足迹除 2005 年处于第二级别外，一直处于第三或第四级（附图 7）。

2）各乡镇人均生态承载力空间差异

根据各乡镇的土地利用情况分别计算各乡镇的生态承载力状况（表 5-13），将西盟县各乡镇的总生态承载力从低到高划分为五个等级：第一级别（<2.00 hm²/人）、第二级别（2.00～2.50 hm²/人）、第三级别（2.50～3.00 hm²/人）、第四级别（3.00～3.50 hm²/人）、第五级别（>3.50 hm²/人），按照分类标准，西盟县 2000 年、2005 年、2010 年和 2015 年各乡镇生态承载力空间分异见附图 8。

表 5-13　西盟县各乡镇人均生态承载力汇总

| 乡镇名称 | 各乡镇生态承载力/(hm²/人) | | | |
| --- | --- | --- | --- | --- |
| | 2000 年 | 2005 年 | 2010 年 | 2015 年 |
| 勐梭镇 | 2.820 | 2.307 | 2.312 | 1.235 |
| 勐卡镇 | 1.633 | 1.816 | 1.821 | 1.754 |
| 力所乡 | 3.327 | 3.631 | 3.957 | 3.557 |
| 中课镇 | 2.933 | 3.567 | 5.422 | 2.886 |
| 新厂镇 | 2.039 | 2.169 | 2.434 | 1.936 |
| 翁嘎科镇 | 3.554 | 4.259 | 3.676 | 1.023 |
| 岳宋乡 | 2.634 | 3.117 | 1.937 | 4.328 |

从 2000 年到 2015 年，西盟县各乡镇的人均生态承载力总体呈下降趋势。人均生态承载力等级较高的第三、四、五级别的乡镇数量由 2000 年的 6 个乡镇减少到 2015 年的 3 个乡镇。从空间分布来看，该县北部地区的人均生态承载力相对南部地区普遍偏低，但

岳宋乡有逐渐增长的趋势，是良好发展的开端(附图 8)。

3)各乡镇人均生态赤字/盈余空间差异

根据各乡镇的人均生态足迹与人均生态承载力计算结果，比较得出 2000 年、2005 年、2010 年和 2015 年西盟县 7 个乡镇的人均生态赤字/盈余状况(表 5-14)，并进行区域差异研究。将生态赤字/盈余程度从低到高划分为五个等级：第一级别($<-1.0$ m²/人)、第二级别($-1.00\sim0.00$ hm²/人)、第三级别($0.00\sim1.00$ hm²/人)、第四级别($1.00\sim2.00$ hm²/人)、第五级别($>2.00$ hm²/人)。西盟县主要年份各乡镇生态赤字/盈余空间分异见附图 9。

表 5-14　西盟县各乡镇人均生态赤字/盈余汇总

| 乡镇名称 | 各乡镇生态赤字/盈余/(hm²/人) | | | |
| --- | --- | --- | --- | --- |
| | 2000 年 | 2005 年 | 2010 年 | 2015 年 |
| 勐梭镇 | 1.391 | 1.547 | 0.327 | −1.342 |
| 勐卡镇 | 0.557 | 0.864 | 0.004 | −0.122 |
| 力所乡 | 2.231 | 2.752 | 2.746 | 1.916 |
| 中课镇 | 1.223 | 2.311 | 1.502 | −0.204 |
| 新厂镇 | 1.551 | 1.526 | 1.121 | −0.012 |
| 翁嘎科镇 | 2.163 | 3.474 | 2.686 | −0.193 |
| 岳宋乡 | 1.165 | 0.739 | 0.512 | 3.147 |

2000～2015 年，西盟县各乡镇的人均生态盈余程度在逐渐降低，至 2015 年，除了岳宋乡和力所乡，其余乡镇出现了生态赤字现象，其中勐梭镇生态赤字现象最为严重，达到了−1.3424 hm²/人；而岳宋乡一直保持着生态盈余，且盈余值处于增加的趋势。从空间分布来看，该县南部地区(翁嘎科镇、力所乡和岳宋乡)的人均生态盈余程度相对于其他地区较高(附图 9)。

## 5.2.3　生态足迹变化驱动因子分析

### 1. 驱动因子相关性分析

将取自然对数后的各因子导入到 SPSS 软件中，以生态足迹总量为因变量，其他 4 个因子为自变量，按照时间序列将数据进行相关分析。4 个影响因子与生态足迹总量的相关性系数均在 0.7 以上，而且双侧显著性检验在 0.01 置信区间上显著相关(表 5-15)，可以判断 4 个因子都可以作为生态足迹总量的有效影响因子。

表 5-15　影响因子相关分析

| 影响因子 | | 生态足迹 | 人口总量 | 人均 GDP | 工业总产值 | 万元 GDP 生态足迹 |
| --- | --- | --- | --- | --- | --- | --- |
| 生态足迹 | Pearson 相关性 | 1.000 | 0.921** | 0.919** | 0.949** | −0.767** |
| | 显著性(双侧) | | 0.000 | 0.000 | 0.000 | 0.001 |
| 人口总量 | Pearson 相关性 | 0.921** | 1.000 | 0.974** | 0.952** | −0.922** |
| | 显著性(双侧) | 0.000 | | 0.000 | 0.000 | 0.000 |

续表

| 影响因子 | | 生态足迹 | 人口总量 | 人均 GDP | 工业总产值 | 万元 GDP 生态足迹 |
|---|---|---|---|---|---|---|
| 人均 GDP | Pearson 相关性 | 0.919** | 0.974** | 1.000 | 0.988** | −0.957** |
| | 显著性(双侧) | 0.000 | 0.000 | 0.000 | 0.000 | 0.000 |
| 工业总产值 | Pearson 相关性 | 0.949** | 0.952** | 0.988** | 1.000 | −0.914** |
| | 显著性(双侧) | 0.000 | 0.000 | 0.000 | 0.000 | 0.000 |
| 万元 GDP 生态足迹 | Pearson 相关性 | −0.767** | −0.922** | −0.957** | −0.914** | 1.000 |
| | 显著性(双侧) | 0.001 | 0.000 | 0.000 | 0.000 | 0.000 |

＊＊表示在 0.01 水平(双侧)上显著相关。

## 2. 驱动因子线性回归分析

利用 SPSS 软件对数据进行线性回归分析,得到模型 $R^2$ 为 0.999,估计的标准误差为 0.013, $t$ 检验的 Sig. 值为 0.002,小于 0.01,说明模型拟合非常好(表 5-16)。根据模型系数,可以得到以下关系式:

$$\ln I = 1.942\ln(P) + 0.754\ln(A) + 0.089\ln(T_1) + 0.916\ln(T_2) - 18.631 \quad (5\text{-}18)$$

由上式可得生态足迹的驱动因子的计量经济模型:

$$I = aP^{1.942}A^{0.754}T_1^{0.089}T_2^{0.916}\mathrm{e} \quad (5\text{-}19)$$

式中, $I$ 为生态足迹总量; $P$ 为人口总量; $A$ 为人均 GDP; $T_1$ 为工业总产值; $T_2$ 为万元 GDP 生态足迹。

人口、经济和技术影响因子都对西盟县的生态足迹总量产生了显著影响。人口总量、人均 GDP、工业总产值、万元 GDP 生态足迹的弹性系数分别为 1.942、0.754、0.089 和 0.916,表示当人口总量每增加 1％时,西盟县的生态足迹总量将增加 1.942％;人均 GDP 每增加 1％时,西盟县的生态足迹总量将增加 0.754％;当工业总产值每增加 1％时,西盟县的生态足迹总量将增加 0.089％;当万元 GDP 生态足迹每增加 1％时,西盟县的生态足迹总量将增加 0.916％。

以上定量分析的结果表明,人口总量、人均 GDP、工业总产值、万元 GDP 生态足迹这 4 项因子均与生态足迹的增长呈正相关关系,其影响程度按照大小顺序为人口总量＞万元 GDP 生态足迹＞人均 GDP＞工业总产值,其中人口总量表示的人口因素是生态足迹增长的主要驱动因子,万元 GDP 生态足迹和人均 GDP 是生态足迹增长的重要驱动因子,而工业总产值对生态足迹增长的贡献相对较小。

表 5-16　STIRPAT 模型变量系数及显著性检验

| | 回归系数 | 标准系数 | $t$ 值 | Sig. 值 |
|---|---|---|---|---|
| 常数项 | −18.631 | — | −4.710 | 0.002 |
| 人口总量 | 1.942 | 0.365 | 5.002 | 0.001 |
| 人均 GDP | 0.754 | 1.576 | 6.653 | 0.000 |
| 工业总产值 | 0.089 | 0.225 | 1.669 | 0.134 |
| 万元 GDP 生态足迹 | 0.916 | 1.316 | 17.676 | 0.000 |

人口总量是西盟县生态足迹最为重要的影响因子,而且是影响生态足迹增长的一个正相关因子。随着人口数量的增加,粮食、经济作物、畜产品、水产品等生物资源的需求也会随之增长,必然使得耕地、林地、草地、水域的生态足迹增长,同时,人口的增长还会带来居住、交通用地面积的扩大,能源和资源的消耗增多,同样会导致生态足迹增长。西盟县总人口从 2000 年的 79292 人增长到 2015 年的 94411 人,增长率达 19.07%,生态足迹总量从 2000 年的 60116.10 hm² 上升到 2015 年的 189978.46 hm²,增长了近两倍,说明人口数量是影响生态足迹增长的一个重要正相关因子。

万元 GDP 生态足迹和工业总产值也是影响生态足迹的重要因子,但其中万元 GDP 生态足迹的影响较大,它主要是通过提高能源利用效率和减少能源消耗带来的废弃物排放两个途径来影响生态足迹的变化,只有降低单位产出所消耗的能源,才可能从总量上控制能源的利用,进而减少能源和资源的消耗,降低能源足迹。从时间序列上看,西盟县的工业总产值呈上升趋势,从 2000 年的 2031 万元上升到 2015 年的 31052 万元,而万元 GDP 生态足迹呈下降趋势,从 2000 年的 5.3124 hm² 下降到 2015 年的 1.9294 hm²,说明西盟县在大力发展工业的同时,能源和资源利用效率也在不断提高。

人均 GDP 也是影响西盟县生态足迹的重要因子。西盟县的人均 GDP 呈上升趋势,从 2000 年的 1211.47 元上升到 2015 年的 10588 元,人均 GDP 的增长往往伴随着工业企业数的增加,社会固定生产投资额的加大,从而导致需要消耗大量的能源,因而占用了更多的能源用地,进一步导致了生态足迹的增加。

## 5.2.4  小结

(1)2000~2015 年西盟县人均生态足迹明显呈上升趋势,而人均生态承载力呈缓慢下降趋势,但仍处于生态盈余状态,西盟县处于可持续发展阶段,只是盈余程度在逐年降低。

(2)2000~2015 年西盟县耕地、林地和建设用地的人均生态承载力均大于人均生态足迹,呈盈余状态。而草地和水域的人均生态承载力均小于人均生态足迹,呈赤字状态,但赤字程度并不大,所以西盟县整体仍呈盈余状态。

(3)从空间分布来看,西盟县中东部地区的人均生态足迹高于西部地区,北部地区的人均生态承载力相对南部地区普遍偏低。综合分析得出,该县各乡镇均呈生态盈余状态,处于可持续发展阶段,但西北部和东部地区的人均生态盈余程度相对于其他地区较低。

(4)影响西盟县生态足迹的驱动因子有人口总量、人均 GDP、工业总产值、万元 GDP 生态足迹 4 个因子,弹性系数分别为 1.942、0.754、0.089 和 0.916,而且这 4 个因子均与生态足迹的增长呈正相关关系,其影响程度的强弱顺序为:人口总量>万元 GDP 生态足迹>人均 GDP>工业总产值。

## 5.3　西盟县、孟连县和澜沧县桉树人工林引种区土壤侵蚀变化分析

### 5.3.1　数据来源及研究方法

选择普洱市西盟县、孟连县和澜沧县为研究区，分析桉树人工林引种对土壤侵蚀变化的影响。

**1. 数据来源及处理**

2000 年、2005 年、2010 年和 2014 年三县境内 33 个气象站点每个月的降水数据，来自县气象局；地形数据来自中国科学院地理空间数据云的数字高程模型（DEM）数据，提取坡度和坡长并生成 30 m 栅格数据；土壤类型数据来自全国第二次普查数据库；2000 年、2005 年、2010 年和 2014 年土地利用类型数据主要以分辨率为 30 m 的 Landsat7ETM 和 Landsat8OLI 遥感影像为数据源，通过实地考察采样，结合土地变更数据与第二次全国土地调查数据进行判读并建立四期土地利用类型数据，土地利用类型分为耕地（旱地和水田）、园地（茶园和橡胶林）、林地（针叶林、阔叶林、桉树林、灌木林）、荒地、建设用地和水域；2000 年、2005 年、2010 年、2014 年植被覆盖类型以 Landsat7ETM 和 Landsat8OLI 数据为基础，基于 ENVI5.1 软件进行判读和波段计算得出植被归一化指数（NDVI）。为了便于计算，所有栅格数据输出像元统一为 WGS1984 坐标、UTM 投影、大小为 30 m×30 m。

**2. 研究方法**

采用通用土壤流失方程（USLE）分析 2000 年、2005 年、2010 年和 2014 年三县的土壤侵蚀的时空变化特征。

1）土壤侵蚀模型的选取

世界各国针对不同区域土壤侵蚀发生的不同背景和机理，开发了各具特色的侵蚀模型。Wischmeier 和 Smith（1965）创建的通用土壤流失方程（Universal Soil Loss Equation, USLE）是以大量观测、实验数据以及因子分析方法为基础，虽然基于经验模型，但该方程全面考虑了影响土壤侵蚀的自然因素，所依据的资料丰富、涉及区域广泛，具有较强的实用性。因此在世界范围被广泛应用（张光辉，2002）；在土壤侵蚀机理不明的情况下，经验性模型能发挥更大的作用，尤其是用于评估或预测较大时间尺度和空间尺度上的土壤侵蚀。通用土壤流失方程于 20 世纪 80 年代引入中国，不但应用于局域的坡面尺度（杨子生，1999），也广泛应用于大范围的流域及区域尺度。目前，将 USLE 模型与 3S 技术结合起来进行土壤侵蚀研究的报道很多，主要集中于土壤侵蚀量的估测与评价、土壤侵蚀特征分析以及水土流失敏感性分析等方面（Wang et al., 2004；许月卿等，2006；董婷婷等，2008；周湘山等，2011）。

普洱市三县地形起伏大，相对高差明显，地质地貌复杂，流域面积广，土壤侵蚀方

面的资料收集相对困难。因此根据研究区的地理位置、地形条件、气候等因素考虑选用
USLE 模型。USLE 模型在一定程度上克服了区域性研究的局限，借助地理信息系统和
遥感等手段，广泛应用于土壤侵蚀定量评价(蔡崇法等，2000)，并且可以根据具体的区
域进行因子的调整，计算简便，实用性极强，可以快速地对研究区的土壤侵蚀情况进行
定量计算。计算公式如下：

$$A_r = R \times K \times L \times S \times C \times P \tag{5-20}$$

式中，$A_r$ 为单位面积的年土壤侵蚀量 $[t/(hm^2 \cdot a)]$，$R$ 为降雨侵蚀力因子
$[MJ \cdot mm/(hm^2 \cdot h \cdot a)]$，$K$ 为土壤可蚀性因子 $[(t \cdot hm^2 \cdot h)/(hm^2 \cdot MJ \cdot mm)]$，
$L$ 为坡长因子，$S$ 为坡度因子，$C$ 为植被覆盖因子，$P$ 为水土保持措施因子。

2)降雨侵蚀力因子($R$)的计算

降雨是导致土壤侵蚀的主要动力因素，雨滴击溅和径流剥蚀地表成为其主要的表现
形式。研究区的降雨集中在 5~10 月且降雨量大，雨滴击溅和径流剥蚀的作用比较强烈，
必然会起到加速土壤侵蚀的作用。降雨侵蚀力(Rainfall Erosivity)反映降雨这一气候因素
对土壤侵蚀的潜在作用能力(梁伟，2005)，它是引起土壤侵蚀气候因子的定量评价指标，
对于土壤侵蚀的系统研究具有重要意义。许多学者针对各自的研究区提出了 $R$ 值的计算
公式，考虑到研究区的实际情况，本研究采用杨子生(2002)对云南省高山峡谷区实测数
据提出的 $R$ 值计算模型：

$$R = 0.44488 p^{0.96982} \tag{5-21}$$

式中，$p$ 为年平均降雨量。研究区历年降雨呈现明显季节性特征，雨量集中于 5~10 月，
占全年降雨量的 85% 以上，因此用 5~10 月的多年年平均降雨量来计算降雨侵蚀力。

3)土壤可蚀性因子($K$)的计算

土壤可蚀性(Soil Erodibility)因子是表征土壤性质对侵蚀敏感程度的指标，同时也是
土壤侵蚀预报模型的定量化参数。土壤可蚀性 $K$ 值反映土壤被降雨侵蚀力分离、冲蚀和
搬运的难易程度。影响 $K$ 因子有多方面的因素，它与土壤有机质含量、机械组成、渗透
性、土壤结构有关。

不同的土壤类型 $K$ 值大小不同，其估算方法很多。本研究中的 $K$ 值采用模型计算法
(公式 5-22)，即 Williams 和 Arnold 建立的土壤可蚀性与土壤机械组成和有机碳含量的
计算公式(Williams and Arnold，1997)。该方法的优点是土壤理化性质的测定比较方便，
费用少，方法成熟，并且所得的土壤可蚀性稳定。最后，通过运用 ArcGIS10.1 软件中
的矢量转栅格工具，将矢量的土壤 $K$ 值数据转为栅格 $K$ 值图，得到土壤 $K$ 值分布图。

$$K = \left\{ 0.2 + 0.3 \exp\left[ -0.0256 S_a \left( 1 - \frac{S_i}{100} \right) \right] \right\} \left( \frac{S_i}{C_l + S_i} \right)^{0.3} \times \left[ 1 - \frac{0.25 C_0}{C_0 + \exp(3.72 - 2.95 C_0)} \right]$$
$$\times \left[ 1 - \frac{0.7 S_n}{S_n + \exp(-5.51 + 22.9 S_n)} \right] \tag{5-22}$$

式中，$S_a$ 为砂粒质量分数(粒径 0.05~2 mm)，%；$S_i$ 为粉粒质量分数(粒径 0.002~0.05 mm)，
%；$C_l$ 为黏粒质量分数(粒径 <0.002 mm)，%；$C_0$ 为有机质质量分数，%；$S_n = 1 - S_a/100$。

结合全国第二次土壤普查数据库以及对研究区的实地调查，研究区的土壤类型共有

37种，通过$K$值的计算公式可以得到研究区不同土壤类型的$K$值（表5-17）。

表5-17　不同土壤类型的$K$值　单位：$(t \cdot hm^2 \cdot h)/(hm^2 \cdot MJ \cdot mm)$

| 土壤类型 | $K$值 | 土壤类型 | $K$值 |
|---|---|---|---|
| 暗赤红壤 | 0.174 | 泥质黄色赤黄壤 | 0.265 |
| 暗黄红壤 | 0.293 | 泥质黄色砖红壤 | 0.214 |
| 暗色暗黄棕壤 | 0.250 | 泥质山地黄壤 | 0.087 |
| 暗沙泥田 | 0.329 | 泥质山原红壤 | 0.267 |
| 赤红壤性土 | 0.146 | 泥质砖红壤 | 0.214 |
| 冲积土 | 0.093 | 砂质山原红壤 | 0.370 |
| 红泥田 | 0.206 | 水稻土 | 0.227 |
| 红紫泥 | 0.163 | 鲜暗黄棕壤 | 0.086 |
| 灰岩暗黄棕壤 | 0.160 | 鲜赤红壤 | 0.265 |
| 灰岩赤红壤 | 0.173 | 鲜赤红壤性土 | 0.191 |
| 灰岩黄红壤 | 0.293 | 鲜黄红壤 | 0.293 |
| 灰岩黄色赤红壤 | 0.214 | 鲜黄色赤红壤 | 0.129 |
| 灰岩山地黄壤 | 0.192 | 鲜山地黄壤 | 0.156 |
| 灰岩山原红壤 | 0.107 | 鲜山原红壤 | 0.267 |
| 灰岩砖红壤 | 0.214 | 紫暗黄棕壤 | 0.167 |
| 泥质暗黄棕壤 | 0.216 | 紫赤红壤 | 0.174 |
| 泥质赤红壤 | 0.186 | 紫黄红土 | 0.264 |
| 泥质赤红壤性土 | 0.227 | 紫黄色赤红壤 | 0.073 |
| 泥质黄红壤 | 0.298 | | |

4）地形因子（$L$、$S$）的计算

坡度、坡长和坡度坡长因子（Length-Slope factor，LS因子）是土壤侵蚀模型的重要参数（Zingg，1940；刘善建，1953；Wischmeier and Smith，1978），是研究土壤侵蚀问题中必须要考虑的重要地形因子。在其他条件相同的情况下，坡长因子（$L$）是特定坡长的坡地土壤流失量与标准小区坡长（在USLE中为22.1 m，我国多数取20 m）的坡地土壤流失量之比值。坡度因子（$S$）是特定坡度的坡地土壤流失量与坡度为9％或5°（即标准径流小区的坡度）的坡地土壤流失量之比值。在实际工作中，将坡度因子$S$和坡长因子$L$结合起来，作为一个复合因子（即地形因子$LS$）进行综合测算较单因子更为方便（杨子生，2002）。

目前国内外学者对于坡度、坡长的计算方法大都是借助GIS技术，以数字高程模型（DEM）为基础，采用不同的算法来提取坡度和坡长，然后根据不同地区的实际情况，计算各地区的地形因子（马永力，2010）。本研究采用江忠善和郑粉莉（2004）提出的坡长计算方法，计算公式如下：

$$L = \left( \frac{\lambda}{22.1} \right)^m \tag{5-23}$$

式中，$L$为坡长因子，$\lambda$为栅格单元投影长度。$m$为坡长效应指数，当坡度＜1％时，$m=0.2$；坡度介于1％～3％时，$m=0.3$；坡度介于3％～5％时，$m=0.4$；坡度＞5％

时，$m=0.5$(蔡永明等，2003)。

采用刘宝元(1994)提出的坡度计算方法，坡度公式为

$$S=\begin{cases} 10.8\sin\theta+0.03 & \theta<5° \\ 16.8\sin\theta-0.05 & 5°\leqslant\theta<10° \\ 21.61\sin\theta-0.06 & \theta\geqslant10° \end{cases} \tag{5-24}$$

式中，$S$ 为坡度因子；$\theta$ 为坡度值。

5)植被覆盖因子($C$)的计算

植被对水土流失有固定土体的作用(谢红霞，2008)。植被覆盖因子 $C$ 与植被类型、植被覆盖度有关，是根据地表植物覆盖状况不同而反映植被对水土流失影响的因素，它是 USLE 模型诸因子中变化范围相对较大的因子。作物覆盖、轮作顺序及管理措施的综合作用等决定了 $C$ 值。因此，植被覆盖与管理因子($C$)反映的是所有有关覆盖和管理变量对土壤侵蚀的综合作用。$C$ 值一般为 $0\sim1$，当地面完全裸露时，$C$ 值为 $1.0$；当地面植被覆盖度很好时，$C$ 值可取 $0.001$。本研究中 $C$ 值的计算基于归一化植被指数(NDVI)(蔡崇法等，2000；郭兵等，2012)，植被覆盖度($f_g$)的计算根据像元二分模型(马超飞等，2001；刘玉安等，2012)。

$$C=\begin{cases} 1 & f_g=0 \\ 0.6508-0.3436\lg f_g & 0<f_g\leqslant78.3\% \\ 0 & f_g>78.3\% \end{cases} \tag{5-25}$$

$$f_g=(\text{NDVI}-\text{NDVI}_0)/(\text{NDVI}_g-\text{NDVI}_0) \tag{5-26}$$

$$\text{NDVI}=(\text{band4}-\text{band3})/(\text{band4}+\text{band3}) \tag{5-27}$$

式中，$\text{NDVI}_0$ 为裸土或无植被像元的 NDVI 值；$\text{NDVI}_g$ 为纯植被像元的 NDVI 值；band3 为红光波段；band4 为近红外波段。

6)水土保持措施因子($P$)的计算

水土保持措施因子 $P$ 指特定水土保持措施下的土壤流失量与相应未实施该措施的顺坡种植时的土壤流失量之比值(刘宝元等，2001)，反映了水土保持措施对于坡地土壤流失量的控制。在实际中，水土保持措施主要是通过降低地表径流速率、改变微地形、增加地表植被覆盖度等途径减轻土壤侵蚀。在实际的计算过程中，总的 $P$ 值应等于各种措施 $P$ 因子值之积，因为大多数情况下，土壤保持措施是几种措施的结合实施。$P$ 值越小，表示水土保持措施对土壤侵蚀的抑制作用越明显；$P$ 值等于 $0$，说明根本不发生土壤侵蚀；$P$ 值等于 $1$，表明抑制作用完全失效。

根据研究区的土地利用现状以及对当地农田经营状况的调查结果，区域内旱地大部分是坡耕地，当坡度小于 $15°$ 时，$P$ 值赋为 $0.55$，大于 $15°$ 时，$P$ 值赋为 $0.75$。其他土地利用类型的 $P$ 值结合三个县土地利用现状，并参考前人(赵磊等，2007；王文娟等，2008；冯磊等，2011)的研究结果得出 $P$ 值(表 5-18)。

表 5-18 不同土地利用类型 $P$ 值

| 项目 | 旱地1 | 旱地2 | 水田 | 灌木林 | 林地 | 荒地 | 建设用地 | 水域 | 橡胶林 | 桉树林 | 茶园 |
|------|------|------|------|------|------|------|------|------|------|------|------|
| $P$ | 0.55 | 0.75 | 0.03 | 1 | 1 | 1 | 0 | 0 | 0.6 | 0.8 | 0.35 |

注：旱地1表示坡度小于 $15°$ 的旱地，旱地2表示坡度大于 $15°$ 的旱地。

7)土壤侵蚀等级划分标准

根据国家水利部颁布的《土壤侵蚀分类分级标准》(SL 190－2007)(中华人民共和国水利部，2008)，将研究区土壤侵蚀等级划分为六级：即每年每公顷的土壤侵蚀量小于5 t为微度侵蚀，介于 5～25 t 为轻度侵蚀，介于 25～50 t 为中度侵蚀，介于 50～80 t 为强度侵蚀，介于 80～150 t 为极强度侵蚀，150 t 以上为剧烈侵蚀。

8)土壤侵蚀模数

土壤侵蚀模数是指单位面积土壤及土壤母质在单位时间内的侵蚀量大小，反映的是平均土壤侵蚀速率，其计算方法很多，大多是在通用土壤流失方程 USLE 的基础上修改形成的。本研究中，用土壤侵蚀模数来表征研究区土壤侵蚀强度，方法是利用土壤侵蚀图以及三县县界矢量图和乡镇边界矢量图，基于 ArcGIS10.1 的分区统计功能 Zonal Statistics，计算县域和乡镇的土壤侵蚀模数。

## 5.3.2　桉树人工林引种区土壤侵蚀特征分析

### 1. 土壤侵蚀的时间变化特征

1)澜沧县

2000～2014 年澜沧县土壤侵蚀程度存在微度、轻度、中度、强度、极强度和剧烈六个等级。2000～2010 年土壤侵蚀程度有所减轻，轻度土壤侵蚀面积增加了 23.92%，极强度和剧烈侵蚀面积分别减少了 22738.86 $hm^2$ 和 58354.47 $hm^2$；2010～2014 年土壤侵蚀程度增加，土壤微度、轻度、中度侵蚀面积分别减少了 17778.06 $hm^2$、99893.97 $hm^2$和 40142.97 $hm^2$，极强度和剧烈侵蚀面积分别增加了 79288.29 $hm^2$、79011.36 $hm^2$(表5-19)。从整体上看(图 5-8)，中度及中度以上的土壤侵蚀，2000 年、2005 年、2010 年和2014 年分别占研究区总面积的 72.42%、74.82%、66.71%和 80.22%，说明土壤侵蚀有加重的趋势。

以上结果表明，澜沧县 2014 年的土壤侵蚀较严重，而 2010 年土壤轻度和中度侵蚀的比重有所增加，剧烈侵蚀、极强度侵蚀和强度侵蚀的比重明显下降，说明了在前 10 年间，由于退耕还林、大面积种植人工林、"坡改梯"等措施的实施，使土地覆被 C 值增加，所以 2010 年的土壤侵蚀情况有所缓解；但是到 2014 年，澜沧县开始对桉树人工林进行采伐，加之城镇、公路、机场、水利设施等的建设，一定程度上破坏了植被，致使地表植被覆盖度下降，土壤侵蚀程度有所加重。根据相关研究，植被覆盖的增加或减少能够影响径流和输沙量的增减，而不同土地利用方式的变化也可以通过改变其下垫面的特征，进而对土壤侵蚀产生重要的影响(邱扬等，2002)。从地形等客观原因来看，澜沧县山高坡陡，沟谷纵深，地形变化急剧，风化强烈，坡体稳定性差，加上雨季降雨强度大，植被覆盖的减少，加大了土壤侵蚀。

表 5-19    澜沧县土壤侵蚀面积及其动态变化表

| 土壤侵蚀级别 | 2000 年 /hm² | 2005 年 /hm² | 2010 年 /hm² | 2014 年 /hm² | 2000~2010 年 | | 2010~2014 年 | |
| --- | --- | --- | --- | --- | --- | --- | --- | --- |
| | | | | | 变化量/hm² | 变化幅度/% | 变化量/hm² | 变化幅度/% |
| 微度 | 58234.86 | 47595.96 | 64447.02 | 46668.96 | 6212.16 | 10.67 | −17778.06 | −27.59 |
| 轻度 | 181902.15 | 171687.96 | 225418.77 | 125524.80 | 43516.62 | 23.92 | −99893.97 | −44.31 |
| 中度 | 178771.05 | 181850.94 | 204007.50 | 163864.53 | 25236.45 | 14.12 | −40142.97 | −19.68 |
| 强度 | 153597.42 | 160808.40 | 159863.58 | 159346.08 | 6266.16 | 4.08 | −517.50 | −0.32 |
| 极强度 | 188429.85 | 197022.42 | 165690.99 | 244979.28 | −22738.86 | −12.07 | 79288.29 | 47.85 |
| 剧烈 | 109695.24 | 111800.07 | 51340.77 | 130352.13 | −58354.47 | −53.20 | 79011.36 | 153.90 |

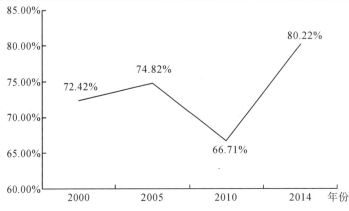

图 5-8    中度以上土壤侵蚀面积占澜沧县总面积的比例

2）西盟县

2000~2014 年西盟县土壤侵蚀程度存在微度、轻度、中度、强度、极强度和剧烈六个等级。2000 年和 2010 年西盟县中度及其以上的土壤侵蚀面积分别占 52.54% 和 52.84%，两年的土壤侵蚀模数分别为 39.75 t/(hm²·a) 和 39.04 t/(hm²·a)，均属于中度侵蚀。10 年间土壤侵蚀强度分布发生了一些变化，极强度侵蚀面积减少了 748 hm²，剧烈侵蚀面积减少了 482 hm²，而轻度和中度侵蚀面积却增加了 1172 hm² 和 1479 hm²，是因为这期间橡胶、桉树等人工林的种植取代了旱地、荒地，以及退耕还林生态保护政策的实施，植被覆盖增加，使土壤侵蚀程度下降；但是到了 2014 年，西盟县土壤侵蚀趋于严重、微度、轻度和中度侵蚀面积分别减少了 15918 hm²、22926 hm² 和 11595 hm²，极强度和剧烈侵蚀面积大幅增加，分别达到了 37063 hm² 和 29807 hm²（表 5-20）。由于人为扰动，橡胶、咖啡和茶叶的进一步扩大，原有的旱地、荒地所剩无几，开始取代天然常绿阔叶林地和灌木林地等，使天然林面积减少，人工林面积增加，加上生产建设过程中不合理的用地，使土壤侵蚀强度上升；另一方面，西盟县 99% 的面积为山区，山高坡陡，坡地耕作，雨季降雨强度大，坡地土壤侵蚀严重。

表 5-20 西盟县土壤侵蚀面积及其动态变化

| 土壤侵蚀级别 | 2000 年面积/hm² | 2005 年面积/hm² | 2010 年面积/hm² | 2014 年面积/hm² | 2000～2010 年 | | 2010～2014 年 | |
|---|---|---|---|---|---|---|---|---|
| | | | | | 变化量/hm² | 变化幅度/% | 变化量/hm² | 变化幅度/% |
| 微度 | 27141 | 60912 | 25592 | 9674 | −1549 | −5.71 | −15918 | −62.20 |
| 轻度 | 32486 | 34179 | 33658 | 10732 | 1172 | 3.61 | −22926 | −68.11 |
| 中度 | 27227 | 19141 | 28706 | 17111 | 1479 | 5.43 | −11595 | −40.39 |
| 强度 | 19748 | 7765 | 19876 | 21247 | 128 | 0.65 | 1371 | 6.90 |
| 极强度 | 16106 | 3327 | 15358 | 37063 | −748 | −4.64 | 21705 | 141.32 |
| 剧烈 | 2923 | 307 | 2441 | 29807 | −482 | −16.49 | 27366 | 1121.09 |

3）孟连县

2000～2014 年孟连县土壤侵蚀程度存在微度、轻度、中度、强度、极强度和剧烈六个等级。基于分区统计功能计算得出 2000 年县域土壤侵蚀模数为 104.25 t/(hm²・a)，属于极强度侵蚀；2010 年县域土壤侵蚀模数为 64.11 t/(hm²・a)，属于强度侵蚀；2014 年县域土壤侵蚀模数为 94.27 t/(hm²・a)，属于极强度侵蚀，总的来讲县域土壤侵蚀呈现出先趋于减轻后又趋于严重的态势（表 5-21）。

从各侵蚀等级上看，2000 年孟连县极强度侵蚀和剧烈侵蚀面积均较大，分别为 49665.42 hm² 和 44755.38 hm²；到 2010 年，极强度侵蚀、剧烈侵蚀面积分别减少了 5919.39 hm² 和 29839.41 hm²，说明土壤侵蚀在一定程度上得到了缓解。原因是退耕还林、大面积种植人工林代替原有的耕地和荒地以及"坡改梯"等措施的实施。2010～2014 年孟连县极强度和剧烈侵蚀面积又有所回升，尤其是剧烈侵蚀面积，相比 2010 年增加了 19595.13 hm²，说明这 5 年间，土壤侵蚀情况加剧，一方面原因是 2014 年植被覆盖度有所下降；另一方面，经实地考察发现，2014 年以后，一些人工园林林下植被稀疏，部分桉树林被砍伐，致使人工园林对降雨的截流能力减弱，人们对人工林经营管理不善，加上这些区域土壤理化性质的改变，土壤侵蚀程度大大加强。

表 5-21 孟连县土壤侵蚀面积及其动态变化

| 土壤侵蚀级别 | 2000 年面积/hm² | 2005 年面积/hm² | 2010 年面积/hm² | 2014 年面积/hm² | 2000～2010 年 | | 2010～2014 年 | |
|---|---|---|---|---|---|---|---|---|
| | | | | | 变化量/hm² | 变化幅度/% | 变化量/hm² | 变化幅度/% |
| 微度 | 16320.24 | 19209.64 | 19638.99 | 14037.18 | 3318.75 | 20.34 | −5601.81 | −28.52 |
| 轻度 | 18963.99 | 34616.03 | 33425.01 | 23451.21 | 14461.02 | 76.26 | −9973.80 | −29.84 |
| 中度 | 27091.35 | 41491.63 | 39739.68 | 30042.09 | 12648.33 | 46.69 | −9697.59 | −24.40 |
| 强度 | 31512.33 | 35197.50 | 36844.29 | 32196.77 | 5331.96 | 16.92 | −4647.52 | −12.61 |
| 极强度 | 49665.42 | 39211.95 | 43746.03 | 53200.58 | −5919.39 | −11.92 | 9454.55 | 21.61 |
| 剧烈 | 44755.38 | 18451.69 | 14915.97 | 34511.10 | −29839.41 | −66.67 | 19595.13 | 131.37 |

## 2. 土壤侵蚀的空间变化特征

1）澜沧县

2000 年、2005 年和 2014 年澜沧县土壤侵蚀严重区集中分布在北部、中部的峡谷地带和南部的局部地区。2000年，土壤侵蚀模数较大的乡镇为安康乡、南岭乡、竹塘乡、拉巴乡、大山乡、富东乡；到了2010年，澜沧县土壤侵蚀情况整体减轻，但峡谷地带和水库周边土壤侵蚀较严重，侵蚀模数较大的乡镇为安康乡、糯扎渡镇、文东乡、竹塘乡、大山乡、南岭乡；2014年各个乡镇的土壤侵蚀模数普遍偏高，侵蚀模数较大的乡镇为安康乡、木戛乡和竹塘乡(附图10)。2000年、2010年和2014年安康乡中度及其以上土壤侵蚀面积所占比例最大，分别为82.89%、78.65%和89.76%，2005年拉巴乡中度及其以上土壤侵蚀面积所占比例最大。2000～2010年，发展河乡中度以上土壤侵蚀面积所占比例最小，2014年东回镇最小，为65.96%(表5-22)。

表5-22　澜沧县不同乡镇的土壤侵蚀情况

| 乡镇 | 2000年 | | 2005年 | | 2010年 | | 2014年 | |
| --- | --- | --- | --- | --- | --- | --- | --- | --- |
| | 土壤侵蚀模数/[t/(hm²·a)] | 中度及其以上侵蚀面积所占比例/% | 土壤侵蚀模数/[t/(hm²·a)] | 中度及中度以上侵蚀面积所占比例/% | 土壤侵蚀模数/[t/(hm²·a)] | 中度及其以上侵蚀面积所占比例/% | 土壤侵蚀模数/[t/(hm²·a)] | 中度及其以上侵蚀面积所占比例/% |
| 安康乡 | 99.82 | 82.89 | 96.81 | 84.78 | 72.97 | 78.65 | 113.96 | 89.76 |
| 大山乡 | 88.89 | 76.58 | 80.37 | 75.86 | 65.24 | 68.34 | 89.37 | 80.06 |
| 东河乡 | 76.59 | 69.29 | 70.34 | 68.25 | 48.28 | 59.34 | 81.23 | 78.19 |
| 东回镇 | 73.26 | 66.23 | 84.64 | 71.94 | 48.20 | 56.70 | 67.07 | 65.96 |
| 发展河乡 | 46.86 | 53.95 | 47.77 | 60.93 | 37.55 | 51.65 | 68.32 | 75.70 |
| 富邦乡 | 74.50 | 66.35 | 79.25 | 70.77 | 55.77 | 61.70 | 90.47 | 80.95 |
| 富东乡 | 88.31 | 68.84 | 75.43 | 66.63 | 62.12 | 61.47 | 95.86 | 79.12 |
| 惠民镇 | 49.69 | 66.90 | 49.83 | 71.03 | 44.05 | 65.23 | 64.01 | 79.66 |
| 酒井乡 | 67.21 | 66.27 | 60.27 | 66.74 | 42.24 | 55.72 | 69.46 | 75.59 |
| 拉巴乡 | 92.82 | 78.88 | 107.14 | 86.84 | 60.87 | 72.22 | 97.90 | 87.21 |
| 勐朗镇 | 79.98 | 72.41 | 82.25 | 75.90 | 54.02 | 64.52 | 88.00 | 80.79 |
| 木戛乡 | 75.55 | 73.49 | 87.80 | 81.14 | 59.45 | 70.06 | 101.24 | 85.55 |
| 南岭乡 | 93.38 | 80.38 | 92.61 | 82.51 | 65.03 | 74.36 | 91.06 | 86.41 |
| 糯福乡 | 56.09 | 72.00 | 68.51 | 76.60 | 50.93 | 69.03 | 83.69 | 81.87 |
| 糯扎渡镇 | 79.80 | 79.56 | 78.04 | 79.84 | 68.69 | 76.18 | 92.52 | 85.37 |
| 谦六乡 | 85.00 | 77.60 | 72.72 | 73.90 | 60.57 | 68.84 | 72.48 | 74.74 |
| 上允镇 | 67.43 | 65.54 | 68.20 | 65.64 | 55.25 | 60.23 | 78.72 | 71.95 |
| 文东乡 | 81.97 | 74.83 | 77.46 | 76.29 | 68.02 | 72.88 | 92.73 | 85.33 |
| 雪林乡 | 61.60 | 65.50 | 64.41 | 70.39 | 46.71 | 58.83 | 90.68 | 84.02 |
| 竹塘乡 | 93.18 | 76.09 | 99.33 | 80.46 | 65.70 | 70.66 | 99.13 | 81.98 |

2)西盟县

西盟县2000年、2010年的土壤侵蚀情况比较相似，基本都是东北部相对较轻微，中部、西南部和东南部较严重，土壤侵蚀空间分布变化不大；2005年土壤侵蚀较轻；2014年土壤侵蚀比较严重，尤其是中部河谷地带(附图11)。从乡镇分布来看，2000年、

2005 年、2010 年和 2014 年勐梭镇中度及其以上的土壤侵蚀面积最大，岳宋乡面积最小。以 2014 年土壤侵蚀为例，勐卡镇、新厂镇、勐梭镇、翁嘎科镇、力所乡、岳宋乡和中课镇的中度及其以上侵蚀面积分别占各自乡（镇）总侵蚀面积的 77.41%、70.64%、88.58%、89.60%、84.96%、91.07% 和 81.05%，其中岳宋乡土壤侵蚀最为严重，新厂镇和勐卡镇则相对较轻（表 5-23）。

表 5-23　西盟县不同乡镇的土壤侵蚀情况

| 乡镇 | 2000 年 | | 2005 年 | | 2010 年 | | 2014 年 | |
|---|---|---|---|---|---|---|---|---|
| | 中度及其以上侵蚀面积/hm² | 中度及其以上侵蚀面积所占比例/% | 中度及其以上侵蚀面积/hm² | 中度及其以上侵蚀面积所占比例/% | 中度及其以上侵蚀面积/hm² | 中度及其以上侵蚀面积所占比例/% | 中度及其以上侵蚀面积/hm² | 中度及其以上侵蚀面积所占比例/% |
| 力所乡 | 10942.09 | 59.11 | 5834.13 | 31.52 | 11084.66 | 59.88 | 15729.57 | 84.96 |
| 勐卡镇 | 8205.45 | 51.58 | 3428.18 | 21.55 | 7870.24 | 49.48 | 12313.68 | 77.41 |
| 勐梭镇 | 14106.94 | 56.13 | 6980.54 | 27.78 | 15514.31 | 61.73 | 22259.75 | 88.58 |
| 翁嘎科镇 | 12225.38 | 56.84 | 6348.61 | 29.52 | 11372.72 | 52.88 | 19268.53 | 89.60 |
| 新厂镇 | 5842.01 | 45.48 | 1665.60 | 12.97 | 4956.47 | 38.58 | 9077.10 | 70.64 |
| 岳宋乡 | 6503.95 | 70.04 | 3083.86 | 33.21 | 6434.55 | 69.30 | 8457.94 | 91.07 |
| 中课镇 | 8005.37 | 35.72 | 2899.25 | 12.94 | 9021.10 | 40.26 | 18160.92 | 81.05 |

### 3）孟连县

2000 年和 2014 年孟连县土壤侵蚀严重区主要集中在西部和南部的大部分地区和中东部的部分地区；2005 年和 2010 年土壤侵蚀有所减缓。2000 年土壤侵蚀模数从大到小依次为公信乡、富岩镇、勐马镇、芒信镇、娜允镇、景信乡；到了 2010 年，孟连县土壤侵蚀下降，但仍以西部较严重，侵蚀模数从大到小依次为公信乡、芒信镇、富岩镇、勐马镇、景信乡、娜允镇（附图 12）。从各乡镇土壤侵蚀量来看，2000 年、2005 年、2010 年和 2014 年勐马镇的土壤侵蚀量均最大，其次为公信乡、芒信镇，而景信乡土壤侵蚀量均最小。对比勐马镇、芒信镇、公信乡、娜允镇、富岩镇、景信乡 4 年的中度及其以上侵蚀面积所占比例发现，公信乡中度及其以上土壤侵蚀面积所占比例最大，分别为 88.03%、81.09%、82.53%、90.45%，其次为芒信镇等，最小的是景信乡，分别为 71.92%、59.46%、63.60%、64.96%（表 5-24）。

表 5-24　孟连县不同乡镇的土壤侵蚀情况

| 乡镇 | 2000 年 | | | 2005 年 | | |
|---|---|---|---|---|---|---|
| | 土壤侵蚀模数/[t/(hm²·a)] | 土壤侵蚀量/(×10⁴t/a) | 中度及其以上侵蚀面积所占比例/% | 土壤侵蚀模数/[t/(hm²·a)] | 土壤侵蚀量/(×10⁴t/a) | 中度及中度以上侵蚀面积所占比例/% |
| 勐马镇 | 108.75 | 560.88 | 82.97 | 72.84 | 375.39 | 73.87 |
| 芒信镇 | 100.57 | 345.92 | 83.18 | 66.75 | 229.42 | 73.47 |
| 公信乡 | 135.26 | 362.16 | 88.03 | 87.50 | 234.08 | 81.09 |

续表

| 乡镇 | 2000 年 | | | 2005 年 | | |
|---|---|---|---|---|---|---|
| | 土壤侵蚀模数/<br>[t/(hm²·a)] | 土壤侵蚀量/<br>(×10⁴t/a) | 中度及其以上侵蚀<br>面积所占比例/% | 土壤侵蚀模数/<br>[t/(hm²·a)] | 土壤侵蚀量/<br>(×10⁴t/a) | 中度及中度以<br>上侵蚀面积所<br>占比例/% |
| 娜允镇 | 84.23 | 302.30 | 75.05 | 54.05 | 193.83 | 65.14 |
| 富岩镇 | 113.62 | 273.14 | 83.61 | 71.42 | 171.56 | 70.04 |
| 景信乡 | 77.96 | 129.99 | 71.92 | 47.97 | 79.92 | 59.46 |

| 乡镇 | 2010 年 | | | 2014 年 | | |
|---|---|---|---|---|---|---|
| | 土壤侵蚀模数/<br>[t/(hm²·a)] | 土壤侵蚀量/<br>(×10⁴t/a) | 中度及其以上侵蚀<br>面积所占比例/% | 土壤侵蚀模数/<br>[t/(hm²·a)] | 土壤侵蚀量/<br>(×10⁴t/a) | 中度及中度以<br>上侵蚀面积所<br>占比例/% |
| 勐马镇 | 60.42 | 311.62 | 70.07 | 114.27 | 588.86 | 85.29 |
| 芒信镇 | 66.31 | 228.08 | 76.36 | 81.42 | 279.83 | 78.89 |
| 公信乡 | 83.27 | 222.96 | 82.53 | 117.21 | 313.57 | 90.45 |
| 娜允镇 | 56.20 | 201.70 | 67.28 | 74.20 | 266.09 | 72.20 |
| 富岩镇 | 64.33 | 154.65 | 69.96 | 100.75 | 242.01 | 80.90 |
| 景信乡 | 57.08 | 95.18 | 63.60 | 56.80 | 94.63 | 64.96 |

## 5.3.3 小结

土壤侵蚀作为生态环境效应的热点问题之一，受到自然因素（降水、径流、地形地貌、地表物质组成、植被条件等）和人为因素（土地利用方式等）的共同影响。在自然条件稳定的情况下，土地利用方式就成为影响土壤侵蚀的主要因素。随着研究区大量引种桉树、橡胶等人工园林，地表覆被类型、土地利用方式都发生了较大改变，研究土壤侵蚀变化对区域水土保持和合理利用土地非常重要。本研究基于通用土壤流失方程（USLE）完成土壤侵蚀的快速定量计算，该方程所需的参数较易获得，操作简便，在区域土壤侵蚀评价中具有十分重要的作用。

从时间变化来看，三县 2000～2010 年土壤侵蚀程度有所减轻，2010～2014 年土壤侵蚀又趋于严重。从空间变化来看，2000 年、2005 年和 2014 年澜沧县土壤侵蚀较为严重区集中在北部、中部的峡谷地带和南部的局部地区，而 2010 年在峡谷地带和水库周边土壤侵蚀较严重；西盟县 2000 年、2010 年土壤侵蚀东北部较轻，中部、西南部和东南部较严重，土壤侵蚀空间分布变化不大，2014 年土壤侵蚀比较严重，尤其是中部河谷地带；孟连县 2000 年和 2014 年土壤侵蚀较为严重，尤其是西部和南部的局部地区。从乡镇来看，澜沧县的安康乡、西盟县的岳宋乡、孟连县的公信乡土壤侵蚀严重。

土壤侵蚀已经威胁到人类生产生活与社会的发展，加强区域土壤侵蚀的效应评价，对于研究土壤侵蚀机理、采取有效措施控制水土流失等具有深远的现实意义。桉树引种在第一轮伐期内可以减缓土壤侵蚀的发生，但是需要对桉树林进行合理的经营管理；当地政府要积极采取相应措施对土地利用结构作出合适的调整和优化，如退耕还林还草，重视对人工林和荒地的管理，协调各种用地之间的关系；加强农田水利工程建设，实施雨水集蓄利用技术；积极采取"坡改梯"的措施等。

## 5.4　西盟县、孟连县和澜沧县桉树引种的生态环境综合效应测评

桉树引种使土地利用/土地覆被发生改变，而土地利用/覆被变化必然影响生态系统的结构和功能（沈亚明，2012），对生态系统服务功能起着决定性的作用。土地利用/覆被变化的效应研究包括资源、环境和生态效应的研究（蒙吉军等，2005）。生态环境效应研究中，净初级生产力 NPP 是陆地生态系统可持续发展的重要指标，反映土地覆被类型的生产能力（徐昔保等，2011；冯险峰等，2014），植被 NPP 价值评估可以为区域陆地生态系统可持续发展提供参考；土壤侵蚀是评价区域生态环境的重要指标，土壤侵蚀的研究可为后续土壤侵蚀防治、水土流失治理工作提供准确的定位信息和数据支持；生态足迹是一种可以度量区域可持续发展的指标，生态足迹模型是比较生态足迹与生态承载力之间是否平衡的模型，它从生态角度判断人类活动是否处于生态系统的承载力范围之内，进而判定可持续发展状态（Wackernagel et al.，1999），研究结果可为协调人类与自然环境、人地关系、区域可持续发展等方面提供重要的科学支撑；而生态系统服务价值作为评价生态效应的重要指标，现已广泛应用于区域生态环境研究。但是目前，将净初级生产力 NPP、土壤侵蚀、生态足迹、生态系统服务价值四个方面综合起来分析区域生态环境综合效应还未见报道。

以云南省普洱市西盟县、孟连县、澜沧县三县为研究区，以净初级生产力（NPP）、生态赤字/盈余、土壤保持量和生态系统服务价值作为研究重点，基于这四类生态效应功能的物质量，以货币的形式测算研究区的生态总价值量，揭示三县近十五年来桉树引种带来的土地利用变化对生态环境效应的影响。

### 5.4.1　土地利用变化下的生态效应价值量测评

#### 1. 植被 NPP 价值量测评模型

植被生产的有机物折合成能量后可以进行相应的替代，如煤炭、石油、天然气等皆是自然界中存在的能量，具有一定的市场价格。本研究选取能量固定替代法，即把植物生产的有机物折合成能量，以煤炭、石油、天然气等能源价值替代之。测评模型为

$$V = (AQ_1/BQ_2) \times P \tag{5-28}$$

式中，$V$ 代表 NPP 的价值量[元/(hm² · a)]，$A$ 代表 NPP 的物质量[t · c/(hm² · a)]，$B$ 是标煤的质量系数，$B=1$；$Q_1$ 代表的是 NPP 物质量所折合的热量（6.7 kJ/g）；$Q_2$ 是标煤折合的热量（10 kJ/g），$P$ 代表替代物（标煤）单位质量的交易价格（郝慧梅等，2008），本研究主要参考云南普洱市煤炭交易价格，用普洱市动力煤价格作为参照，计算得到标煤单位质量交易价格为 484 元/t。

植被 NPP 的物质量 $A$ 的计算主要采用综合模型，计算公式为

$$A = \text{RDI} \times \frac{r(1+\text{RDI}+\text{RDI}^2)}{(1+\text{RDI}) \times (1+\text{RDI}^2)} \times \exp(-\sqrt{9.87+6.25 \times \overline{\text{RDI}}}) \tag{5-29}$$

式中，$A$ 为植被 NPP 的物质量[t/(hm² · a)]，RDI 为干燥度，$r$ 为年降水量(mm)。

**2. 土壤保持价值量测评模型**

土壤保持价值量估算依赖于土壤侵蚀量的核算，本研究从土壤肥力保护(减少土壤养分流失)、减少土地废弃和减轻泥沙淤积三方面来计算植被防止土壤侵蚀的经济价值。

1)保持土壤肥力的价值

地表植被的覆盖间接减少了土壤中 N、P、K 等营养元素的流失。保持土壤养分的计算方法一般采用代替价格法，即因水土流失而流失的 N、P、K 及有机质，采取施用等量化肥来恢复原样而所需的费用即为保持土壤肥力的费用。

本研究运用市场价值法估算土壤肥力的价值量。首先统计出土壤中 N、P、K 的养分含量，再分别将三者折算成碳酸氢铵($NH_4HCO_3$)、过磷酸钙[$Ca(H_2PO_4)_2 \cdot H_2O$]和氯化钾(KCl)，折算系数分别是 5.571、3.373 和 1.667(许月卿等，2010)。根据实地调查并参考云南省不同化肥公司的销售价格，最终确定三者的市场价格分别为 800 元/t、900元/t 和 2400 元/t，计算公式如下：

$$E_f = \sum_i AQ \times C_i \times S_i \times P_i \tag{5-30}$$

式中，$E_f$ 表示土壤肥力的经济效益(元/hm² · a)；AQ 表示单位面积上的年土壤保持量(t/hm² · a)；$C$ 表示土壤中氮、磷、钾的元素含量(%)；$S$ 表示折算后的化肥系数；$P$表示市场价格(元)；$i$=N，P，K。

土壤保持量等于潜在土壤侵蚀量与实际土壤侵蚀量的差值。其中，潜在侵蚀量的计算不考虑植被覆盖因子($C$=1)和水土保持措施因子($P$=1)(李晶等，2007)，计算公式为

$$A_p = R \times K \times L \times S \tag{5-31}$$

实际土壤侵蚀量运用通用土壤流失方程(USLE)进行估算，计算公式为

$$A_r = R \times K \times L \times S \times C \times P \tag{5-32}$$

$$AQ = A_p - A_r \tag{5-33}$$

式中，AQ 为单位面积上的年土壤保持量(t/hm² · a)；$A_p$ 为单位面积上的年潜在土壤侵蚀量[t/(hm² · a)]；$A_r$ 为单位面积上的年土壤侵蚀量[t/(hm² · a)]，即现实土壤侵蚀量，$R$ 为降雨侵蚀力因子[MJ · mm/(hm² · h · a)]，$K$ 为土壤可蚀性因子[(t · hm² · h)/(hm² · MJ · mm)]，$L$ 为坡长因子，$S$ 为坡度因子，$C$ 为植被覆盖因子，$P$ 为水土保持措施因子。

2)减少土地废弃的价值

植被的覆盖减少了土壤侵蚀对土地表层的破坏作用，进而减少了耕层贫瘠而废弃造成的损失。该部分的价值量运用机会成本法来估算，公式如下：

$$E_s = \sum_i AQ/(h \times \rho) \times B_i \tag{5-34}$$

式中，$E_s$ 表示减少土地废弃的价格(元/hm² · a)，AQ 表示单位面积上的年土壤保持量(t/hm² · a)；$h$ 表示表层土壤厚度(m)，根据实地调研来确定；$\rho$ 表示土壤容重(t/m³)，根据第二次土壤普查资料，土壤容重为 1.15 t/m³，$B_i$ 表示土地的机会成本，即不同土地利用类型的单位面积产值[元/(hm² · a)]，根据实地农户调查以及查阅相关年份的《西

盟县统计年鉴》，可得到西盟县 2000 年和 2015 年单位面积耕地年产值分别为 1046 元/hm²和 2792 元/hm²。

3)减轻泥沙淤积的价值量

在减轻泥沙淤积方面的计算中，我国土壤侵蚀流失的泥沙平均有 24% 淤积于水域，造成水位上升，以致蓄水成本增加。地表植被通过控制土壤侵蚀间接减少泥沙淤积对于河道、水库造成的损失。该部分的价值量运用影子工程法来估算，公式如下：

$$E_n = AQ \times 24\% / \rho \times P_0 \tag{5-35}$$

式中，$E_n$ 表示减轻泥沙淤积的经济效益(元/hm²·a)，在土壤侵蚀流失的泥沙中，有 24% 的泥沙会淤积在水域中，$\rho$ 表示土壤容重(t/m³)，$P_0$ 表示投入建设单位体积水库的费用(元/m³)，本研究根据实际调查可知澜沧江糯扎渡水电站的修建费用，即水电站每修建 1 m³ 平均投资费用为 2.58 元。

最后，对三者进行求和即得土壤保持价值量，即：

$$E = E_f + E_s + E_n \tag{5-36}$$

## 3. 生态赤字/盈余价值量计算模型

生态足迹的意义在于探讨人类持续依赖自然的前提下，保障地球承受力的思路与行为模式，其客观地表明了人类生产生活所需要占用的土地面积。采用梁洁等(2015)学者的研究方法，以生态足迹模型和生态系统服务价值理论为基础，对生态足迹进行量化，公式如下：

$$ES_i = EF_i \times EV_i (i = 1, 2, \cdots, 6) \tag{5-37}$$

式中，$ES_i$ 为区域内第 $i$ 种土地类型的生态足迹价值量(元)，$EF_i$ 为区域内第 $i$ 种土地类型的生态足迹总量(hm²)，$EV_i$ 为第 $i$ 种土地类型的生态服务价值(元/hm²)。此公式可理解为人类生产生活需要的土地面积所消耗的资源价值的货币化。化石能源地的生态系统服务价值参照薛晓娇和李新春(2011)的研究成果计算得到。

生态承载力是指生态系统对人类活动的最大承受能力。生态承载力与生态足迹的差值就是生态赤字/盈余的大小。生态赤字表明该地区的人类负荷超过了其生态容量；生态盈余表明该地区生态容量足以支持其人类负荷。研究中生态赤字/盈余的货币化参照以下公式计算得到，即：

$$ET_i = ED_i \times EV_i \tag{5-38}$$

$$ED_i = EC_i - EF_i \tag{5-39}$$

式中，$ET_i$ 为区域内第 $i$ 种土地类型的生态赤字/盈余价值量(元)；$ED_i$ 为第 $i$ 种土地类型的生态赤字/盈余(hm²)；$EC_i$ 为第 $i$ 种土地类型的生态承载力(hm²)；$EF_i$ 为第 $i$ 种土地类型的生态足迹(hm²)。$EV_i$ 为第 $i$ 种土地类型的生态服务价值(元/hm²)。价值 $ET_i$ 为负数，说明人类活动对自然的影响超出了生态系统的承受能力；$ET_i$ 为正数则说明地区内自然资本的收入流大于人口消费的需求流，该地区发展模式具相对可持续性。生态足迹主要由生物资源足迹和能源足迹两部分构成。

## 4. 生态系统服务价值计算方法

用 Costanza 等(1997)的生态系统服务价值公式，并根据谢高地等(2008)的研究，参照赵筱青等(2016)前期的研究结果,计算出西盟县、孟连县、澜沧县不同土地利用类型的生态系统服务价值(表 5-25)。为了方便计算,将不同地类合并,其中西盟县的林地包括天然林和桉树人工林;孟连县和澜沧县的林地仅指天然林,经济园林包括桉树人工林和园地。

**表 5-25  三县生态系统单位面积生态服务价值**                    单位:元/(hm² · a)

| 土地利用类型 | 林地 | 园地 | 经济园林 | 草地 | 耕地(修订后) | 水域 | 乡镇 |
|---|---|---|---|---|---|---|---|
| 西盟县 | 25547.04 | 18074.63 | — | 10602.21 | 3803.90 | 41200.51 | −8638.10 |
| 孟连县 | 23853.35 | — | 15302.79 | 5564.65 | 6701.33 | 38469.04 | −8638.10 |
| 澜沧县 | 21412.53 | — | 13736.92 | 4995.24 | 6015.61 | 34532.66 | −8638.10 |

注:孟连县和澜沧县测算的是经济园林(即人工林和园地)的生态系统服务价值。

**5. 三县生态效应综合测评模型**

三县生态系统效益综合测评模型表达式为

$$V_{\text{total}} = \sum_{i=1}^{n} v_i \tag{5-40}$$

式中,$V_{\text{total}}$ 代表研究区生态系统总价值量(元/a);$i$ 表示生态系统的第 $i$ 项价值;$n=4$,具体包括植被 NPP 价值、土壤保持价值、生态赤字/盈余价值和生态系统服务价值。

## 5.4.2  生态效应总价值的变化特征

**1. 生态效应总价值时间变化特征分析**

2000~2015 年研究区生态价值总量呈先降后升的变化特点,2000 年生态价值总量最高,2010 年最低。2000 年、2005 年、2010 年和 2015 年生态总效益价值依次为 515.49 亿元、484.13 亿元、468.25 亿元和 511.28 亿元,15 年间,生态价值总量总体减少了 4.21 亿元(表 5-26)。从四个生态指标来看,15 年间,植被 NPP 价值量整体呈增长趋势,净增加 10.78 亿元,2015 年达到最大,为 53.76 亿元。2000 年、2005 年、2010 年和 2015 年植被 NPP 价值量占生态价值总量的比例分别是 8.34%、8.61%、10.03% 和 10.51%;土壤保持价值量呈较大幅度的增长,尤其是 2010~2015 年,土壤保持价值量增加明显,增加了 73.91 亿元,净增加 103.17 亿元。2000 年、2005 年、2010 年和 2015 年,土壤保持价值量占生态价值总量的比例分别是 5.00%、8.48%、11.75% 和 25.22%,2000 年土壤保持价值量对生态效应价值总量的贡献最小,但是到 2015 年,其贡献仅次于生态系统服务价值;生态盈余的价值量呈现下降趋势,净减少 128.51 亿元。2000 年、2005 年、2010 年和 2015 年,生态盈余的价值量占生态价值总量的比例分别是 48.69%、40.24%、34.40% 和 23.96%;生态系统服务价值在 2000~2005 年有小幅增长,2005~2015 年则保持相对稳定,净增加 10.35 亿元。2000 年、2005 年、2010 年和 2015 年,生态系统服务价值占生态价值总量的比例是 37.97%、42.67%、43.82% 和 40.31%(图 5-9)。

总之,2000 年生态盈余价值量对生态效益的贡献最大,之后一直都是生态系统服务价值对生态效益的贡献最大。2000 年和 2005 年土壤保持价值量贡献最小；之后 2010 年和 2015 年植被 NPP 价值量贡献最小。

表 5-26　三县生态总价值量及其变化量　　　　　　　　单位：亿元

| 生态效益项目 | 2000 年 | 2005 年 | 2010 年 | 2015 年 | 2000～2015 年变化量 |
|---|---|---|---|---|---|
| 植被 NPP 价值量 | 42.98 | 41.68 | 46.98 | 53.76 | 10.78 |
| 土壤保持价值量 | 25.78 | 41.05 | 55.04 | 128.95 | 103.17 |
| 生态盈余价值量 | 251.01 | 194.81 | 161.06 | 122.51 | −128.51 |
| 生态系统服务价值 | 195.72 | 206.59 | 205.17 | 206.07 | 10.35 |
| 生态总量价值 | 515.49 | 484.13 | 468.25 | 511.28 | −4.21 |

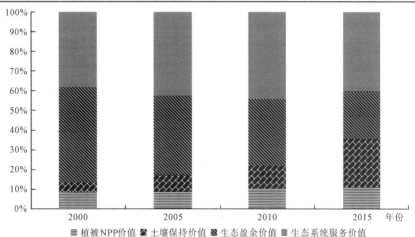

图 5-9　研究区不同生态效应指标价值量的贡献分布

从县域的生态效应总价值分布来看（表 5-27），澜沧县生态总价值量最大，孟连县次之，最少的是西盟县。但是孟连县的生态总价值量 15 年间下降最大，从 2000 年的 82.77 亿元下降到 2015 年的 49.52 亿元，下降了 40.17%。其中生态盈余价值量减少最明显，减少了 40.49 亿元。而土壤保持价值量小幅增加，增加了 8.22 亿元。植被 NPP 价值量和生态系统服务价值变化幅度较小。其中生态系统服务价值对总价值的贡献最大，15 年间平均占总价值的 48.49%；西盟县的生态价值总量 15 年间也在下降，从 2000 年的 53.56 亿元下降到 2015 年的 42.87 亿元，下降了 19.96%。下降最多的也是生态盈余价值量，下降了 14.62 亿元。植被 NPP 价值量有所增加，增加了 5.06 亿元。土壤保持价值量和生态系统服务价值变化幅度较小。其中，生态系统服务价值和生态盈余价值量对总价值的贡献最大，15 年间平均占总价值的 45.74% 和 29.58%；澜沧县生态价值总量的变化趋势与西盟县和孟连县不同，2000～2005 年总价值量下降，2005 年后总价值量回升，2015 年达到最大，为 418.89 亿元，上升了 10.48%。其中，上升最大的是土壤保持价值量，上升了 94.62 亿元。生态系统服务价值和植被 NPP 价值量也有所增加，分别上升了 12.62 亿元和 5.88 亿元。而生态盈余价值量下降最明显，下降了 73.39 亿元。其中，生态盈余价值量和生态系统服务价值对总价值的贡献最大，15 年间分别占总价值的 39.19% 和 39.13%。

表 5-27　不同县域生态总价值量及其变化量　　　　　　　单位：亿元

| 县域名称 | 生态效益项目 | 2000 年 | 2005 年 | 2010 年 | 2015 年 | 2000～2015 年变化量 |
|---|---|---|---|---|---|---|
| 西盟县 | 植被 NPP 价值量 | 5.07 | 3.61 | 4.87 | 10.13 | 5.06 |
| | 土壤保持价值量 | 5.93 | 6.03 | 6.23 | 6.25 | 0.32 |
| | 生态盈余价值量 | 19.49 | 19.39 | 13.92 | 4.86 | −14.62 |
| | 生态系统服务价值 | 23.08 | 22.43 | 22.01 | 21.63 | −1.44 |
| | 生态总量价值 | 53.56 | 51.45 | 47.03 | 42.87 | −10.69 |
| 孟连县 | 植被 NPP 价值量 | 7.93 | 7.24 | 7.99 | 7.78 | −0.15 |
| | 土壤保持价值量 | 3.40 | 6.02 | 9.99 | 11.62 | 8.22 |
| | 生态盈余价值量 | 37.41 | 33.24 | 14.63 | −3.09 | −40.49 |
| | 生态系统服务价值 | 34.03 | 34.62 | 33.91 | 33.20 | −0.83 |
| | 生态总量价值 | 82.77 | 81.13 | 66.52 | 49.52 | −33.25 |
| 澜沧县 | 植被 NPP 价值量 | 29.98 | 30.82 | 34.11 | 35.85 | 5.88 |
| | 土壤保持价值量 | 16.45 | 29.01 | 38.82 | 111.08 | 94.62 |
| | 生态盈余价值量 | 194.12 | 142.18 | 132.50 | 120.73 | −73.39 |
| | 生态系统服务价值 | 138.62 | 149.54 | 149.26 | 151.23 | 12.62 |
| | 生态总量价值 | 379.16 | 351.55 | 354.69 | 418.89 | 39.73 |

**2. 生态效应价值空间变化特征分析**

1）研究区生态总价值的空间差异

基于 ArcGIS10.1 栅格计算器功能，根据县域生态系统效应综合测评模型公式 (5-40)，将西盟县、孟连县、澜沧县的植被 NPP 价值量、土壤保持价值量、生态赤字／盈余价值量、生态系统服务价值量等分布图进行综合叠加，得到县域生态环境效应总价值空间分布图（附图 13）。

从整体地域分布看，2000 年和 2005 年西南部生态效应价值较高，其次是东南部。2010～2015 年西部和西南部的生态效应价值逐渐下降，东部和中部相比 2010 年有所回升，这与西部和西南部近五年大量种植橡胶、咖啡等经济园林有很大关系（附图 13）。

从县域分布来看，2000 年县域生态效应总价值较好的区域主要集中在澜沧县的南部和东南部，孟连县中西部和中南部，西盟县东部河谷等地。孟连县东部地区生态效应价值相对较差；2005 年西盟县和孟连县的情况类似于 2000 年，但是澜沧县北部和东部沿澜沧江、上允镇、县城勐朗镇至上允镇公路沿线（西景公路），生态效应价值有所下降（附图 13）；到 2010 年，研究区整体的生态效应价值下降，其中西盟县西部和东部、孟连县东部大部分地区生态效应价值下降，与 2005 年开始种植橡胶、桉树和咖啡等人工园林有直接联系；到 2015 年，西盟县和孟连县两县范围的生态效应价值进一步下降，与近几年持续大面积种植橡胶、咖啡等人工园林，以及新建和扩建公路、城镇建设有很大关系。而澜沧县西北部、中部和南部部分地区生态效应价值回升，整体生态效应价值大于西盟县和孟连县。由于糯扎渡水电站的修建和公路新建、扩建，澜沧江沿线及思澜公路沿线

的生态效应价值依然较低(附图 13)。(注：附图 13 中主要公路为 2013 年以后修建)

2)乡镇生态总价值的空间差异

在 ArcGIS10.1 软件中对三县四年的生态效应总价值空间分布图进行 Zonal Statistics Table 运算，计算三县各乡镇的平均生态效应价值，平均生态效应价值在一定程度上反映了研究区各个乡镇的生态变化情况(表 5-28)。

表 5-28　各乡镇各年平均生态效应价值　　　　　　　　　单位：元/hm²

| 县名 | 排序 | 2000 年 | | 2005 年 | | 2010 年 | | 2014 年 | |
|---|---|---|---|---|---|---|---|---|---|
| | | 乡镇名 | 平均生态效应价值 | 乡镇名 | 平均生态效应价值 | 乡镇名 | 平均生态效应价值 | 乡镇名 | 平均生态效应价值 |
| 孟连县 | 1 | 富岩镇 | 45193.50 | 富岩镇 | 45769.00 | 富岩镇 | 35446.00 | 富岩镇 | 26626.80 |
| | 2 | 公信乡 | 49840.60 | 公信乡 | 48312.30 | 公信乡 | 39315.70 | 公信乡 | 30789.10 |
| | 3 | 景信乡 | 30827.40 | 景信乡 | 31168.00 | 景信乡 | 25715.20 | 景信乡 | 17075.30 |
| | 4 | 芒信镇 | 37033.10 | 芒信镇 | 36704.80 | 芒信镇 | 29932.80 | 芒信镇 | 21548.60 |
| | 5 | 勐马镇 | 51636.30 | 勐马镇 | 50094.00 | 勐马镇 | 41324.20 | 勐马镇 | 31586.40 |
| | 6 | 娜允镇 | 39019.80 | 娜允镇 | 37730.80 | 娜允镇 | 32270.40 | 娜允镇 | 23236.50 |
| 西盟县 | 1 | 力所乡 | 41760.00 | 力所乡 | 37891.00 | 力所乡 | 36019.40 | 力所乡 | 29018.70 |
| | 2 | 勐卡镇 | 40372.00 | 勐卡镇 | 39674.30 | 勐卡镇 | 36770.90 | 勐卡镇 | 33387.10 |
| | 3 | 勐梭镇 | 40985.60 | 勐梭镇 | 39628.90 | 勐梭镇 | 33765.30 | 勐梭镇 | 32516.00 |
| | 4 | 翁嘎科镇 | 44400.00 | 翁嘎科镇 | 41656.60 | 翁嘎科镇 | 38873.80 | 翁嘎科镇 | 34951.90 |
| | 5 | 新厂镇 | 41261.90 | 新厂镇 | 40985.70 | 新厂镇 | 35912.90 | 新厂镇 | 33460.20 |
| | 6 | 岳宋乡 | 41973.60 | 岳宋乡 | 38281.40 | 岳宋乡 | 33800.00 | 岳宋乡 | 34646.30 |
| | 7 | 中课镇 | 45841.90 | 中课镇 | 45990.00 | 中课镇 | 43939.50 | 中课镇 | 39769.20 |
| 澜沧县 | 1 | 安康乡 | 44199.20 | 安康乡 | 40191.00 | 安康乡 | 41044.50 | 安康乡 | 49973.60 |
| | 2 | 大山乡 | 38221.70 | 大山乡 | 37281.00 | 大山乡 | 38035.80 | 大山乡 | 45725.00 |
| | 3 | 东河乡 | 41130.40 | 东河乡 | 39062.20 | 东河乡 | 41065.90 | 东河乡 | 47211.70 |
| | 4 | 东回镇 | 39831.40 | 东回镇 | 35009.70 | 东回镇 | 37768.60 | 东回镇 | 43725.10 |
| | 5 | 发展河乡 | 46804.60 | 发展河乡 | 44098.70 | 发展河乡 | 44862.40 | 发展河乡 | 51050.60 |
| | 6 | 富邦乡 | 42387.10 | 富邦乡 | 40547.80 | 富邦乡 | 40206.30 | 富邦乡 | 47503.70 |
| | 7 | 富东乡 | 42957.30 | 富东乡 | 41101.90 | 富东乡 | 41494.70 | 富东乡 | 48138.50 |
| | 8 | 惠民镇 | 46151.90 | 惠民镇 | 43025.50 | 惠民镇 | 43611.70 | 惠民镇 | 50007.70 |
| | 9 | 酒井乡 | 45115.00 | 酒井乡 | 42791.30 | 酒井乡 | 43693.50 | 酒井乡 | 49638.60 |
| | 10 | 拉巴乡 | 41096.20 | 拉巴乡 | 40691.20 | 拉巴乡 | 41609.10 | 拉巴乡 | 49880.70 |
| | 11 | 勐朗镇 | 42058.30 | 勐朗镇 | 38578.10 | 勐朗镇 | 39040.80 | 勐朗镇 | 47664.90 |
| | 12 | 木戛乡 | 41954.90 | 木戛乡 | 41138.50 | 木戛乡 | 41581.00 | 木戛乡 | 50195.70 |

续表

| 县名 | 排序 | 2000 年 | | 2005 年 | | 2010 年 | | 2014 年 | |
| --- | --- | --- | --- | --- | --- | --- | --- | --- | --- |
| | | 乡镇名 | 平均生态效应价值 | 乡镇名 | 平均生态效应价值 | 乡镇名 | 平均生态效应价值 | 乡镇名 | 平均生态效应价值 |
| 澜沧县 | 13 | 南岭乡 | 39658.50 | 南岭乡 | 38270.70 | 南岭乡 | 40210.60 | 南岭乡 | 48019.30 |
| | 14 | 糯福乡 | 51459.90 | 糯福乡 | 48558.00 | 糯福乡 | 45519.70 | 糯福乡 | 53540.60 |
| | 15 | 糯扎渡镇 | 46248.80 | 糯扎渡镇 | 42476.40 | 糯扎渡镇 | 40817.10 | 糯扎渡镇 | 48875.10 |
| | 16 | 谦六乡 | 40736.30 | 谦六乡 | 35578.00 | 谦六乡 | 36507.90 | 谦六乡 | 42379.10 |
| | 17 | 上允镇 | 39156.20 | 上允镇 | 30598.80 | 上允镇 | 34679.10 | 上允镇 | 41291.70 |
| | 18 | 文东乡 | 41033.00 | 文东乡 | 35822.80 | 文东乡 | 37092.20 | 文东乡 | 44802.10 |
| | 19 | 雪林乡 | 46703.50 | 雪林乡 | 43175.50 | 雪林乡 | 43596.90 | 雪林乡 | 50608.10 |
| | 20 | 竹塘乡 | 40559.70 | 竹塘乡 | 39387.60 | 竹塘乡 | 39722.60 | 竹塘乡 | 48103.30 |

2000~2005 年，除了孟连县的富岩镇、景信乡以及西盟县的中课镇的平均生态效应价值有小幅上升之外，其他乡镇的生态效应价值都呈现下降趋势，孟连县的勐马镇、西盟县的中课镇、澜沧县的糯福乡的生态效应价值量最大；2005~2010 年，三县的生态效应价值变化出现分化，其中，孟连县和西盟县的每个乡镇的平均生态效应价值均表现为下降，澜沧县除了富邦乡、糯福乡、糯扎渡镇的平均价值量下降之外，其他乡镇都表现为增加；2010~2015 年，除西盟县岳宋乡外，西盟县和孟连县的所有乡镇平均生态效应价值均下降，但是澜沧县所有乡镇的生态效应价值量均上升。孟连县勐马镇、西盟县中课镇、澜沧县糯福乡单位面积生态效应价值量每年都保持县内最高。澜沧县糯福乡平均生态效应价值最高时在 2015 年达到 53540.60 元/hm²，是所有乡镇中生态效应价值最高的，而孟连县的景信乡的单位面积生态效应价值是最低的，仅为 17075.30 元/hm²。

总之，不同年份研究区生态效应价值的空间变化特征不尽相同，2000 年和 2005 年生态效应价值较高的区域分布在西南部和东南部；2010 年和 2015 年集中分布在东部和中部。2000~2005 年三县各乡镇的整体生态效应价值呈下降的趋势；2005~2015 年西盟县和孟连县的乡镇生态效应价值呈下降趋势，澜沧县各个乡镇的生态效应价值量整体呈上升趋势。

## 5.4.3 小结

随着工业化、城市化进程的加快，人类对自然环境的干预逐渐增强，例如城镇兴建、森林采伐、兴修水利、生物资源的开发利用等，土地利用方式的改变使整个地球陆地生态系统发生变化。研究选取了净初级生产力(NPP)、生态赤字/盈余、土壤保持量和生态系统服务价值为综合生态效应分析指标，基于各生态效应功能的物质量测算出普洱市三县各个生态效应指标的价值量及生态效应总价值量。

从时间变化看，2000~2015 年研究区生态价值总量呈先降后升的变化特点，15 年间，生态价值总量总体减少了 4.21 亿元。其中，植被 NPP 价值量、土壤保持价值量和生态系统服务价值呈增长趋势，分别净增加 10.78 亿元、103.17 亿元和 10.35 亿元。而生态盈余的价值量呈现下降趋势，净减少 128.51 亿元。生态盈余的价值量和生态系统服务价值对生态效应价值总量的贡献最大。

　　澜沧县生态价值总量最大，孟连县次之，最少的是西盟县。其中，孟连县的生态价值总量 15 年间下降最大，下降了 40.17%。生态盈余价值量下降最明显，下降了 40.49 亿元；其次是西盟县，下降了 19.96%。下降最多的也是生态盈余价值量，下降了 14.62 亿元；而澜沧县生态价值总量先降后升，上升了 10.48%。上升最大的是土壤保持价值量，上升了 94.62 亿元。

　　从空间变化看，2000 年和 2005 年西南地区生态效应价值较高，其次是东南地区。2010 年到 2015 年西部和西南部地区的生态效应价值逐渐下降，东部和中部相比 2010 年有所回升；到 2015 年，澜沧县整体生态效应价值大于西盟县和孟连县；不同年份，研究区各个乡镇的生态效应价值变化各异，前五年研究区各乡镇的整体生态效应价值呈下降的趋势；后十年西盟县和孟连县的各乡镇生态效应价值呈下降趋势，澜沧县各个乡镇的生态效应价值量整体呈上升趋势。

# 第三篇　桉树人工林引种的景观生态安全格局研究

# 第六章　桉树人工林引种区景观生态安全格局特征分析

以澜沧县、孟连县、西盟县三县为研究区，用景观格局指数分析 2000 年、2005 年、2010 年、2015 年景观格局特征，掌握不同时段生境状况及景观格局动态变化规律。

## 6.1　数据收集处理及研究方法

### 6.1.1　数据收集处理

1)数据收集

澜沧县、孟连县、西盟县三县 2000 年、2005 年、2010 年、2015 年四期遥感影像数据来源于地理空间数据云网站和遥感集市网站，所有遥感影像数据云量均小于 2%。其中 2000 年、2005 年和 2010 年遥感数据下载于地理空间数据云网站，空间分辨率为 30 m 的 LANDSAT TM 遥感数据，2015 年遥感数据下载于遥感集市网站，空间分辨率为 16 m 的高分 1 号遥感卫星；DEM 数据从地理空间数据云网站下载，空间分辨率为 30 m；从县林业局、国土局收集近年来桉树林的种植面积分布图和种植规划图、林相图、土地利用总体规划数据、土地利用更新数据；对土地利用现状、植被覆盖、海拔、坡度等生态环境状况进行野外考察，沿途采集 GPS 点，建立直观的影像与地面特征的对应关系，作为影像解译时选取训练样本的依据。

2)数据处理

(1)景观类型划分。以卫星遥感影像为信息源，根据遥感影像的光谱信息、野外考察数据、土地利用现状分类标准(GB/T 21010－2007)，结合研究区实际情况及研究需要，将研究区划分为水田、旱地、茶园、橡胶园、有林地、桉树林、灌木林、荒草地、建设用地、水域等 10 个景观类型，其中有林地包括常绿阔叶林、针叶林，水域包括河流水面、水库水面。

(2)遥感影像判读。确定了景观分类体系后，对遥感影像进行处理和解译。在解译前，首先对影像进行几何校正、波段合成、图像信息增强等初步处理；其次在实地野外调查的基础上，结合遥感数据光谱信息，参考研究区地形数据、林相图、土地利用变更数据、行政区相关数据，构建遥感解译标志，采用神经网络监督分类方法对研究区景观类型进行解译。对解译初步结果进行检验，Kappa 精度均在 80% 以上；最后将分类结果矢量化，采用人机交互方式检查错判、误判的斑块，并进行修改，由于解译的多边形数量过多，为了便于分析，将影像解译的最小斑块面积确定为 10000 m²(100 m×100 m)，分类结果见附图 14。

## 6.1.2　研究方法

采用景观格局指数分析研究区景观格局特征。

景观指数能够高度浓缩景观格局信息，是反映景观结构组成和空间配置某方面特征的简单定量指标，景观格局特征可以在三个层次上分析：①单个斑块(Individual Patch)；②由若干单个斑块组成的斑块类型(Patch Type 或 Class)；③包括若干斑块类型的整个景观镶嵌体(Landscape Mosaic)(邬建国，2007)。因此景观指数可以分为三个级别，分别代表三种不同的应用尺度：①斑块级别(Patch-Level)指数，反映景观中单个斑块的结构特征，也是计算其他景观级别指数的基础；②类型级别(Class-Level)指数，反映景观中不同斑块类型各自的结构特征；③景观级别(Landscape-Level)指数，反映景观的整体结构特征。现在尚无统一的标准来评价一个景观指数的优劣，及其适应性和可描述性的强弱。陈文波等(2002)认为对景观指数的评价至少应从 3 个方面考虑：①就单个指数而言，主要考虑它的提出有无完善的理论基础，能否较好地描述景观格局、反映格局与过程之间的联系；②就指数体系而言，体系中的各个景观指数除了要满足单个指数的要求，还要考虑相互独立性，即各指数是否从不同的侧面对景观格局进行描述；③就实际应用而言，要求景观指数不但有较强的纵向比较(相同景观，不同时期的景观指数的比较)能力，还要求它有较强的横向比较(相同时期，不同景观之间的比较)能力。此外，不同时期的景观格局对比时，必须先统一分辨率，还要考虑尺度(Scale)问题。

结合以上选择景观格局指数的要求，根据研究区的具体情况以及相关研究成果，指标选取如下(表 6-1)。

**表 6-1　选取的景观格局指数及其生态意义**

| 类别 | 景观指数 | 计算公式 | 生态学意义 | 值的范围 |
|---|---|---|---|---|
| 景观要素特征指数 | 斑块个数(NP) | $NP = N_i$ | 反映研究区景观的异质性和人类干扰强度。一般来说，斑块数目越大，景观的异质性越高，区域的破碎度越大，受人类干扰也越大 | $[1, +\infty)$ |
| | 斑块密度(PD) | $PD = N/A$ | 反映景观中类型级或景观级斑块的分化程度 | $(0, +\infty)$ |
| | 类型面积(CA) | $CA = \sum_{j=1}^{n} a_{ij}(1/10000)$ | 表示某个景观类型的面积大小，用来揭示斑块的数量均匀程度 | $(0, +\infty)$ |
| | 斑块平均面积(MPS) | $MPS = A/N$ | 反映该类景观要素斑块规模的平均水平，用于描述景观粒度，在一定意义上揭示景观破碎化程度 | $(0, +\infty)$ |
| | 景观形状指数(LSI) | $LSI = 0.25 E/A^{\frac{1}{2}}$ | 表征斑块形状的复杂程度。值越小，其形状也越"紧密"，反之越松散；值的变化反映人类活动对景观格局的影响 | $[1, +\infty)$ |

| 类别 | 景观指数 | 计算公式 | 生态学意义 | 值的范围 |
|---|---|---|---|---|
| 景观异质性指数 | 景观破碎度指数(FN) | $FN = \sum_{i=1}^{m} N_i / A$ | 表征景观被分割的破碎程度，也用于描述景观总体的破碎化程度。反映景观空间结构的复杂性和人类活动对景观结构的影响程度 | [0, 1] |
| | 聚集度指数(AI) | $AI = \left[ \dfrac{g_{ii}}{\max \to g_{ii}} \right] * 100$ | 反映景观中不同斑块间的非随机性或聚集程度，可表征景观组分集中连片的趋势。若景观由许多离散的小斑块组成，其聚集度值较小；反之，值较大 | [0, 100] |
| | 斑块结合度(COHESION) | $COHESION = \left[ 1 - \dfrac{\sum_{i=1}^{n} p_{ij}}{\sum_{i=1}^{n} p_{ij} \sqrt{a_{ij}}} \right] * \left[ 1 - \dfrac{1}{\sqrt{A}} \right]^{-1} * 100$ | 表征景观类型的空间连接度，值越大，说明景观的空间连通性越高 | [0, 100) |
| | 蔓延度指数(CONTAG) | $CONTAG = \left\{ 1 + \dfrac{\sum_{i=1}^{m} \sum_{k=1}^{m} \left[ (p_i)(g_{ik}/\sum_{k=1}^{m} g_{ik}) * \ln(p_i \cdot \sum_{k=1}^{m} g_{ik}) \right]}{2\ln(m)} \right\} *$ | 表征景观里不同斑块类型的团聚程度或延展趋势；用来反映景观中不同斑块类型的聚集程度和延展趋势及景观组分的空间配置特征 | [0, 100] |
| | 香农多样性指数(SHDI) | $SHDI = -\sum_{i=1}^{m} (p_i) * \lg(p_i)$ | 反映景观异质性 | [0, +∞) |
| | 香农均匀度指数(SHEI) | $SHEI = H / H_{max} * 100\%$ | 比较不同景观或同一景观不同时期多样性变化的重要指数 | [0, 1] |

注：$N$ 和 $N_i$ 为景观/景观类型 $i$ 的斑块个数；在计算基于景观水平的指数时 $A$ 为研究区景观总面积，在计算基于类别水平的指数时 $A$ 为某类景观的面积；$A_{ij}$ 为斑块面积；$E$ 为景观中斑块边界总长度；$P_{ij}$ 为第 $i$ 类景观类型第 $j$ 个斑块的周长，$p_i$ 是景观类型 $i$ 所占面积比例；$g_{ii}$ 是根据单一算法类型 $i$ 相邻的斑块数目；$g_{ik}$ 是相邻两个景观类型 $i$ 和 $k$ 的相邻像元个数；$H_{max}$ 为最大多样性指数，$H_{max} = \ln(m)$，$H$ 为多样性指数；$m$ 为景观类型个数。

## 6.2 西盟县、孟连县、澜沧县景观生态安全格局分析

### 6.2.1 景观基本特征分析

**1. 景观结构**

2000～2015 年有林地、旱地、灌木林是研究区的主要景观类型。其中 2000 年、2005 年、2010 年和 2015 年有林地景观在研究区景观类型中一直是面积最大的，分别占研究区总面积的 55.63%、59.55%、57.73% 和 58.07%，15 年间增加了 29040 hm²（图 6-1、表 6-2）。由此可见，有林地景观构成了研究区的景观基质，说明有林地景观在研究区景观结构中的重要地位以及在整个区域社会经济发展中的重要作用，有林地的保护对保障区域生态安全极其重要；耕地资源以旱地为主，水田面积较少。15 年来旱地一直呈减少趋势，减少了 103841 hm²，到 2015 年旱地占研究区总面积 13.13%。水田面积变化很小，总体上呈减少趋势，减少了 109 hm²，2015 年水田占研究区总面积 1.7849%；灌

木林面积居第三，15 年来灌木林一直呈减少趋势，减少了 41991 hm²，到 2015 年灌木林占研究区总面积 7.68%（图 6-1、表 6-2）；荒草地分布也较多，15 年来荒草地面积先减后增，由于修建东西和南北主要公路，以及水电站、飞机场的建设，周边有些耕地、灌木林和有林地变成荒草地，因此到 2015 年荒草地面积反而增加了 26058 hm²，占研究区总面积的 9.42%（图 6-1、表 6-2）。

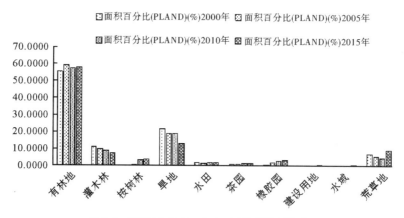

图 6-1　研究区 2000～2010 年景观类型构成

研究区光照充足，气候湿润，适宜种植桉树、橡胶园、茶园等人工经济园林。15 年来桉树种植面积呈上升趋势，增加了 42416 hm²，2000 年、2005 年、2010 年和 2015 年分别占研究区总面积的 0.0551%、0.6193%、3.3285% 和 3.6258%；橡胶园面积也呈上升趋势，增加了 32109 hm²，2000 年、2005 年、2010 年和 2015 年分别占研究区总面积的 0.8221%、1.8565%、2.922% 和 3.5252%；茶园面积呈增加趋势，增加了 5262 hm²，2000 年、2005 年、2010 年和 2015 年分别占研究区总面积的 1.0846%、1.2847%、1.5522% 和 1.5276%（图 6-1、表 6-2）。

建设用地和水域面积很少，以嵌块形式零星分布，但是 15 年来建设用地和水域面积一直呈增加趋势，分别增加了 2629 hm² 和 8427 hm²。2000 年、2005 年、2010 年和 2015 年建设用地占研究区的总面积分别为 0.21%、0.23%、0.28% 和 0.43%，而水域占研究区总面积分别为 0.09%、0.11%、0.15% 和 0.80%（图 6-1、表 6-2）。

综上所述，2000～2015 年有林地、旱地、灌木林是研究区的主要景观类型，各景观类型面积分布极不平衡，有林地所占面积一直最大，是研究区的景观基质。15 年间，桉树林地、橡胶园、有林地、荒草地、水域、茶园、建设用地面积增加，其中桉树林面积增加最多，与 2003 年大量引种桉树有关，而旱地、灌木林、水田面积减少，旱地面积减少最多，与退耕还林政策的实施及桉树占用有关。

**2. 景观要素特征**

斑块面积、数量及形状是描述区域景观要素特征最基本的指数。本研究选取斑块个数（NP）、斑块密度（PD）、斑块平均面积（MPS）及景观形状指数（LSI）描述景观要素的基本特征、被分割的破碎化程度及景观空间结构的复杂性。斑块个数（NP）反映景观的空间格局,与景观的破碎度有很好的正相关性,斑块数越多,破碎度越高,反之,斑块数越少破碎度越低;斑块密度(PD)可以反映景观中类型级或景观级斑块的分化程度,斑块密度越大,景观斑块的分化程度越高,越破碎,反之分化程度低;斑块平均面积(MPS)可以指征景观的破碎程度,值越小,景观越破碎;景观形状指数(LSI)表征斑块形状的复杂程度,其值的变化可反映人类活动对景观格局的影响,值越小,斑块形状越规则,反之,形状越复杂,越不规则。

2000~2015 年,景观水平上的斑块总数和斑块密度变小,分别从 2000 年的 58445 个和 0.0492 个/hm² 减少到 2015 年的 45319 个和 0.0381 个/hm²。而平均斑块面积则变大,分别从 2000 年的 20.3247 hm² 增加到 2015 年的 26.2143 hm²,说明研究区景观破碎程度降低(表 6-2)。

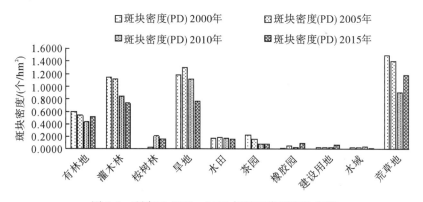

图 6-2 研究区 2000~2015 年景观类型斑块密度

从景观类型斑块密度看,2000 年、2005 年、2010 年和 2015 年各景观类型斑块密度由大到小为:荒草地＞旱地＞灌木林＞有林地＞茶园＞水田＞建设用地＞水域＞橡胶园＞桉树林、荒草地＞旱地＞灌木林＞有林地＞水田＞茶园＞橡胶园＞建设用地＞水域＞桉树林、旱地＞荒草地＞灌木林＞有林地＞桉树林＞水田＞茶园＞建设用地＞橡胶园＞水域和荒草地＞旱地＞灌木林＞有林地＞桉树林＞水田＞橡胶园＞茶园＞建设用地＞水域。总体上,2015 年荒草地、旱地、灌木林、有林地、水田的斑块密度大,斑块数目较多,景观较为破碎;橡胶园、桉树林、茶园集中连片种植,斑块数少,斑块密度小,景观破碎程度低;建设用地、水域面积小,人类活动、自然条件对其影响明显,斑块密度最小(图 6-2)。

从平均斑块面积看,2000 年、2005 年、2010 年和 2015 年各景观类型平均斑块面积由大到小排序分别为:有林地＞橡胶园＞桉树林＞旱地＞水田＞灌木林＞建设用地＞茶园＞荒草地＞水域、有林地＞橡胶园＞桉树林＞旱地＞水田＞灌木林＞茶园＞建设用地＞荒草地＞水域、有林地＞橡胶园＞茶园＞旱地＞桉树林＞灌木林＞水田＞建设用地＞荒草地＞水域和有林地＞水域＞橡胶园＞桉树林＞茶园＞旱地＞水田＞灌木林＞建设用地＞荒草地。总体上,有林地是研究区 2000~2015 年平均斑块面积最大的景观类型,连通性好;橡胶园、桉树林、茶园由于种植较集中连片,有较大的平均斑块面积和较小的斑块密度,所以连通性也较好;耕地、水田斑块数量多,密度大,平均斑块面积较小,连通性较差;灌木林、建设用地、荒草地斑块数量多、分散且平均斑块面积小,连通性很差；水域 2000～2010 年面积很少，空间分布又较为分散，平均斑块面积较小，连通性差。但是 2010～2015 年新建了 6 座水库，包括孟连县的东密、糯董 2 座水库，西盟县的班岳、永不落 2 座水库，澜沧县的南丙河、南掌河 2 座水库，使水域的面积快速增加，空间分布集中，水域斑块平均面积也随之变大，连通性快速提高(图 6-3)。

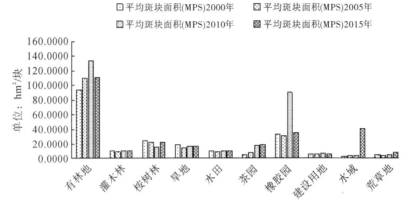

图 6-3　研究区 2000～2015 年景观类型平均斑块面积

从景观形状指数看，2000 年、2005 年、2010 年和 2015 年各景观类型的景观形状指数由大到小排序为：荒草地＞旱地＞灌木林＞有林地＞茶园＞水田＞橡胶园＞建设用地＞水域＞桉树林、旱地＞灌木林＞荒草地＞有林地＞水田＞茶园＞橡胶园＞桉树林＞建设用地＞水域、旱地＞灌木林＞荒草地＞有林地＞桉树林＞水田＞茶园＞橡胶园＞建设用地＞水域和荒草地＞旱地＞灌木林＞有林地＞桉树林＞水田＞茶园＞橡胶园＞建设用地＞水域。总体上，荒草地、旱地、灌木林、有林地景观形状指数较大，荒草地、灌木林、有林地空间上分布较为偏僻，受人类活动干扰较少，形状比较复杂；旱地景观比较特殊，虽然受人类活动的干扰很大，但研究区地处山区，复杂的地形造就了旱地形状不规则；桉树、茶园、橡胶园受人类干扰较大，通常呈连片集中布置，因此形状较规则；建设用地、水域受人类活动、自然条件影响最为突出，形状最规则(图 6-4)。

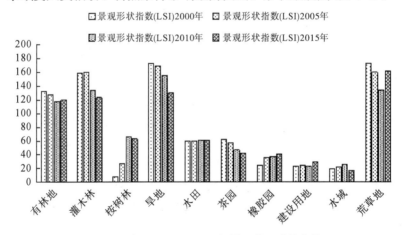

图 6-4　研究区 2000～2015 年景观类型形状指数

**表 6-2　研究区 2000～2015 年景观基本特征指数**

| 景观类型 | 年份 | 斑块数目(NP)/块 | 斑块密度(PD)/(块/hm²) | 类型面积(CA)/hm² | 面积百分比(PLAND)/% | 平均斑块面(MPS)/hm²/块 | 景观形状指数(LSI) |
|---|---|---|---|---|---|---|---|
| 有林地 | 2000 | 7053 | 0.5937 | 660790 | 55.6278 | 93.6892 | 131.5271 |
| | 2005 | 6414 | 0.5400 | 707415 | 59.5529 | 110.2923 | 126.8015 |
| | 2010 | 5129 | 0.4318 | 685716 | 57.7262 | 133.6939 | 117.0392 |
| | 2015 | 6196 | 0.5216 | 689830 | 58.0725 | 111.3347 | 119.2443 |
| 灌木林 | 2000 | 13576 | 1.1429 | 133266 | 11.2188 | 9.8163 | 158.0397 |
| | 2005 | 13339 | 1.1229 | 117628 | 9.9024 | 8.8184 | 160.0991 |
| | 2010 | 10021 | 0.8436 | 105364 | 8.8699 | 10.5143 | 133.7615 |
| | 2015 | 8693 | 0.7318 | 91275 | 7.6839 | 10.4998 | 122.8512 |
| 桉树林 | 2000 | 27 | 0.0023 | 654 | 0.0551 | 24.2222 | 7.8846 |
| | 2005 | 338 | 0.0285 | 7357 | 0.6193 | 21.7663 | 26.3605 |
| | 2010 | 2485 | 0.2092 | 39538 | 3.3285 | 15.9107 | 66.0905 |
| | 2015 | 1940 | 0.1633 | 43070 | 3.6258 | 22.2010 | 62.6346 |
| 旱地 | 2000 | 14034 | 1.1814 | 259868 | 21.8767 | 18.5170 | 171.9343 |
| | 2005 | 15415 | 1.2977 | 224926 | 18.9351 | 14.5914 | 168.4731 |
| | 2010 | 13226 | 1.1134 | 223827 | 18.8426 | 16.9233 | 154.6969 |
| | 2015 | 9132 | 0.7688 | 156027 | 13.1349 | 17.0857 | 128.9140 |
| 水田 | 2000 | 2150 | 0.1810 | 21312 | 1.7941 | 9.9126 | 59.8562 |
| | 2005 | 2200 | 0.1852 | 20785 | 1.7498 | 9.4477 | 59.6817 |
| | 2010 | 2076 | 0.1748 | 21355 | 1.7977 | 10.2866 | 60.5563 |
| | 2015 | 2013 | 0.1695 | 21203 | 1.7849 | 10.5330 | 60.7705 |
| 茶园 | 2000 | 2726 | 0.2295 | 12884 | 1.0846 | 4.7263 | 61.2851 |
| | 2005 | 1951 | 0.1642 | 15261 | 1.2847 | 7.8221 | 57.2540 |
| | 2010 | 1037 | 0.0873 | 18438 | 1.5522 | 17.7801 | 46.3456 |
| | 2015 | 960 | 0.0808 | 18146 | 1.5276 | 18.9021 | 42.1778 |
| 橡胶园 | 2000 | 300 | 0.0253 | 9766 | 0.8221 | 32.5533 | 23.9192 |
| | 2005 | 716 | 0.0603 | 22053 | 1.8565 | 30.8003 | 35.1074 |
| | 2010 | 386 | 0.0325 | 34710 | 2.9220 | 89.9223 | 36.7426 |
| | 2015 | 1187 | 0.0999 | 41875 | 3.5252 | 35.2780 | 41.0732 |
| 建设用地 | 2000 | 451 | 0.0380 | 2445 | 0.2058 | 5.4213 | 23.2727 |
| | 2005 | 439 | 0.0370 | 2701 | 0.2274 | 6.1526 | 23.8846 |
| | 2010 | 449 | 0.0378 | 3344 | 0.2815 | 7.4477 | 23.0259 |
| | 2015 | 855 | 0.0720 | 5074 | 0.4271 | 5.9345 | 29.4965 |

续表

| 景观类型 | 年份 | 斑块数目<br>(NP)/块 | 斑块密度(PD)<br>/(块/hm²) | 类型面积<br>(CA)/hm² | 面积百分比<br>(PLAND)/% | 平均斑块面<br>(MPS)/hm²/块 | 景观形状<br>指数(LSI) |
|---|---|---|---|---|---|---|---|
| 水域 | 2000 | 343 | 0.0289 | 1023 | 0.0861 | 2.9825 | 19.8594 |
| | 2005 | 388 | 0.0327 | 1291 | 0.1087 | 3.3273 | 21.9722 |
| | 2010 | 499 | 0.0420 | 1776 | 0.1495 | 3.5591 | 25.6353 |
| | 2015 | 231 | 0.0194 | 9450 | 0.7955 | 40.9091 | 17.3897 |
| 荒草地 | 2000 | 17785 | 1.4972 | 85869 | 7.2288 | 4.8282 | 172.1993 |
| | 2005 | 16644 | 1.4012 | 68460 | 5.7632 | 4.1132 | 159.2443 |
| | 2010 | 10784 | 0.9078 | 53809 | 4.5298 | 4.9897 | 132.8103 |
| | 2015 | 14107 | 1.1876 | 111927 | 9.4224 | 7.9341 | 160.7687 |

## 6.2.2 景观异质性分析

**1. 景观破碎度**

生境破碎化是现存景观的一个重要特征，也是景观异质性的一个重要组成。景观破碎度指数用于表征景观被分割的破碎程度，也用于描述景观总体的破碎化程度，反映景观空间结构的复杂性和人类活动对景观结构的影响程度。

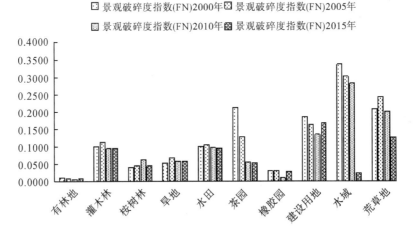

图 6-5　研究区 2000～2015 年景观类型破碎度指数

2000 年、2005 年、2010 年和 2015 年景观水平上破碎度指数分别为 0.0492、0.0487、0.0388 和 0.0381(表 6-3)，表明研究区整体景观的连通性较好，破碎化程度偏低，随时间变化破碎化程度越来越低。2000 年、2005 年、2010 年和 2015 年各景观类型破碎度指数由大到小排序分别为：水域>茶园>荒草地>建设用地>灌木林>水田>旱地>桉树林>橡胶林>有林地，水域>荒草地>建设用地>茶园>灌木林>水田>旱地>桉树林>橡胶林>有林地，水域>荒草地>建设用地>水田>灌木林>桉树林>旱地>茶园>橡胶林>有林地和荒草地>建设用地>灌木林>水田>旱地>茶园>桉树林>

橡胶林＞水域＞有林地(图 6-5)。总体上,2000~2015 年荒草地、建设用地、灌木林景观破碎度指数较大,景观破碎程度严重,是因该类景观斑块密度大、平均斑块面积小所致;有林地、橡胶园、桉树林大面积连片,景观类型破碎化程度小,斑块连通性好,茶园、水域随时间变化斑块连通性也有所提高,相比之下,水田、旱地由于其受人类活动的干扰较强,破碎化程度较严重。

## 2. 景观聚集度与连通性

选择蔓延度指数(CONTAG)、聚集度指数(AI)、斑块结合度指数(COHESION)反映研究区景观类型的分布状况。

表 6-3　研究区 2000~2015 年景观类型异质性指数

| 景观类型 | 年份 | 斑块结合度(COHESION) | 聚集度指数(AI) | 景观破碎度指数(FN) |
|---|---|---|---|---|
| 有林地 | 2000 | 99.7989 | 83.9209 | 0.0107 |
| | 2005 | 99.9108 | 85.0176 | 0.0091 |
| | 2010 | 99.9005 | 85.9629 | 0.0075 |
| | 2015 | 99.9070 | 85.7386 | 0.0090 |
| 灌木林 | 2000 | 89.5508 | 56.8113 | 0.1019 |
| | 2005 | 88.2157 | 53.4715 | 0.1134 |
| | 2010 | 90.1936 | 58.9224 | 0.0951 |
| | 2015 | 89.2843 | 59.4823 | 0.0952 |
| 桉树林 | 2000 | 85.9027 | 71.4968 | 0.0413 |
| | 2005 | 90.0878 | 70.0041 | 0.0459 |
| | 2010 | 88.9713 | 67.0734 | 0.0629 |
| | 2015 | 89.1651 | 70.0901 | 0.0450 |
| 旱地 | 2000 | 97.3164 | 66.3876 | 0.0540 |
| | 2005 | 95.2654 | 64.5955 | 0.0685 |
| | 2010 | 95.4619 | 67.4169 | 0.0591 |
| | 2015 | 94.2312 | 67.4937 | 0.0585 |
| 水田 | 2000 | 84.8287 | 59.4019 | 0.1009 |
| | 2005 | 83.7339 | 58.9181 | 0.1058 |
| | 2010 | 84.0978 | 58.8608 | 0.0972 |
| | 2015 | 84.0509 | 58.5577 | 0.0949 |
| 茶园 | 2000 | 71.5137 | 46.1825 | 0.2116 |
| | 2005 | 78.2083 | 53.9176 | 0.1278 |
| | 2010 | 87.0124 | 66.3042 | 0.0562 |
| | 2015 | 87.6980 | 69.1355 | 0.0529 |

续表

| 景观类型 | 年份 | 斑块结合度(COHESION) | 聚集度指数(AI) | 景观破碎度指数(FN) |
|---|---|---|---|---|
| 橡胶园 | 2000 | 94.2323 | 76.5284 | 0.0307 |
| | 2005 | 96.5998 | 76.7988 | 0.0325 |
| | 2010 | 98.5939 | 80.6914 | 0.0111 |
| | 2015 | 98.4352 | 80.2856 | 0.0283 |
| 建设用地 | 2000 | 73.2204 | 53.9762 | 0.1845 |
| | 2005 | 74.4565 | 55.0774 | 0.1625 |
| | 2010 | 82.3733 | 61.1229 | 0.1343 |
| | 2015 | 80.4835 | 59.2704 | 0.1685 |
| 水域 | 2000 | 63.8819 | 39.1019 | 0.3353 |
| | 2005 | 64.4363 | 39.8406 | 0.3005 |
| | 2010 | 65.9367 | 39.6020 | 0.2810 |
| | 2015 | 98.5518 | 82.9137 | 0.0244 |
| 荒草地 | 2000 | 71.1109 | 41.2834 | 0.2071 |
| | 2005 | 67.2785 | 39.2064 | 0.2431 |
| | 2010 | 70.1974 | 42.9233 | 0.2004 |
| | 2015 | 81.7287 | 52.0373 | 0.1260 |

蔓延度指数描述的是景观层面不同斑块类型的团聚程度或延展趋势。一般来说,高蔓延度值说明景观中的某种优势斑块类型形成了良好的连接性;反之则表明景观具有多种要素的密集格局,破碎化程度较高。蔓延度指数只能反映整体景观的团聚程度,不能反映各景观类型的团聚程度,各景观类型的团聚程度可通过聚集度指数(AI)反映。2000年、2005年、2010年和2015年研究区整体景观的蔓延度指数分别为53.1969、53.8373、52.3163和50.5147(表6-4),表明景观中不同斑块类型的团聚性一般,是构成要素较多的一种密集格局,整体景观的蔓延度指数随时间变化而变小,各景观类型的团聚程度加重。

聚集度指数(AI)反映同一景观类型中不同斑块之间的非随机性或聚集程度,可反映景观组分的空间配置特征。AI值大,说明斑块类型的聚集度较高,当斑块类型高度聚集成一个单一而紧密的斑块,AI值等于100。2000年、2005年、2010年和2015年景观斑块的聚集度分别为72.9446、74.1676、76.4059和76.5152(表6-4)。综合来看,研究区景观斑块聚集度值相对较高,表明整体景观分布较集中,2000~2015年研究区景观斑块聚集度值随时间变化而变大,各景观类型分布越来越集中。

从各景观类型聚集度值看,2000年、2005年、2010年和2015年各景观类型聚集度值由大到小顺序分别为:有林地>橡胶林>桉树林>旱地>水田>灌木林>建设用地>茶园>荒草地>水域、有林地>橡胶林>桉树林>旱地>水田>建设用地>茶园>灌木林>水域>荒草地、有林地>橡胶林>旱地>桉树林>茶园>建设用地>灌木林>水田>荒草地>水域和有林地>橡胶林>水域>桉树林>茶园>旱地>灌木林>建设用地>

水田＞荒草地(图6-6)。总体上，2000～2015年有林地聚集度值最高，这与有林地面积多、平均斑块面积大、空间分布集中有关；橡胶园、桉树林集中连片种植，有较高的集聚度；茶园、水域随时间变化集聚度也有所提高；旱地、水田、建设用地等景观与人类活动关系密切，聚集度较低，分布较为分散，与研究区城乡居民点小聚居、大散居的分布格局有很大的相关性；灌木林、荒草地斑块数量少，空间分布分散，因此聚集度低。

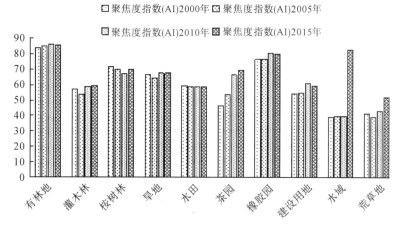

图6-6 研究区2000～2015年景观类型聚集度指数

斑块结合度指数(COHESION)表征景观斑块类型的空间连接度，其取值范围为[0，100]，值越大，表明景观类型空间连通性越高，值越小，表明景观类型空间连通性越差。2000年、2005年、2010年和2015年研究区景观斑块结合度分别为99.2945、99.5897、99.5645和99.5900(表6-4)，表明研究区景观整体水平空间连通性好，2000～2015年间景观连通性整体上有所提高。

2000年、2005年、2010年和2015年研究区各景观类型斑块结合度指数值由大到小顺序分别为：有林地＞旱地＞橡胶园＞灌木林＞桉树林＞水田＞建设用地＞茶园＞荒草地＞水域、有林地＞橡胶园＞旱地＞桉树林＞灌木林＞水田＞茶园＞建设用地＞荒草地＞水域、有林地＞橡胶园＞旱地＞灌木林＞桉树林＞茶园＞水田＞建设用地＞荒草地＞水域和有林地＞水域＞橡胶园＞旱地＞灌木林＞桉树林＞茶园＞水田＞荒草地＞建设用地(图6-7)。总体来看，林地斑块结合度最高，斑块连通性最好，橡胶园、旱地、灌木林、桉树林斑块连通性较好，水域、茶园随着时间变化斑块连通性变高，水田、建设用地、荒草地由于斑块数目小，斑块结合度较低，分布相对分散。

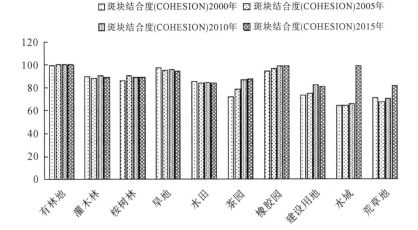

图 6-7 研究区 2000~2015 年景观类型斑块结合度

### 3. 景观均匀性

景观均匀性是指景观在结构、功能及时间变化方面的均衡程度，它揭示了景观的复杂程度。本研究选用香农多样性指数（SHDI）、香农均匀度指数（SHEI）表征区域景观均衡性。具体数值见表 6-4。

香农多样性指数（SHDI）能反映景观异质性，特别对景观中各斑块类型非均衡分布状况较为敏感，即强调稀有斑块类型对信息的贡献。SHDI＝0 表明整个景观仅由一个斑块组成。SHDI 增大，说明斑块类型增加或各斑块类型在景观中呈均衡化趋势分布；香农均匀度指数（SHEI）也是比较不同景观或同一景观不同时期多样性变化的一个有用指数。其取值范围为 [0，1]，SHEI＝0 表明景观仅由一种斑块组成，优势度较高，无多样性，可以反映出景观受到一种或少数几种优势斑块类型所支配。SHEI＝1 表明各斑块类型均匀分布，有最大多样性，优势度低，表明景观中没有明显的优势类型且各斑块类型在景观中均匀分布。2000 年、2005 年、2010 年和 2015 年研究区香农多样性指数分别为 1.2777、1.2707、1.3664 和 1.4377，表明研究区的景观异质性和多样性较高，且随时间变化多样性有所提高；2000 年、2005 年、2010 年和 2015 年香农均匀度指数分别为 0.5549、0.5519、0.5934 和 0.6244，趋近于 1，表明景观优势度不高，景观类型分布较均匀，随时间变化，景观分布变得更均匀。

表 6-4　研究区 2000~2015 年景观水平的异质性指数

| 景观指数 | 年份 | 景观破碎度指数（FN） | 聚集度指数（AI） | 蔓延度指数（CONTAG） | 斑块结合度（COHESION） | 香农多样性指数（SHDI） | 香农均匀度指数（SHEI） |
|---|---|---|---|---|---|---|---|
| 指数值 | 2000 | 0.0492 | 72.9446 | 53.1969 | 99.2945 | 1.2777 | 0.5549 |
| | 2005 | 0.0487 | 74.1676 | 53.8373 | 99.5897 | 1.2707 | 0.5519 |
| | 2010 | 0.0388 | 76.4059 | 52.3163 | 99.5645 | 1.3664 | 0.5934 |
| | 2015 | 0.0381 | 76.5152 | 50.5147 | 99.5900 | 1.4377 | 0.6244 |

# 6.3　小结

1）研究区景观结构

①2000～2015 年有林地、旱地、灌木林是研究区的主体景观类型，有林地是研究区的景观基质。②15 年间桉树林、橡胶园、有林地、荒草地、水域、茶园、建设用地面积增加，桉树林面积增加最多；旱地、灌木林、水田面积减少，旱地面积减少最多。③15 年间各景观类型面积变化值由大到小顺序为：旱地＞桉树林＞灌木林＞橡胶园＞有林地＞荒草地＞水域＞茶园＞建设用地＞水田。

2）景观要素特征

①景观斑块密度。2000～2015 年，研究区景观水平上的斑块总数和斑块密度变小，景观破碎程度变低。其中荒草地、旱地、灌木林、有林地、水田的斑块密度大，景观较为破碎；橡胶园、桉树林、茶园斑块密度小，景观破碎程度低；建设用地、水域斑块密度最小，景观破碎程度最低。②景观平均斑块面积。2000～2015 年，有林地的平均斑块面积最大，连通性好；橡胶园、桉树林和茶园的平均斑块面积较大，连通性较好；耕地、水田平均斑块面积较小，连通性较差；灌木林、建设用地、荒草地平均斑块面积小，连通性很差；水域 2000～2010 年平均斑块面积较小，连通性差，但是 2010～2015 年由于新建 6 座水库，水域斑块平均面积变大，连通性快速提高。③景观形状指数。2000～2015 年，荒草地、灌木林、有林地景观形状指数大，形状不规则；旱地、水田景观形状指数较大，形状较不规则；桉树、茶园、橡胶园景观形状指数小，形状较规则；建设用地、水域景观形状指数最小，形状最规则。

3）景观破碎度

2000～2015 年，从景观水平上看，破碎化程度偏低，且随时间变化破碎化程度越来越低。从景观类型上看，15 年间荒草地、建设用地、灌木林景观破碎度指数较大，景观破碎程度严重；有林地、橡胶园、桉树林景观类型破碎度指数小，斑块连通性好；茶园、水域随时间变化斑块破碎度程度迅速降低，相比之下，水田、旱地破碎化程度较重。从景观类型随时间变化的破碎程度看，15 年间桉树林、旱地景观破碎度指数变大，景观破碎程度加重，灌木林、有林地、水域、荒草地、橡胶园、茶园、建设用地景观破碎度指数变小，景观破碎程度减轻。

4）景观聚集度与连通度

①景观蔓延度指数。2000～2015 年，景观水平上不同斑块类型的团聚性一般，是构成要素较多的一种密集格局，整体景观的蔓延度指数随时间变化而变小，各景观类型的团聚程度加重。②景观聚集度指数。2000～2015 年，景观水平上斑块聚集度值相对较高，整体景观分布较集中，景观斑块聚集度值随时间推移而变大，各景观类型分布越来越集中。从各景观类型聚集度看，15 年间有林地聚集度最高；橡胶园、桉树林有较高的聚集度；茶园、水域随时间变化聚集度也有所提高；旱地、水田、建设用地景观聚集度较低；灌木林、荒草地聚集度低。③景观斑块结合度指数。2000～2015 年，研究区景观水平上斑块结合度指数较高，景观连通性好，连通性随时间变化整体上有所提高。从各

景观类型斑块结合度看，林地斑块结合度最高，斑块连通性最好；橡胶园、旱地、灌木林、桉树林斑块连通性较好；水域、茶园随着时间变化斑块连通性变高；水田、建设用地、荒草地斑块结合度较低，分布相对分散。

5）景观均匀度

2000～2015年研究区景观水平上异质性和均衡性较高，景观类型分布较均匀，随时间变化，景观分布变得更均匀。

# 第七章 西盟县、孟连县、澜沧县桉树人工林引种的景观生态安全格局设计

## 7.1 研究目的

桉树人工林的引种改变了原有的生态系统，如果桉树人工林取代的是原生植被或具有原生性质的植被，当地的植物区系和动物区系都会受到影响，这些影响主要是荫蔽、竞争养分和水分、立地干扰以及发生于土壤内的累积性变化的影响。建立生态安全格局可以使全局或局部景观中的生态过程在物质、能量的传输和利用上达到高效，对生物多样性保护和景观改变有重要意义，在一定安全水平上最大限度地避免可能带来的危机和变化。鉴于桉树引种在我国发展速度快、面积大的特点，为了处理好保护与发展的关系，桉树引种必须考虑生态安全格局，注意保护原生植被和具有原生性质的植被，同时还要注意桉树人工林种植与原生植被的空间关系，避免和减轻引种产生的负面效应。

引种桉树林对生态环境的作用，在很大程度上依赖于它在景观中的位置以及它与原生植被斑块的嵌块格局(孟庆繁，2006；Friend，1982；Recher et al.，1987)。因此桉树引种区景观生态安全格局设计，主要研究桉树林生态系统与原生植被生态系统之间的空间格局，研究与其他生态系统在空间上的关系，解决如何从桉树林获取大量木材或其他林产品的同时，维持或改善当地生态系统，寻求地区经济发展和景观水平上生物多样性保护的平衡点，从而实现作为外来树种的桉树人工林的可持续经营。

本研究以普洱市西盟县、孟连县、澜沧县为研究案例区，研究桉树人工林引种的景观生态安全格局。桉树人工林的引种使研究区景观类型发生了很大改变，原有的生态系统也随之发生了变化。如果桉树人工林取代荒草地，虽然提高了土地利用率，但由于荒草地自然环境条件相对较差，要保证桉树人工林的正常生长就必须加大投入力度，经济效益受到影响；如果桉树人工林取代灌木林、针叶林和常绿阔叶林，虽然增加了经济效益，但是物种多样的天然林变成了物种单一的人工林，桉树人工林通过荫蔽、竞争养分和水分、立地干扰等使当地植物区系和动物区系受到影响，造成林地质量下降，改变了原有生态系统物质与能量的流动；如果桉树人工林取代旱地，由于旱地土质肥沃，桉树生长良好，管护成本降低，经济效益提高，但是耕地面积减少，粮食产量降低，农业发展受到影响。加之桉树对地力消耗快，群落结构简单，而且在桉树人工林周围常伴生有大量飞机草、紫茎泽兰等有害物种，对区域生态安全构成了威胁，生态效益降低。

由此可知，桉树林的引种需要考虑桉树生长的适宜性及各类景观的生态功能。为了保护区域生物多样性、处理好保护与发展的关系，减少桉树种植对天然林景观及其他景观的不利影响，最大限度地发挥桉树人工林在推动地区经济发展中的作用，桉树不能引

种在生态公益林区、常绿阔叶林分布区、基本农田保护区、居民点及建设用地分布区、水域、水土流失极敏感区和不适宜桉树生长区。要注意原生植被和具有原生性质植被的保护和发展，考虑桉树人工林生态系统与其他生态系统在景观空间上的合理布局，建立桉树引种区的景观生态安全格局，寻求经济发展与景观水平上生物多样性保护的平衡点，实现外来树种桉树人工林的可持续经营。

## 7.2　数据来源及研究方法

### 7.2.1　数据来源及处理

　　研究采用的数据主要包括购买的研究区四景 CBERS-Ⅱ卫影像图（2010 年 1 月），金光公司提供的桉树种植规划图（2003～2005 年），中国科学院计算机网络信息中心提供的DEM（1∶5万）数据，海拔和从 DEM 数据中提取的坡度数据；普洱市国土局、林业局、环保局和水文局提供了土地覆被数据、普洱市林种规划图、水土流失敏感区图、基本农田保护规划图、土壤类型分布图和水系图；三县气象局提供了 33 个气象站点降水量数据，基于降水数据进行内插得到降水分布图；根据这些数据及 GPS 野外采样结果，对研究区遥感影像进行处理和解译，判读出 12 个景观类型。所有空间数据均通过投影变换、格式转换等数据预处理。

### 7.2.2　技术路线及研究方法

**1. 技术路线**

　　研究整合了 GIS 空间分析技术、最小累积阻力（MCR）模型与加权叠加方法，建立阻力面以构建景观生态安全格局，对现有桉树林分布的合理性进行评价。①基于 GIS 技术和 MCR 模型建立"源"扩展的阻力面；②识别源、廊道、辐射道、战略点等景观生态安全格局组分，划分重点生态保护区、生态缓冲区、生态过渡区、生态边缘区、农业耕作区、人类生产生活区等生态功能区；③确定桉树可种植区，建立不同安全水平的景观生态安全格局；④基于构建的桉树引种区景观生态安全格局，评价现有桉树林分布的合理性。技术路线见图 7-1。

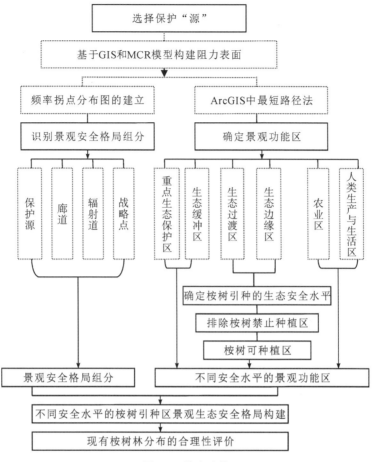

图 7-1　技术路线

## 2. 研究方法

研究以"集中与分散相结合"和"斑块－廊道－基质模式"为理论依据，基于最小累积阻力模型（MCR），确定和识别研究区各景观安全格局组分，包括保护"源"的确定，廊道、战略点及辐射道的识别，划分景观功能区，确定桉树可种植区，进而构建研究区桉树林引种的景观生态安全格局，其中组分的识别是研究的关键。

1)"源"的确定

"源"是乡土物种的栖息地，是物种扩散和维持的源点，在大多数情况下，把需要保护的对象作为"源"。源的选择应该具有代表性，并能充分反映保护区的生境要求，可以由被保护的物种或现存的生境构成（吴昌广等，2009），能充分反映研究区的多种生境特点。对于整体性生物多样性的保护来说，能为目标物种提供栖息环境、满足种群生存基本条件，以及有利于物种向外扩散的资源斑块，可以称为"源"景观（陈利顶等，2006），也可以将生物多样性相对丰富的地区作为保护"源"。对于研究区整体的景观类型来说，它可以是受人类干扰较少或不受干扰的较大成片自然景观斑块，或者是自然保护区、风景区等。研究以生态系统为中心强调对景观和自然栖息地的整体保护，保护物种所生存的生态系统和景观，以保护生物多样性，因此选择原生植被或具有原生性质的植被作为保护"源"。

2)阻力面的建立

生物的空间运动和栖息地的维护需要克服景观阻力来完成。所以，阻力面（流动表面）反映了生物扩散和维持的动态，是识别景观安全格局组分和划分景观功能区的重要依据。用理论地理学中的表面模型——最小累积阻力模型来建立阻力面。最小累积阻力（Minimum Cumulative Resistance，MCR）表示从"源"到最近目标的累积费用距离，该模型综合考虑了源、距离和景观基面特征三个因素。基本公式如下：

$$MCR = f_{min} \sum_{j=n}^{i=m} (D_{ij} \times R_i) \qquad (7\text{-}1)$$

这一公式根据 Knaapen 等的模型和地理信息系统中常用的费用距离（Cost Distance）得来。其中 $f$ 是某未知的正函数，反映空间中任一点的最小阻力与其所穿越的某景观的基面 $i$ 的空间距离和景观基面特征的正相关关系；$D_{ij}$ 和 $R_i$ 是物种从源 $j$ 穿越某景观的基面 $i$ 到达某一点的空间距离和阻力值。尽管函数 $f$ 通常是未知的，但（$D_{ij} \times R_i$）之累积值可以被认为是物种从源到空间某一点的某一路径的相对易达性的衡量（Knaapen et al.，1992；俞孔坚，1999），其中从所有源到该点阻力的最小值被用来衡量该点的易达性。因此，阻力面反映了自然生态运动的潜在可能性及趋势，在生物保护方面，阻力值就是物种在穿越异质景观时所克服的累积阻力。

最小累积阻力模型目前已应用到景观生态安全格局的判别（俞孔坚，1998，1999），被称为安全格局的表面模型（余新晓等，2006），还用于景观生态格局优化（张惠远等，1999），但是在外来树种引种安全格局方面的应用还较少（赵筱青，2008）。本研究以最小累积阻力模型建立阻力面，以此判别景观生态安全组分和划分景观功能区。

3)"源"间廊道的识别

廊道是指不同于两侧基质的狭长地带，可以看作是一个线状或带状的斑块，如河流、树篱等。廊道有利于物种在"源"间及"源"与基质间的流动，连接原生植被的廊道有利于物种跨景观范围的扩散（Kupfer and Malanson，1993）；廊道可以是物种迁移的通道，也可以是物种和能量迁移的屏障。在景观安全格局的研究中，作为格局组分之一的廊道是物种迁移的通道，是生态流之间的通道和联系途径，加强源之间的连通度，实现源间连接，是维护景观整体生态功能的有效途径。为了避免割断不同保护源之间物种交换的通道，应充分考虑保护"源"之间的连通性，还需辨识不同保护"源"之间存在的和潜在的生境廊道，实际中有两种情况需要辨识，一是对现有生境廊道的保护与改善；二是潜在生境廊道的建设。在 MCR 阻力面图上，廊道就是相邻两"源"之间的阻力低谷，是相邻两"源"之间最容易联系的低阻力通道。廊道有利于物种在"源"间及"源"与基质间的流动，连接原生植被的廊道有利于物种跨景观范围的扩散（Kupfer and Malanson，1993）。

廊道的数目、构成、宽度、形状等对景观的结构具有重要的意义（郭泺等，2009）。廊道的数目，目前没有统一的定量标准，但是通常认为越多越好，"多一条廊道就相当于为物种的空间运动多增加一个可选择的途径，多一条廊道就减少一份被截流和分割的风

险，为其安全增加一份保险"（王军等，1999；肖笃宁和李迪华，2003）。每一个保护
"源"和其他任一"源"都有一条或多条低累积阻力谷线，其中有一条是最小阻力谷线。
如果使每一"源"与其相邻的"源"都有一条连接通道，则可得到高生态安全的"源"
间连接通道；如果减少"源"间连接通道，则降低安全标准。廊道多则安全层次高，但
是相应费用就会增加，实际应用中要根据情况选择廊道数目。

　　构成廊道的植被本身应是乡土植被，并与作为保护对象的"源"的植被类型相近似
（王军等，1999；肖笃宁和李迪华，2003；俞孔坚和李迪华，1997）。因为乡土植物种类
适应性强，使廊道的连接度增高，利于物种的扩散和迁移，及"源"的扩展。

　　廊道的宽度，根据有关学者（朱强等，2005；肖笃宁和李迪华，2003；俞孔坚，
1998）对生物保护廊道宽度值的研究发现，60～100 m 是满足动植物迁移和传播以及生物
多样性保护的合适宽度，也是许多乔木种群存活的最小廊道宽度。因此，在缺乏对场地
详细研究的情况下，廊道的宽度根据"源"的具体情况和参考"源"缓冲区范围来确定，
可选择建立廊道的宽度为 80m。此外，对于那些核心"源"斑块连通性较差的地段，可
通过新建一些分散的小型植被斑块或者保留一些性状相近的植被斑块来替代廊道的功能。

　　要提高源间连通性和物种通达度，廊道的格局以网状较好，这样有利于保护物种之
间、物种与野外物种之间的交换，增强整个群体的生存能力；有利于物质和能量之间的
流动，从而维持保护区的整个生态系统功能得到最优发挥。研究表明，在适宜生境之间
设置物种交流廊道，形成网络，使生境在群落和生态系统水平上连接起来，将更加有利
于物种保护（傅伯杰等，2001）。Ferenc Jordan 基于干扰斑块中物种外迁安全途径的研
究，发现网络中廊道的组合形式有三种：a 链条方式组合形式，非常不利于物种的迁移，
因为一旦一条廊道被破坏了，其所连接的斑块就被孤立了；b 环状组合形式，比较好，
斑块与廊道的组合形式，正好是网络中一个网眼的结构；c 蜘蛛状的组合形式，对于中间
的斑块非常有利，但是四周的斑块同样处于危险的状态（Ferenc，2000）（图 7-2）。

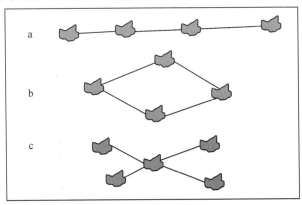

图 7-2　网络中廊道的组合形式

　4)辐射道的识别

　　辐射道是"源"向外围景观辐射的低阻力通道。在 MCR 阻力面图上辐射道就是以
某"源"为中心向外辐射的低阻力谷线，它们形同树枝状河流，成为物种向外扩散的有
效途径。物种是能动的，而不是被动的保护对象，辐射道对保护对象的未来发展和进化

是必要的，而保护生物的进化过程在生物保护中具有非常重要的意义(俞孔坚，1999)。

5)战略点的确定

战略点指景观中对于物种的迁移或扩散过程具有关键作用的地段，对沟通相邻"源"间有关键意义的"跳板"。在 MCR 阻力面上，战略点就是以相邻"源"为中心的等阻力线的相切点，对控制生态流有至关重要的意义(Yu，1996)。在这些点引入生物斑块能有效地促进和维护生态过程的健康安全，使景观整体结构优化。

6)景观功能区的划分

景观功能区是利用阻力面的等阻力线来确定。以 MCR 阻力面为基础，绘制阻力面中各阻力水平的格点频率分布图。在频率分布图上，将频率发生明显转折的点称为拐点，这些拐点反映阻力值发生了较大的突变，表明其两侧的景观异质性较大，可以认为拐点即为景观功能发生变化的点。以这些拐点处的阻力为临界值，从低阻力到高阻力可划分出重点生态保护区、生态缓冲区、生态过渡区、生态边缘区、农业耕作区、人类生产生活区等景观功能区。

7)桉树可种植区的确定

多项研究结果显示，外来树种桉树的引种会改变原有的生境，为外来物种的入侵创造条件，使多种植被生态系统变为单一的人工植被系统，林下植物物种多样性降低，土壤结构变差，土壤保水持土能力下降(马晓等，2012；赵筱青等，2012)。因此，在桉树引种的景观生态安全格局研究中，必须确定桉树可以种植的区域，尽量减轻对区域生态环境的影响。景观生态安全水平一般可以划分为不安全、低级安全、中级安全、高级安全。在景观功能区划分的基础上，考虑桉树引种的生态安全水平，若桉树引种在重点生态保护区及缓冲区范围内，生态处于不安全状态；若桉树引种在生态过渡区，生态处于低级安全状态；若桉树引种在生态过渡区与生态边缘区，生态处于中级安全状态；若桉树引种在生态边缘区，生态处于高级安全状态。经综合考虑后，桉树的引种采用中级或高级生态安全水平。

除了考虑桉树引种的安全水平外还需考虑桉树生长的适宜性、土地利用现状以及生态环境保护的要求，桉树不能种植在桉树禁止种植区内，包括生态公益林区、常绿阔叶林分布区，基本农田保护区、居民点及建设用地分布区、水域，以及水土流失极敏感区、不适宜桉树生长的区域。因此在生态安全水平基础上，排除桉树的禁止种植区，可得到桉树可种植区。

8)现有桉树林空间分布合理性评价

将桉树可种植区与现有桉树林分布图叠加，现有桉树林落在桉树可种植区范围内为桉树合理分布区域，反之为不合理区域。

# 7.3 桉树人工林引种的景观生态安全格局设计原则

## 7.3.1 维护和恢复研究区整体生态功能的原则

研究区是云南省山区贫困县，山区生态系统一般承载着山区各种生物的自然生态过程，在桉树引种时需要注意维护区域内物质循环、能量流动、信息传递的生态功能，为山区提供一个稳定的生态环境。

1)加强原生植被的保护，减少人为干扰

根据斑块尺度原理，大型的原生植被斑块有涵养水源，连接河流水系和维持林中物种的安全和健康，庇护大型动物并使之保持一定的种群数量的作用(俞孔坚，1998)。而原生植被小斑块可作为物种定居的立足点，保护分散的稀有种类或小生境(Forman，1995)。原生植被斑块是山区中结构稳定的植被斑块，具有其他景观元素不可替代的功能，在生态系统脆弱和敏感的山地，尤其应保护这一景观类型，以维护山区的生态功能。

2)识别生态安全关键地段，避免研究区生态过程的急剧恶化

俞孔坚(1998)的景观安全格局理论认为：景观中各点对某种生态过程的重要性不同，其中，有一些局部、点和空间关系对控制某种生态过程有着关键性的作用，这些景观局部、点及空间格局构成景观生态安全格局。根据这一理论，在桉树引种的景观生态安全格局设计中，要识别构成景观生态安全格局的关键区域，采取工程措施、生物措施和农耕措施相结合的方式重点治理，避免区域生态过程的急剧恶化，逐步恢复区域生态系统的正常功能。

3)恢复天然植被景观，保证基本的人类生产和生活空间

研究区地形起伏较大，容易造成土壤侵蚀，加之人口增长，经济发展滞后等因素，陡坡垦殖及过度垦殖等使区内土壤矿质养分通过水力侵蚀、重力侵蚀等大量流出系统，产生严重的水土流失。桉树引种的生态安全格局设计应以可持续发展为前提，立足于引种树种生产功能的利用和生态环境的维持与改善，要保证基本农田保护区和居民点建设用地面积，谋求生态、社会、经济三大效益的协调统一，走可持续发展道路。

## 7.3.2 维护景观稳定性的原则

景观稳定性原理和景观变化原理指出，某一景观要素生物量小时(植被演替的早期阶段)，系统对干扰的抵抗能力弱，但恢复能力强；反之，生物量高时(植被演替的顶级阶段)，则对干扰的抵抗力强而恢复力弱。景观在自然或人为干扰下不断发生变化，不同强度的作用力产生不同的生态反应。不受干扰时，景观处于动态平衡状态；适度干扰可迅速增加异质性，景观还能恢复到原来的状态；而严重干扰则使异质性迅速降低，景观难以再恢复到原来的状态，而产生新的动态平衡；极度干扰则会使原来的景观消失，并为新的景观所代替。目前，许多山区的人工植被代替了天然原生植被，结构和物种单一，很难完全实现天然系统的所有功能。因此，桉树的引种必须慎重和适度，不能完全替代天然植被。

### 7.3.3　维护生物多样性的原则

生态系统多样性是生物多样性的主要基础。景观生态安全格局设计以生态系统多样性的保护为核心，将原生植被或具有原生性质的植被生态系统作为保护对象，重点考虑景观破碎化、片断化对生物多样性的威胁，强调景观的连接关系和格局设计；强调景观的稳定性对生物多样性保护的重要性。设计时，应在本底调查和引种树种适宜性评价的基础上，确定保护"源"；建立缓冲区作为"源"扩散的空间，以减少人为活动对"源"的干扰；在破碎的"源"之间建立廊道，提高景观连接度等，以维护研究区生物多样性。

### 7.3.4　维护景观异质性的原则

景观异质性是保证景观稳定的重要因素。异质性来源于景观内自然地理特征和气候因素的分异，生物群落的定居和内源演替、自然干扰以及人为活动的影响。景观异质性是形成不同景观结构和功能的基础，景观异质性还增加了边缘生境和边缘种的丰度，增强了总体物种共存的潜在能力，提供了生物多样性的生境基础。正是由于异质性的存在，才形成了景观内部的物质流、能量流、信息流和价值流，从而使景观充满活力，生态稳定(李团胜，1998；郭晋平等，1999；徐天蜀等，2002；Wickham，2000；Smith et al.，2002)。因此，桉树种植时应引入景观异质性的机制，根据山区物种的需要，保留多种景观类型，为生物多样性创造有利的生境条件。

## 7.4　景观生态安全格局组分识别

### 7.4.1　"源"的确定

研究以"源"内的生物多样性保护为基本目标，以现存的乡土物种栖息地为主要的参考因素，强调对景观和自然栖息地的整体保护。由于原生植被或具有原生性质的次生植被拥有丰富的乡土物种和稀有物种，是涵养水源、保持水土的核心，并具备进一步拓展空间的条件，可作为景观中物种流动的"源"和"汇"，所以选择原生植被或具有原生性质的次生植被作为保护"源"。

目前研究区原生植被已被破坏殆尽，多数为具有原生性质的次生常绿阔叶林。次生常绿阔叶林包括季风常绿阔叶林、半湿润常绿阔叶林和中山湿性常绿阔叶林，其中季风常绿阔叶林占区域常绿阔叶林面积的65%，是研究区的地带性植被，并且是陆地生态系统的重要组成部分，对保持水土、消除或减轻自然灾害、保持生物多样性等多方面起着重要作用(赵筱青等，2009)。因此研究选择面积较大且具有一定代表性的次生常绿阔叶林作为景观生态保护的"核心区"或保护"源"。"源"的保护对维护区域生态系统的整体功能有关键作用，通过对"源"的保护，可保持和提高区域生物多样性，降低桉树林引种对生态环境的影响。

根据所选保护对象的类型、面积大小、保护的迫切性以及保护面广度的不同，确定了两种方案的保护"源"。第一种方案的保护"源"为面积大于 300 hm² 的季风常绿阔叶林。当斑块面积小于 300 hm² 时，斑块破碎化比较严重，保护难度加大。"源"的总面积为 37264.35 hm²，占季风常绿阔叶林面积的 24.31%，占研究区总面积的 3.14%，共有 65 个保护斑块，最小斑块面积为 300.38 hm²，最大斑块面积为 2308.88 hm²；第二种方案的保护"源"为面积大于 1000 hm² 的常绿阔叶林。"源"的分布较分散，数量较多，面积广。"源"的总面积为 62798.48 hm²，占常绿阔叶林面积的 22.87%，占研究区总面积的 5.29%，共有 27 个斑块，最小斑块的面积为 1031 hm²，最大斑块的面积为 20620 hm²。

"源"作为区域生态核心区，严格禁止任何开发建设，甚至是诸如放牧、薪炭采伐、药材和食用菌采集等一切人类活动。必须有专门的管理人员、管理经费和管理政策；建立完善的监督系统，定期开展生物多样性监测；加大宣传力度，增强群众的保护意识。

## 7.4.2　阻力面的建立

在确定了保护"源"后，用最小累积阻力模型（MCR）来建立阻力面，该模型的关键是要对研究区的阻力等级进行评价。

### 1. 阻力因子的选择

研究区属于山地地区，地形和地表覆盖类型是影响区域景观分异和变化的两个基本因素，它们不仅控制着土壤的发育、水文状况的分异，还影响水土流失的发生发展，决定土地利用的空间分异（张惠远和万军，1999）；土壤质地对于植被生长状况以及水土流失、泥石流等灾害的发生也起着关键性的作用，土壤质地可表现出不同的可蚀性状况，当土壤抗侵蚀能力低时，发生水土流失、泥石流灾害的可能性增大，土壤保水、持肥能力下降，植被生长扩张的难度增大。随着城市化的推进，高速公路的建设快速发展，公路的建设改变了地质环境、阻断了地表径流、增加了物种穿越迁徙的难度从而阻碍了保护"源"的扩散（张惠远和万军，1999；Li et al.，2010）。因此为了保护山地天然植被，维护与优化原生植被或具有原生性质植被的生境要素不受外来物种及人类活动的影响，研究选取景观覆被类型、海拔、坡度、土壤质地、公路作为阻力因子（表 7-1）。

### 2. 阻力因子等级划分及因子重要性系数的确定

景观阻力就是指物种在穿越景观要素或土地利用类型时的难易程度，物种在不适宜生境移动时要克服较高的阻力值，或者以"源"为标准，各种人类干扰景观恢复达到自然景观斑块程度需要克服的阻力，即需要的"费用"（张玉虎，2008）。在实践中获取不同物种穿越不同景观要素的绝对阻力值是十分困难的（Odette et al.，2003）。

各因子阻力等级划分的依据如下：

（1）景观覆盖因子。对于方案一，景观覆盖类型与保护"源"的植被特征越接近，对"源"扩散的阻力就越小；受人类活动影响越大的景观覆盖类型，对保护"源"发展的阻力就越大。由此确定每种景观类型的阻力分级见表 7-1。

（2）海拔因子。由于保护源的适生区在 800～1500 m 的海拔带，因此在该海拔带保护源的发展有较高的优先级；800 m 以下的地带由于受人类活动的影响较大，"源"发展的阻力值较大；1500 m 以上的地带由于海拔较高，"源"的扩张难度最大，阻力值最高。

对于方案二，由于保护源的适生区在 800～2600 m 的海拔带，因此在该海拔带保护源的发展有较高的优先级；800 m 以下受人类活动干扰较大，"源"发展的阻力值最高。各海拔带阻力分级见表 7-1。

(3)坡度因子。随坡度的增大，发展"源"地的优先级增加。研究结果显示 25°～35°坡度带内出现的植被类型数量最多，其次为 15°～25°，而当坡度超过 35°时，由于地形陡峭，土层薄，植被不适宜生长(Wang and Peng, 2013)。因此 25°～35°坡度带，对保护"源"扩张的阻力最小；15°～25°坡度带，"源"扩张的阻力次之；35°以上的坡度带，"源"扩张的难度最大，阻力值最高；0°～15°坡度带由于坡度较缓，大多为人类生活生产区，受人类活动的影响大，"源"扩张的难度较大，所以阻力值较高。各坡度带阻力分级见表 7-1。

(4)土壤质地因子。土壤质地表现了土壤抗侵蚀的能力，用土壤 $K$ 值表示，当 $K$ 值越大时，土壤抗侵蚀能力越差，土壤保水、持肥能力较差，"源"的扩张难度较高，有较大的阻力值。而当 $K$ 值越小时，土壤抗侵蚀能力较强，林下土壤的保水、持肥能力较好，"源"的发展具有较高的优先级，阻力值较低(赵筱青等，2009)。阻力分级见表 7-1。

根据以上的分析及已有的研究结果(王瑶等，2007；赵筱青等，2009)，并以专家判断为基础，结合研究区实际的生态环境状况，确定阻力系数及因子权重。设定 50 作为最大阻力值，当阻力值达到 50 时，保护"源"将无法穿越该景观；阻力值为 1 代表保护"源"的最适宜生境，"源"非常容易扩散穿越。具体划分结果见表 7-1。

表 7-1 "源"发展的阻力等级划分及其重要性系数

| 阻力因子 | 重要性系数/% | 阻力等级 | | 相对阻力值 |
| --- | --- | --- | --- | --- |
| 景观覆盖类型 | 25 | 常绿阔叶林 | | 1 |
| | | 针叶林、灌木林 | | 5 |
| | | 桉树林 | | 10 |
| | | 荒草地 | | 20 |
| | | 园地、耕地 | | 30 |
| | | 水域、裸地 | | 45 |
| | | 居民点及建设用地 | | 50 |
| 坡度 | 18 | 0°～15° | | 20 |
| | | 15°～25° | | 5 |
| | | 25°～35° | | 1 |
| | | >35° | | 30 |
| 海拔 | 22 | 方案一 | <800 m | 20 |
| | | | 800～1500 m | 1 |
| | | | >1500 m | 30 |
| | | 方案二 | <800 m | 20 |
| | | | 800～2600 m | 1 |

| 阻力因子 | | 重要性系数/% | 阻力等级 | 相对阻力值 |
|---|---|---|---|---|
| 公路 | 主要公路 | 15 | >1000 m | 1 |
| | | | 500~1000 m | 20 |
| | | | <500 m | 40 |
| | 低等级公路 | | >100 m | 1 |
| | | | 0~100 m | 10 |
| 土壤质地 | | 20 | 0~0.087 | 1 |
| | | | 0.087~0.156 | 10 |
| | | | 0.156~0.227 | 20 |
| | | | 0.227~0.329 | 30 |
| | | | 0.329~0.370 | 40 |

(5)公路因子。公路由于具有阻隔效应，距公路越近，天然林景观比例越小，人工林景观比例越大，天然林的减少和人工林的增加首先都体现在近公路区域，然后逐渐向更远区域扩展(曹智伟等，2006)；道路建设对缓冲区 200 m 内的景观格局直接影响最大，200 m 外的影响趋于缓和(刘世梁等，2006)；马苏等(2011)通过对湖南省高速公路建设前后景观格局变化研究表明，高速公路建设对景观格局的干扰突出表现在距公路较近的500 m 缓冲区内；曲艺和栾晓峰(2010)在研究东北虎核心栖息地的确定时，距高等级公路1000 m 内及距低等级公路 100 m 内，东北虎扩散的阻力较大。研究区内有一条国道，三条省道，结合前人的研究结果，公路对"源"的扩张阻力大小及分级见表 7-1。

**3. 阻力面的建立**

运用 ArcGIS9.3 软件空间分析功能模块生成各阻力因子的单因子阻力值分级图。考虑到影像分辨率的大小，将各阻力因子栅格像元的大小定为 20 m×20 m，然后根据各因子的重要性系数进行加权叠加，形成以栅格方式存储的景观单元综合阻力值图(附图15)。在此基础上，将"源"与距离因素考虑进去，运用空间分析模块中的"成本距离加权"制图分析工具，采用最小累积阻力面模型(MCR)，计算从"源"到每一个景观单元的最小阻力值，建立研究区景观阻力面图(附图16)。

景观阻力面反映了各种"流"(物质、能量等)从"源地"克服各种阻力到达目的地的相对或绝对难易程度，也表现了物种空间运动的趋势和潜在可能性。该阻力面有三个意义，一是指从低阻力区到高阻力区，发展"源地"的阻力逐渐增大；二是指从生物扩散的"源地"到受人类干扰的高阻力值区，发展"源地"所需克服的景观阻力逐渐加大；三是指防治水土流失的有效性由阻力面的低值区向高值区逐渐减小。由附图16可知，由保护"源"向外，发展常绿阔叶林的阻力逐渐增大，并围绕保护"源"形成不同阻力水平的缓冲区。在耕地和居民地较集中的地带，阻力值最大，表明在耕地和居民地集中的区域，发展保护"源"的阻力很大，要以失去高产农田和居住地为代价；离保护"源"越近的区域，阻力值较小，是"源地"发展的最佳区域，若在此区域引种桉树或作为人类生产生活区，将对保护"源"产生破坏性的影响。因此，景观阻力面能为景观生态格局优化和桉树引种区生态安全格局的构建提供有力的依据。本研究以阻力面为依据，判别"源"间廊道、辐射道、战略点及进行景观功能区的划分。

## 7.4.3 廊道的识别

根据国内外的相关研究，廊道主要包括现有生境廊道和潜在生境廊道，应该对现有廊道进行保护和改善，对潜在廊道进行建设。本研究中潜在的廊道为阻力面上相邻两个保护"源"间的最小阻力通道(阻力低谷)；现有廊道为连接核心斑块的狭长通道，研究区现有廊道的构成有河流和公路两种。廊道分布见附图 17。

潜在廊道在建设时，其构成以乡土树种为主，对于那些保护"源"斑块连通性较差的地段，可将残留的自然斑块或分散的小型斑块连接起来作为廊道；现有廊道需进行保护和改善，道路构成以泥巴路或石头路为主，尽量避免建设水泥或柏油路面，在道路、河流周围种植乡土树种，以利于物种的迁移与交流。

## 7.4.4 辐射道的识别

辐射道是以"源"为中心，向外辐射的低阻力谷线，是保护"源"向外围景观扩散的有效途径。两个方案的辐射道见附图 18。在建设辐射道时应该尽量采用乡土植被，避免人工设施的设置，并且有一定的宽度使保护"源"容易扩散。

## 7.4.5 战略点的识别

战略点的判定方法是根据相邻"源"为中心的等阻力线的相切点来确定的。研究区的景观阻力面属于岛屿型阻力面，低阻力的核心保护"源"位于高阻力的景观基质中，阻力等值线以各"源"为中心近似同心圆式地往外扩展。在各"源"间的等值阻力线相切的部位，形成鞍。当生态过程扩散能力超过一定程度时，这些部位就成了联系不同"源"之间的关键点，即战略点。它们是相邻"源"生态势力圈的相切点，是连接相邻"源"之间的潜在跳板。通过对这些景观战略点的景观保护或改变，可以最有效地提高景观生态系统结构功能的完整性，降低保护的代价。战略点的现状构成主要为常绿阔叶林和针叶林。在战略点范围内，应尽量减少人类活动干扰，保障其生态功能的正常发挥。两个方案的战略点见附图 18。

## 7.4.6 景观功能区的确定

根据阻力面，分别统计两个方案景观阻力面中各阻力水平的格点频率，频率分布图见图 7-3。根据频率分布图的变化情况，将频率变化较明显的地方(拐点)作为阻力变化的临界值，划分出 a1、a2、a3、a4、a5、a6、a7、a8 共 8 个区域，并依据各区域变化的特点进行生态安全级别的划分及景观功能分区的确定。

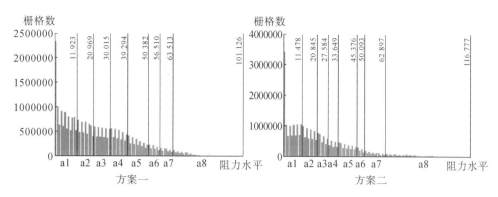

图 7-3　景观阻力面格点频率序列及拐点图（方案一和方案二）

## 1. 方案一景观功能区的确定

通过对阻力值频率变化趋势的分析，并参考张惠远的研究结果（张惠远等，1999），研究区景观功能区的划分结果为：Ⅰ区对应图 7-3 方案一中的 a1 区域；Ⅱ区对应 a2 区域；Ⅲ区对应 a3、a4 间的景观区域；Ⅳ区对应 a5、a6 间的景观区域；Ⅴ区对应 a7、a8 间的景观区域；

Ⅰ区：生态缓冲。缓冲起到两方面的作用，一是保护"源"恢复或扩展的潜在地带，二是保护"源"与桉树人工林和人类活动的隔离带。因为在景观水平上，虽然桉树与当地常绿阔叶林斑块组成嵌块体，为有多生境要求的物种提供生境，增加物种多样性（Brockerhofp et al.，2001）和景观异质性，但是桉树毕竟是外来人工树种，本身的生物特性多少会对当地物种产生一定的影响。所以在桉树种植区与保护"源"之间需要一个起隔离作用的缓冲区（或带），避免桉树带来的负面影响。

生态缓冲区环绕"源"的周围，是物种扩散的低阻力区。随阻力水平的增加，可扩展林地的面积急剧减少，是发展林地的低效地带；反之，随阻力水平的降低，如果人类对其进行开发，又将造成"源"地的大面积丧失。可见，这一区域无论对开发还是保护均很敏感，既不宜作为生态保护区，也不应开发为农耕地。由于该区域临近保护"源"，能维护"源"的生态整体性，对于维护景观的连通性起到关键性作用，因而可作为生态缓冲地带，主要功能是保护"源"扩展的生态过程和自然演替，减少外界以及人为干扰。生态缓冲区应以生态林种植为主，禁止种植人类干扰大的茶园、橡胶园和外来树种桉树，禁止农业耕作、毁林开荒和陡坡地开垦，要实施水土保持工程，加强综合治理，保护和恢复自然生态系统。

Ⅱ区：生态过渡区。相对于Ⅰ区，该区阻力值频率的变化趋于缓和，区域阻力水平较高，对开发的敏感性也有所降低，已不太适合发展"源"地，但由于该区接近生态核心区保护"源"，不应开发为农耕地，不宜进行人类生产生活等活动，可作为生态过渡地带或发展"源"地的后备地段，对"源"地起到外层保护的作用；该区域是各种林地类型交叉分布的区域，对于各类林地相互间物质能量的流通起着重要作用，可根据实际情况发展部分生态经济型和经济生态型水源保护林。

Ⅲ区：生态边缘区。该区阻力值频率序列变化平缓，由于处于高阻力水平，对人类干扰的敏感性较低，发展"源"地的阻力较高，主要服务于人类的开发和利用。作为发展"源"地与人类活动区的隔离带，该区可作为生态边缘区，需对该区有计划的开发利用；在不影响"源"地景观连通性及保护好乡土树种的情况下，可种植有经济价值的人工林。

Ⅳ区：农业耕作区。随着阻力水平的继续提高，发展林地的效率逐渐降低，受人类活动的影响增大，可进行各种农作物的耕作，但不宜在较陡的坡地上耕作，坡度在25°以下的区域需严格保护基本农田；坡度在25°以上的耕地则严格实行退耕还林还草，防止土壤侵蚀和土地退化。

Ⅴ区：人类生活区。随着阻力水平的继续提高，发展"源"地的效率趋于零增长，受人类活动影响最大。作为人类居住和生活的主要用地，该区域与农业耕作区有较密切的联系，常呈交错分布，可通过改善交通条件、进行基础设施和服务设施的建设，逐步实现生产、生活区的合理布局。

方案一景观功能区划分的结果见附图19。其中生态缓冲区的面积最大，占到整个区域面积的34.19%；人类生活区的面积最小，占到整个区域面积的5.74%，具体见表7-2。

**2. 方案二景观功能区的确定**

通过阻力值频率变化趋势的分析，研究区土地功能区的划分结果为：Ⅰ区对应图7-3方案二中的a1区域；Ⅱ区对应a2区域；Ⅲ区对应a3、a4间的景观区域；Ⅳ区对应a5、a6间的景观区域；Ⅴ区对应a7区域；Ⅵ区对应a8区域。

Ⅰ区：重点生态保护区。随阻力水平的增加，可扩展林地的面积增大，"源"的发展有最小的阻力，是发展"源"地最有效的地带，应该作为重点生态保护区。该区主要以自然植被的保护、恢复与发展为主，一方面要保护现存的自然植被，另一方面要逐步通过自然保育和人工造林，使被破坏的植被沿着群落演替规律恢复到相对稳定的状态。

方案二中Ⅱ区、Ⅲ区、Ⅳ区、Ⅴ区、Ⅵ区的序列变化分别与方案一中Ⅰ区、Ⅱ区、Ⅲ区、Ⅳ区、Ⅴ区的变化趋势一致，可作为景观中的生态缓冲、生态过渡、生态边缘区、农业耕作区及人类生活区。具体划分结果见附图19。其中重点生态保护区面积最大，占整个区域面积的36.93%；人类生活区的面积最小，占到整个区域面积的4.74%，具体见表7-2。

表7-2  研究区各景观功能区面积分布状况

| 景观功能区 | 方案一 | | | | |
|---|---|---|---|---|---|
| | 澜沧县/hm² | 西盟县/hm² | 孟连县/hm² | 合计/hm² | 占研究区面积的比例/% |
| 生态缓冲区 | 291725.90 | 33187.10 | 80746.91 | 405659.91 | 34.19 |
| 生态过渡区 | 142822.05 | 20270.14 | 46573.89 | 209666.08 | 17.67 |
| 生态边缘区 | 245337.52 | 41106.15 | 50659.23 | 337102.90 | 28.41 |
| 农业耕作区 | 133189.83 | 24758.95 | 7984.27 | 165933.05 | 13.99 |
| 人类生活区 | 59588.12 | 6239.52 | 2284.76 | 68112.39 | 5.74 |

| 景观功能区 | 方案二 | | | | |
|---|---|---|---|---|---|
| | 澜沧县/hm² | 西盟县/hm² | 孟连县/hm² | 合计/hm² | 占研究区面积的比例/% |
| 重点生态保护区 | 328455.44 | 43254.87 | 66430.98 | 438141.28 | 36.93 |
| 生态缓冲区 | 169950.05 | 25096.53 | 51343.02 | 246389.60 | 20.77 |
| 生态过渡区 | 152756.03 | 30746.86 | 42780.61 | 226283.50 | 19.07 |
| 生态边缘区 | 128503.86 | 21629.50 | 20389.59 | 170522.95 | 14.37 |
| 农业耕作区 | 39247.57 | 4062.15 | 5602.10 | 48911.82 | 4.12 |
| 人类生活区 | 53751.52 | 773.01 | 1705.90 | 56230.43 | 4.74 |

## 7.4.7　桉树可种植区的确定

**1. 桉树引种的生态安全水平**

1)桉树引种的中级安全水平

桉树引种在生态过渡区和生态边缘区时，区域总体处于中级安全水平。方案一桉树引种的中级安全区面积为 546781.42 hm²，占研究区总面积的 46.08%；方案二桉树引种的中级安全区面积为 396815.27 hm²，占研究区总面积的 33.44%。

2)桉树引种的高级安全水平

桉树引种在生态边缘区时，区域总体处于高级安全水平。方案一桉树引种的高级安全区面积为 337102.90 hm²，占研究区总面积的 28.41%；方案二桉树引种的高级安全区面积为 170522.95 hm²，占研究区总面积的 14.37%。

**2. 桉树禁止种植区的确定**

1)水土流失敏感区的确定

(1)因子选择。影响水土流失的因子有很多，包括气候、水文、地形地貌、土壤、植被和水土保持措施等的自然和人文因素。结合研究区特点，参照通用土壤侵蚀方程，采用 GIS 技术，确定研究区水土流失敏感区。水土流失敏感性评价的因子如下。

降水侵蚀力($R$)。降水侵蚀力是触发水土流失最重要的自然因子，它反映了降雨对水土流失的影响。在土壤质地因子和地表覆盖因子相同的条件下，$R$ 值越大，水土流失敏感程度越高。一般情况下，单点暴雨对降雨侵蚀的影响程度最大。研究区水资源较为丰富，年均降水量为 1200～2500 mm，降水多集中在 5～10 月，年均降水量分布图由各站点年均降水量内插得到。近年来我国许多科研工作者通过对各地区资料的统计分析，提出了各地区 $R$ 值最佳计算组合并导出简便公式。论文研究主要采用周伏建、黄炎和等(周伏建等，1995；黄炎和等，2000)根据南方实测数据提出的 $R$ 值计算公式(7-2)，该计算公式符合南方的地理环境。

$$R = \sum_{i=1}^{12}(-1.5527 + 0.1792P_i) \tag{7-2}$$

式中，$P_i$ 为月均降水量(mm)；$R$ 为年降水侵蚀力指标。

根据闫琳、赵筱青等人对澜沧县土壤侵蚀敏感性评价研究中 $R$ 值分级的标准(闫琳，2007；赵筱青，2008)，并结合研究区的实际情况，降水侵蚀力敏感性分级标准见表 7-3。

坡度。坡度是导致水土流失最直接的因子。研究区大部分地区坡度较大，根据国家环境保护总局对土壤侵蚀性评价的编制规范及引起水土流失的坡度临界值，并结合研究区的实际情况，坡度等级划分标准见表 7-3。

土壤质地($K$ 值)。土壤因子对水土流失的影响主要与土壤质地有关。不同的土壤，由于其性质不同，特别是由于成土母质的来源不同，可表现出不同的可蚀性状况，用土壤 $K$ 值来表示(周伏建，2000)。土壤质地因子 $K$ 值是土壤抗蚀性因子，与人类活动关系不大，主要与土壤机械组成和有机质含量有关，$K$ 值越大，土壤抗侵蚀能力越低，水土流失强度越高，$K$ 值越小，土壤抗侵蚀能力越强，水土流失强度越小。$K$ 值的选取以云南省 1：50 万土壤类型分布图为主要依据，结合研究区已有的水土流失定点观测研究结果进行调整，形成研究区水土流失敏感性 $K$ 值分级图。将 $K$ 值排序后，用自然分类法分为 5 类，土壤 $K$ 值敏感性评价标准见表 7-3。

地表覆盖因子。地表覆盖是影响水土流失最敏感的因素，地表覆盖状况不同，水土流失强度也不同(周伏建和黄炎和，1995)。地表覆盖有削减降雨能量、保水和抗侵蚀的作用。地表植被的郁闭度越高，防治水土流失的效果越好。根据国家环境保护总局关于地表覆盖因子对水土流失敏感性影响的编制规范，将研究区地表覆盖因子划分为 5 类，其中居民地、水田、水域为不敏感区域，赋值为 1；灌木、针叶林、桉树、常绿阔叶林为轻度敏感区域，赋值为 2；茶园、橡胶园为中度敏感区域，赋值为 3；荒草地、裸地为高度敏感区域，赋值为 4；旱地为极敏感区域，赋值为 5，具体见表 7-3。

表 7-3　研究区水土流失敏感程度分级表

| 分级标准 | 不敏感 | 轻度敏感 | 中度敏感 | 高度敏感 | 极敏感 |
|---|---|---|---|---|---|
| 年降水量/mm | <600 | 600~1200 | 1200~1500 | 1500~1900 | >1900 |
| 坡度 | <8° | 8°~15° | 15°~25° | 25°~35° | >35° |
| 土壤质地($K$ 值) | <0.087 | 0.087~0.156 | 0.156~0.227 | 0.227~0.329 | >0.329 |
| 地表覆盖 | 水田、水域、居民地 | 灌木林、针叶林、桉树林、常绿阔叶林 | 茶园、橡胶园 | 荒草地、裸地 | 旱地 |

(2)评价结果。根据综合评价指数模型，在单因子分析的基础上，用 ArcGIS 进行叠加分析，得到研究区水土流失敏感性综合评价分布图(附图 20)。研究区水土流失不敏感的区域极少。水土流失敏感性以中度敏感和高度敏感为主，分别占整个区域面积的59.68%和26.8%，轻度敏感区和极敏感区面积较少，仅占整个区域面积的 12.53%和1%(图 7-4)。水土流失极敏感区就是桉树林引种时的禁止种植区，需采取生态恢复措施。

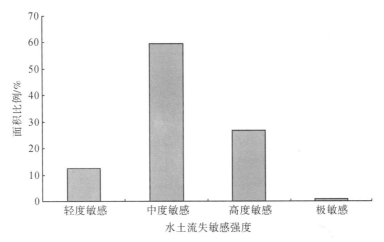

图 7-4 研究区水土流失敏感强度分级面积比例图

2）其他禁止种植区的确定

生态公益林、基本农田保护区数据从收集到的"普洱市林种规划图"和"基本农田保护图"资料中提取；桉树不适宜生长区的数据从课题组研究结果"桉树林适宜性评价图"中提取；居民点分布区、水域、常绿阔叶林分布区的数据从研究区景观分类图中提取。研究区桉树林禁止种植区见附图 21。

**3. 桉树可种植区的确定**

考虑到桉树引种的生态安全水平，并排除桉树林的禁止种植区，得到研究区桉树可种植区。若要引种桉树，引种范围必须在"桉树可种植区"内。方案一和方案二基于中级安全水平的桉树可种植区分别占研究区面积的 21.27％和 18.26％，基于高级安全水平的桉树可种植区分别占研究区面积的 14.06％和 8.56％。

桉树可种植区内现有的景观类型有旱地、水田、桉树林地、橡胶园地、灌木林、茶园、荒草地、裸地和针叶林地。其中旱地和针叶林地所占面积比例最大，均占桉树可种植区面积的 30％以上，而其余地类所占面积比例均小于 10％（表 7-4）。

由于针叶林地、灌木林地为林业用地，水田、茶园、橡胶林地为农业生产用地，在引种桉树时一般不占用此类用地。旱地虽也属于生产用地，但由于研究区为山地地区，在坡度较陡的地方仍有旱地分布，有些旱地为轮歇地，在某些季节为旱地，其余时间撂荒，为荒草地。因此在引种桉树时，部分陡坡耕地、轮歇地可考虑作为桉树用地，另外荒草地、部分裸地也均可考虑作为桉树用地。但是这些用地类型是否需转型为桉树林地，还需进一步对社会经济发展进行综合分析与评价。

表 7-4 研究区桉树可种植区现有景观类型及其面积比例

| 现有景观类型 | 基于中级安全水平的桉树可种植区现有景观类型及面积 | | | | 基于高级安全水平的桉树可种植区现有景观类型及面积 | | | |
| | 方案一 | | 方案二 | | 方案一 | | 方案二 | |
| | 面积/hm² | 比例/% | 面积/hm² | 比例/% | 面积/hm² | 比例/% | 面积/hm² | 比例/% |
| --- | --- | --- | --- | --- | --- | --- | --- | --- |
| 旱地 | 82949.77 | 32.88 | 76034.36 | 35.09 | 54958.91 | 32.94 | 36976.34 | 36.42 |
| 桉树林地 | 13205.71 | 5.23 | 10261.63 | 4.74 | 8579.39 | 5.14 | 4589.56 | 4.52 |
| 橡胶园 | 5598.44 | 2.22 | 7274.12 | 3.36 | 3892.60 | 2.33 | 3568.29 | 3.51 |
| 水田 | 18534.06 | 7.35 | 18836.20 | 8.69 | 13838.13 | 8.29 | 9668.26 | 9.52 |
| 灌木林 | 17257.40 | 6.84 | 17764.52 | 8.20 | 12730.22 | 7.63 | 8611.42 | 8.48 |
| 茶园 | 11360.61 | 4.50 | 7518.57 | 3.47 | 6527.77 | 3.91 | 2814.48 | 2.77 |
| 荒草地 | 7062.81 | 2.80 | 7184.88 | 3.32 | 4797.34 | 2.88 | 3974.53 | 3.91 |
| 裸地 | 65.13 | 0.03 | 28.58 | 0.01 | 39.32 | 0.02 | 16.51 | 0.02 |
| 针叶林 | 96268.87 | 38.16 | 71793.28 | 33.13 | 61464.10 | 36.84 | 31309.36 | 30.84 |
| 合计 | 252302.80 | 46.14 | 216696.14 | 54.61 | 166827.78 | 49.49 | 101528.75 | 59.54 |

## 7.5 景观生态安全格局设计

### 7.5.1 桉树引种的景观生态中级安全格局

将基于中级安全水平的桉树可种植区与保护"源"、廊道、辐射道、战略点及景观功能区中重点生态保护区、生态缓冲区、农业耕作区、人类生活区组合,得到研究区两个方案桉树林引种的景观生态中级安全格局(附图 22)。

### 7.5.2 桉树林引种的景观生态高级安全格局

将基于高级安全水平的桉树可种植区与保护"源"、廊道、辐射道、战略点及景观功能区中重点生态保护区、生态缓冲区、生态过渡区、农业耕作区、人类生活区组合,得到研究区桉树林引种的景观生态高级安全格局(附图 23)。

桉树人工林的引种究竟要采用中级安全格局还是高级安全格局?是用方案一还是方案二?桉树可种植区是否全部种桉树?还需要根据研究区的经济社会发展和生态环境保护要求作决策。

## 7.6 景观生态安全格局方案评价

设计的方案体现了 Forman(1995)所倡导的景观"分散与集中"的整体设计原则;"源"作为物种保护和水源涵养的自然栖息环境,大小"源"斑块相间,大型斑块有多种重要生态功能,能较好地保护物种和生态系统。小型斑块分散在其中,可作为物种定居的立足点,保护分散的稀有种类生物或小生境;"源"间有多条廊道连接,廊道呈环状组合,格局较稳定,连通性较好,有利于"源"之间物质能量的传递和物种的生存与发展;

在其他地方分散了一些小的自然斑块和廊道，以提高景观的异质性；战略点多，通过对这些战略点的保护或建设，可以提高景观生态系统结构和功能的完整性；辐射道多，"源"发展的机会就多。两种方案各景观生态安全格局的特点见表 7-5。

表 7-5 两种方案桉树林景观生态安全格局特点比较

| 方案 | 源 | | | 廊道 | | | | 辐射道 | 战略点 | |
| --- | --- | --- | --- | --- | --- | --- | --- | --- | --- | --- |
| | 数目 | 构成 | 特点 | 分类 | 数目 | 构成 | 格局 | | 数目 | 构成 |
| 方案一 | 65 | 面积大于 300 $hm^2$ 的季风常绿阔叶林 | 斑块面积小，数量多，分布广，分布集中 | 潜在廊道<br>现有廊道 | 79<br>50 | 以林地为主 | 环状式组合 | 16 | 26 | 以常绿阔叶林和针叶林为主 |
| 方案二 | 26 | 面积大于 1000 $hm^2$ 的常绿阔叶林 | 斑块面积大小相间，数量少，分布较广，分布均匀 | 潜在廊道<br>现有廊道 | 31<br>25 | 以林地为主 | 环状式组合 | 16 | 22 | 以常绿阔叶林和针叶林为主 |

两种方案由于"源"的构成不同，导致了两种不同的景观生态安全格局。方案一保护"源"是斑块面积小、较破碎、数量多、分布广的季风常绿阔叶林，廊道和战略点数目较多。斑块破碎化对野生动物群落所产生的一个重要结果是生境边缘的比例增加（邓文红和高玮，2005），森林生境破碎化所产生的边缘效应使斑块内的种群和群落动态可能被外来因子所控制，如捕食、寄生或物理干扰，这些变化可能伴随着一些不明显的、间接的效应。边缘种会由于边缘的扩大增加种群的数量和密度，而中心种会由于中心区域的减少从而降低种群的数量和密度，甚至会因为栖息地的缩减而消失。面积大的斑块不但包含厌边缘的种类还包含喜边缘种类，在某种意义上讲，小斑块中的种类可看成是大斑块种类几何的子集，如果栖息地破碎化继续发展，森林内部生存的厌边缘种很可能消失或呈集合种群分布（曹长雷等，2010）。因此为了生态系统稳定持续的发展及生物多样性的保护，对破碎斑块的保护刻不容缓。而且季风常绿阔叶林在涵养水源、保持水土、调节气候、保护生物多样性方面发挥着举足轻重的作用。因此从生物多样性角度考虑，对季风常绿阔叶林的保护是必要的；方案一，"源"地由于斑块较破碎，加之受人类干扰较强，其发展难度较大，对"源"地的保护管理难度较大，管理成本较高；虽然廊道较多，但若受到人为的干扰，"源"间的连通性会受到影响，进而影响斑块的扩散。

方案二的保护"源"是面积较大的常绿阔叶林斑块，斑块大小相间分布，数量较少，分布较广，大型斑块有多种重要的生态功能，能较好地保护物种和生态系统，小型斑块可作为物种定居的立足点，保护分散的稀有种类或小生境。该方案廊道呈环状，斑块连通性较好，"源"发展难度、管理难度较方案一低，但由于保护面积大，保护范围广，若将"源"设为保护区，其成本也相对较高。

从管理的成本、难易程度、保护的广度考虑，方案二比较理想；从物种多样性保护的紧迫性考虑，方案一比较理想。考虑桉树引种的生态安全水平，基于目前研究区的生态环境现状及经济社会发展状况，桉树的引种比较适宜采用中级安全水平，这样对经济发展的压力较小，对生态环境的不利影响也较小。针对研究区的实际状况，海拔 1500m 以下是人类活动较为频繁的地带，保护该海拔带的季风常绿阔叶林对生态环境的改善极为重要，加之桉树林在该海拔带分布最为适宜，季风常绿阔叶林的保护刻不容缓，需投入人力、物力、财力对其加以保护。对处于较高海拔带的半湿润常绿阔叶林和中山湿性常绿阔叶林，则无须设立专门的保护区，但需要制定相应的保护措施使其面积不再减少。

## 7.7　现有桉树林空间分布合理性评价

研究区目前已引种了大量的桉树，然而在引种的时候并未考虑其生态安全格局，引种具有很大的随意性和盲目性。因此需要对现有桉树分布的合理性进行评价，掌握桉树分布不合理区域的面积及空间分布，以便制定相应的对策建议以保障区域的生态安全，为未来桉树引种提供合理分布的依据。

### 7.7.1　基于中级安全格局的现有桉树林空间分布合理性评价

方案一基于中级安全水平的现有桉树林有 11403.46 hm² 分布在"桉树可种植区"内，占现有桉树林面积的 29.86%，是桉树分布的合理区域。桉树不合理区域占现有桉树林面积的 70.14%。其中澜沧县引种桉树的面积最大，桉树合理分布区面积 10393.06 hm²，占该县现有桉树林面积的 33.05%，不合理分布区占 66.95%；西盟县引种桉树的面积最小，桉树合理分布区面积 427.41 hm²，占该县现有桉树林面积的 17.67%，不合理分布区占 82.33%；孟连县桉树合理分布区面积 583.00 hm²，占该县现有桉树林面积的 13.50%，不合理分布区占 86.50%。具体分布情况见附图 24 和表 7-6。

方案二基于中级安全水平的现有桉树林有 9177.48 hm² 分布在"桉树可种植区"内，占现有桉树林面积的 24.03%，是桉树分布的合理区域，桉树不合理区域占现有桉树林面积的 75.97%。其中澜沧县桉树合理分布区面积 8594.48 hm²，占该县现有桉树林面积的 27.33%，不合理分布区占 72.67%；西盟县桉树合理分布区面积 339.84 hm²，占该县现有桉树林面积的 14.05%，不合理分布区占 85.95%，孟连县桉树合理分布区面积 243.16 hm²，占该县现有桉树林面积的 5.63%，不合理分布区占 94.37%。具体分布情况见附图 24 和表 7-6。

### 7.7.2　基于高级安全格局的现有桉树林空间分布合理性评价

方案一基于高级安全水平的现有桉树林有 8393.13 hm² 分布在"桉树可种植区"内，占现有桉树林面积的 21.98%，是桉树分布的合理区域，桉树不合理区域占现有桉树林面积的 78.02%。其中澜沧县引种桉树的面积最大，桉树合理分布区面积 7818.39 hm²，占该县现有桉树林面积的 24.86%，不合理分布区占 75.14%，西盟县引种桉树的面积最小，桉树合理分布区面积 147.63 hm²，占该县现有桉树林面积的 6.10%，不合理分布区占 93.90%，孟连县桉树合理分布区面积 427.12 hm²，占该县现有桉树林面积的 9.89%，不合理分布区占 90.11%。具体分布情况见附图 25 和表 7-6。

方案二基于高级安全水平的现有桉树林有 9972.25 hm² 分布在"桉树可种植区"内，占现有桉树林面积的 26.12%，是桉树分布的合理区域，桉树不合理区域占现有桉树林面积的 73.88%。其中澜沧县桉树合理分布区面积 9277.43 hm²，占该县现有桉树林面积的 29.50%，不合理分布区占 70.50%，西盟县桉树合理分布区面积 293.14 hm²，占该县

现有桉树林面积的 12.12%，不合理分布区占 87.88%，孟连县桉树合理分布区面积
401.68 hm²，占该县现有桉树林面积的 9.30%，不合理分布区占 90.70%。具体分布情
况见附图 25 和表 7-6。

**表 7-6　基于景观安全格局的现有桉树林合理性分布**

| | 基于中级安全格局的现有桉树合理性分布 | | | | | | | |
| | 方案一 | | | | 方案二 | | | |
| 县名 | 合理分布区 | | 不合理分布区 | | 合理分布区 | | 不合理分布区 | |
| | 面积/hm² | 所占比例/% | 面积/hm² | 所占比例/% | 面积/hm² | 所占比例/% | 面积/hm² | 所占比例/% |
| 澜沧县 | 10393.06 | 33.05 | 21053.25 | 66.95 | 8594.48 | 27.33 | 22851.80 | 72.67 |
| 西盟县 | 427.41 | 17.67 | 1991.21 | 82.33 | 339.84 | 14.05 | 2078.77 | 85.95 |
| 孟连县 | 583.00 | 13.50 | 3736.77 | 86.50 | 243.16 | 5.63 | 4076.64 | 94.37 |
| 合计 | 11403.46 | 29.86 | 26781.23 | 70.14 | 9177.48 | 24.03 | 29007.21 | 75.97 |
| | 基于高级安全格局的现有桉树合理性分布 | | | | | | | |
| | 方案一 | | | | 方案二 | | | |
| 县名 | 合理分布区 | | 不合理分布区 | | 合理分布区 | | 不合理分布区 | |
| | 面积/hm² | 所占比例/% | 面积/hm² | 所占比例/% | 面积/hm² | 所占比例/% | 面积/hm² | 所占比例/% |
| 澜沧县 | 7818.39 | 24.86 | 23627.91 | 75.14 | 9277.43 | 29.50 | 22168.85 | 70.50 |
| 西盟县 | 147.63 | 6.10 | 2270.99 | 93.90 | 293.14 | 12.12 | 2125.48 | 87.88 |
| 孟连县 | 427.12 | 9.89 | 3892.65 | 90.11 | 401.68 | 9.30 | 3918.09 | 90.70 |
| 合计 | 8393.13 | 21.98 | 29791.56 | 78.02 | 9972.25 | 26.12 | 28212.41 | 73.88 |

通过以上分析，约有 25% 的现有桉树林种植在桉树合理分布区内，约有 75% 的现有
桉树林种植在不合理分布区内，表明目前在桉树林种植经营规划过程中对桉树适宜性和
生态安全问题考虑不足，桉树的引种存在生态安全隐患。如果桉树种植在不安全区域，
将对区域的生态安全构成威胁，造成生态效益的降低，影响生态系统的持续发展。因此
对于种植在不合理区域的桉树，需采取诸如混种经营、施肥等生态措施，且在第一轮伐
期后考虑是否还继续种桉树还是需进行景观类型的转型。如果今后还需继续引种桉树，
则需要考虑桉树生长的适宜性及生态安全问题，将桉树引种在生态安全区域，且避免种
植桉树纯林，尽量考虑与其他乡土树种混种，以维持区域生态系统持续稳定的发展。

## 7.8　小结

本章以维护景观整体性、保护生物多样性为目标，应用景观安全格局理论，构建了
研究区桉树林引种的景观生态安全格局，并进行了现有桉树林空间分布的合理性评价。

(1)以生物多样性保护为目标，依据保护的范围和程度不同，确定了两种方案的保护
"源"。方案一的保护"源"是面积大于 300 hm² 的季风常绿阔叶林，共 65 个保护斑块；
方案二的保护"源"是面积大于 1000 hm² 的常绿阔叶林，共 26 个保护斑块。

(2)依据保护的目的、研究区实际生态状况及所能获得资料的情况，研究选取地表覆

盖类型、海拔、坡度、公路、土壤质地 5 个影响"源"发展扩散的阻力因子,根据生态环境状况、各因子与植被生长的相关性及受人类活动影响的大小,划分阻力等级并赋予相应的阻力值及重要性系数。

(3)采用最小累积阻力模型(MCR),建立研究区最小累积阻力面,构建了对桉树引种区整体生态功能起维护作用,对源内物种的迁移扩散具有关键作用的"源"间廊道、辐射道和战略点。方案一有 79 条潜在廊道和 50 条现有廊道,方案二有 31 条潜在廊道和 25 条现有廊道;方案一和方案二均有 16 条辐射道;方案一有 26 个战略点,方案二有 22 个战略点。

(4)根据最小累积阻力阈值,划分出有利于生态安全的景观功能区,包括重点生态保护区、生态缓冲区、生态过渡区、生态边缘区、农业耕作区及人类生产生活区。最终形成以自然栖息地和生物多样性保护为主的景观生态中级和高级安全格局,基于中级安全水平的方案一和方案二,桉树可种植区分别占研究区面积的 21.27% 和 18.26%。基于高级安全水平的方案一和方案二中,桉树可种植区分别占研究区面积的 14.06% 和 8.56%。

桉树可种植区内现有的景观类型有旱地、水田、桉树林地、橡胶园地、灌木林、茶园、荒草地、裸地和针叶林地 9 种,其中旱地和针叶林景观所占桉树可种植区面积比例最大,均占 30% 以上,其余景观类型所占面积比例均小于 10%。部分陡坡耕地、轮歇地、荒草地及部分裸地可考虑转型为桉树用地,而各景观类型是否需转型为桉树林地,还需作社会经济发展综合分析与评价后再作决策。

(5)设计的两种方案在"源"的组成、特点,廊道数目、格局,辐射道和战略点数量,可引种桉树林面积等都不相同,因此在保护"源"的完整性、"源"扩展迁移的难易程度、保护生态系统应付出的经济代价及管理的难易程度等方面有所差异。从管理的成本、难易程度、保护的广度考虑,方案二比较理想;从物种多样性保护的紧迫性考虑,方案一比较理想。基于目前研究区的生态环境现状及经济社会发展状况,桉树引种的生态安全水平可采用中级安全水平。

(6)无论是中级还是高级安全水平,研究区大部分现有桉树林分布在桉树不合理种植区内,说明目前在桉树林种植经营规划过程中,没有充分考虑桉树的适宜性和可能带来的生态安全问题,桉树引种存在生态安全隐患。建议桉树引种时必须重视生态安全格局的设计,对种植在不合理区的桉树,必须进行生态环境的监测工作,采取有效措施减少负面影响。

# 参 考 文 献

蔡崇法，丁树文，史志华，等. 2000. 应用 USLE 模型与地理信息系统 IDRISI 预测小流域土壤侵蚀量的研究[J]. 水土保持学报，14(2)：19-24.

蔡永明，张科利，李双才. 2003. 不同粒径制间土壤质地资料的转换问题研究[J]. 土壤学报，40(4)：511-517.

曹长雷，高玮，由玉岩，等. 2010. 次生斑块的边缘效应对鸟类分布格局的影响[J]. 四川师范大学学报(自然科学版)，33(2)：247-250.

曹智伟，马友鑫，李红梅等. 2006. 西双版纳主干公路沿线森林景观格局动态[J]. 云南植物研究，28(6)：599-605.

陈爱玲，洪伟. 2006. 福建中亚热带常绿阔叶林林隙对土壤肥力的影响研究[J]. 江西农业大学学报，28(5)：723-727.

陈礼清，张健. 2003. 巨桉人工林物种多样性的研究(I)：物种多样性特征[J]. 四川农业大学学报，21(4)：308-31.

陈利顶，傅伯杰，赵文武. 2006. "源""汇"景观理论及其生态学意义[J]. 生态学报，26(5)：1444-1449.

陈龙乾，邓喀中，徐黎华，等. 1999. 矿区复垦土壤质量评价方法[J]. 中国矿业大学学报，28(5)：449-452.

陈秋波. 2001. 桉树人工林生物多样性研究进展[J]. 热带作物学报，(4)：82-90.

陈少雄. 2005. 桉树生态问题的来源与对策[J]. 热带林业，33(4)：26-30.

陈述彭，童庆禧，郭华东. 1998. 遥感信息机理研究[M]. 北京：科学出版社，345-349.

陈文波，肖笃宁，李秀珍. 2002. 景观指数分类、应用及构建研究[J]. 应用生态学，13(1)：121-125.

程飞，杨朝现，梁永莉，等. 2013. 西南丘陵山区土地利用变化对生态系统服务价值的影响[J]. 国土资源科技管理，30(4)：34-40.

褚岗，米文宝，王玉梅. 2009. 基于生态足迹理论的银川市 2001－2005 年生态承载力动态分析[J]. 干旱区资源与环境，23(2)：56-61.

党青，杨武年. 2011. 近 20 年成都市植被覆盖度动态变化检测及原因分析[J]. 国土资源遥感，(4)：121-125.

邓燔，陈秋波，陈秀龙，等. 2007. 海南热带天然林、桉树林和橡胶林生态效益比较分析[J]. 华南热带农业大学学报，13(2)：19-23.

邓文红，高玮. 2005. 次生林不同类型森林边缘的鸟类物种丰富度及个体多度比较[J]. 生态学报，25(11)：2804-2810.

丁访军，王兵，钟洪明，等. 2009. 赤水河下游不同林地类型土壤物理特性及其水源涵养功能[J]. 水土保持学报，23(3)：179-183，231.

丁建丽，塔西甫拉提·特依拜. 2002. 基于 NDVI 的绿洲植被生态景观格局变化研究[J]. 地理学与国土研究，18(1)：23-26.

丁宁，赵筱青. 2013. 澜沧县桉树人工林引种后土壤质量变化分析[D]. 昆明：云南大学.

董婷婷，张增祥，左利君. 2008. 基于 GIS 和 RS 的辽西地区土壤侵蚀的定量研究[J]. 水土保持研究，15(4)：48-52.

杜虹蓉，易琦，赵筱青，等. 2014. 桉树人工林引种的生态环境效应研究进展[J]. 云南地理环境研究，

26(1)：30-39.

杜虹蓉. 2015. 基于 CASA 模型的中山峡谷区县域植被 NPP 时空变化研究：以云南省西盟县为例[D]. 昆明：云南大学.

方恺. 2013. 生态足迹深度和广度：构建三维模型的新指标[J]. 生态学报，33(1)：267-274.

冯磊，孙保平，李锦荣，等. 2011. GIS 方法和 USLE 模型在退耕还林区土壤侵蚀动态变化评价中的运用——以甘肃定西市安定区为例[J]. 湖南农业科学，(11)：82-89.

冯险峰，孙庆龄，林斌. 2014. 区域及全球尺度的 NPP 过程模型和 NPP 对全球变化的响应[J]. 生态环境学报，23(3)：496-503.

傅伯杰，陈利顶，马克明. 2001. 景观生态应用[M]. 北京：科学出版社.

高飞，任海，李岩，等. 2003. 植被净第一性生产力研究回顾与发展趋势[J]. 生态科学，22(4)：360-365.

高飞，刑文渊，李大平，等. 2007. 草地覆盖变化遥感检测及分析[J]. 草业科学，24(4)：27-30.

高青竹. 2003. 农牧交错带长川流域土地利用安全格局研究[D]. 北京：北京师范大学.

高翔宇，王刚，顾泽贤，等. 2016. 基于 USLE 的西盟县土壤侵蚀特征分析[J]. 中国水土保持，2：52-56.

龚珊珊. 2009. 桉树人工林与天然林土壤养分的对比研究[J]. 江苏林业科技，36(3)：1-4.

巩杰，谢余初，高彦净，等. 2015. 1963—2009 年金塔绿洲变化对绿洲景观格局的影响[J]. 生态学报，35(3)：603-612.

谷晓平，黄玫，季劲钧，等. 2007. 近 20 年气候变化对西南地区植被净初级生产力的影响[J]. 自然资源学报，22(2)：251-260.

顾娟，李新，黄春林，等. 2013. 2002—2010 年中国陆域植被净初级生产力模拟[J]. 兰州大学学报：自然科学版，29(2)：203-213.

关文彬，谢春华，马克明，等. 2003. 景观生态恢复与重建是区域生态安全格局构建的关键途径[J]. 生态学报，23(1)：64-73.

郭兵，陶和平，刘斌涛，等. 2012. 基于 GIS 和 USLE 的汶川地震后理县土壤侵蚀特征及分析[J]. 农业工程学报，28(14)：118-126.

郭国华. 1995. 刚果 12 号桉林地土壤肥力监测初报[J]. 热带林业，(1)：7-11.

郭晋平，阳含熙，薛俊杰，等. 1999. 关帝山森林景观异质性及其动态的研究[J]. 应用生态学报，(2)：167-171.

郭泺，杜世宏，薛达元. 2009. 景观生态空间格局——规划与评价[M]. 北京：中国环境科学出版社.

郭铌. 2003. 植被指数及其研究进展[J]. 干旱气象，21(4)：71-75.

郝慧梅，任志远，薛亮. 2008. 基于 3S 的榆林市植被净初级生产力价值估算及其时空差异分析[J]. 地理与地理信息科学，24(5)：75-79.

何云玲，张一平. 2006. 云南省自然植被净初级生产力的时空分布特征[J]. 山地学报，24(2)：193-201.

胡长杏，彭明春，王崇云，等. 2012. 滇池流域人工林群落结构及水土保持效益[J]. 生态学杂志，31(12)：3003-3010.

胡慧蓉，杨超本，郭勇，等. 2000. 桉树黑荆树种植对土壤物理性质的影响[J]. 西南林学院学报，20(2)：85-89.

胡凯，王微. 2015. 不同种植年限桉树人工林根际土壤微生物的活性[J]. 贵州农业科学，43(12)：105-109.

胡良军，邵明安. 2001. 论水土流失研究中的植被覆盖度量指标[J]. 西北林学院学报，16(1)：40-43.

胡雪萍，李丹青. 2016. 城镇化进程中生态足迹的动态变化及影响因素分析——以安徽省为例[J]. 长江流域资源与环境，25(2)：300-306.

胡月明，洪富，吴志峰，等. 2001. 基于GIS的土壤质量模糊变权评价[J]. 土壤学报，38(3)：266-274.

黄炎和，林敬兰，蔡志发，等. 2000. 影响福建水土流失主导因子的研究[J]. 水土保持学报，14(2)：36-54.

江忠善，郑粉莉. 2004. 坡面水蚀预报模型研究[J]. 水土保持学报，18(1)：66-69.

姜勇，张玉革，梁文举，等. 2003. 耕地土壤交换性钙镁比值的研究[J]. 土壤通报，34(5)：414-417.

蒋桂娟，徐天蜀. 2008. 景观安全格局研究综述[J]. 内蒙古林业调查设计，31(4)：89-91.

蒋国深，蒋伏力，任文斌. 2009. 金光集团APP科学发展桉树人工林[C]. 中国制浆造纸用木材资源研讨会.

蒋依依，王仰麟，张源. 2005. 滇西北生态脆弱区生态足迹变化与预测研究——以云南丽江纳西族自治县为例[J]. 生态学杂志，24(12)：1418-1424.

康冰，刘世荣，蔡道雄，等. 2010. 南亚热带不同植被恢复模式下土壤理化性质. 应用生态学报[J]. 21(10)：2479-2486.

雷丽萍，胡德永，江平. 1995. 森林虫害的遥感监测模式研究[J]. 遥感信息，(3)：20-21.

黎晓亚，马克明，傅伯杰，等. 2004. 区域生态安全格局：设计原则与方法[J]. 生态学报，24(5)：1055-1062.

李东海，杨小波，邓运武，等. 2006. 桉树人工林林下植被、地面覆盖物与土壤物理性质的关系[J]. 生态学杂志，(6)：14.

李晶，任志远. 2007. 基于GIS的陕北黄土高原土地生态系统水土保持价值评价[J]. 中国农业科学，(12)：2796-2803.

李晶，周自翔. 2014. 延河流域景观格局与生态水文过程分析[J]. 地理学报，69(7)：933-944.

李灵，张玉，江慧华，等. 2011. 九曲溪生态保护区不同土地利用方式对土壤质量的影响[J]. 中国水土保持，(11)：41-44.

李仁山. 2014. 广西南部桉树人工林土壤性质与水土流失特征[J]. 南宁：广西大学.

李团胜. 1998. 城市景观异质性及其维持[J]. 生态学杂志，17(1)：70-72.

李伟，魏润鹏，郑勇奇. 2013. 广东高要南部低丘桉树人工林下植被物种多样性分析[J]. 广西林业科学，42(3)：222-225，230.

李晓赛，朱永明，赵丽，等. 2015. 基于价值系数动态调整的青龙县生态系统服务价值变化研究[J]. 中国生态农业学报，23(3)：373-381.

李咏红，香宝，袁兴中，等. 2013. 区域尺度景观生态安全格局构建——以成渝经济区为例[J]. 草地学报，21(1)：18-24.

李月臣. 2008. 中国北方13省市区生态安全动态变化分析[J]. 地理研究，27(5)：1150-1160，1227.

李志辉，杨民胜，陈少雄，等. 2000. 桉树引种栽培区区划研究[J]. 中南林学院学报，20(3)：1-10.

理永霞，罗微，贝美容. 2007. 桉树对种植地土壤质量的影响[J]. 西部林业科学，36(4)：100-104.

梁宏温，杨建基，温远光，等. 2011. 桉树造林再造林群落植物多样性的变化[J]. 东北林业大学学报，39(5)：40-43.

梁洁，徐艳红，姚喜军，等. 2015. 基于生态足迹的鄂尔多斯市生态补偿标准量化研究[J]. 内蒙古师范大学学报(哲学社会科学版)，44(2)：125-129.

梁伟. 2005. 基于GIS和USLE的土壤侵蚀控制效果研究——以陕西省吴旗县柴沟流域为例[D]. 北京：北京林业大学.

廖崇惠. 1990. 热带人工林土壤动物群落的次生演替和发展过程探讨[J]. 应用生态学报, 1(1): 53-59.

林培群, 余雪标. 2007. 桉农间作系统土壤养分特征[J]. 热带林业, 9(3): 27-31.

刘宝元, 谢云, 张科利. 2001. 土壤侵蚀预报模型[M]. 北京: 中国科学技术出版社.

刘华, 李建华. 2009. 茂名小良桉树人工林生态经济效益分析与评价[J]. 生态环境学报, 18(6): 2237-2242.

刘建锋, 肖文发, 郭明春, 等. 2011. 基于3-PGS模型的中国陆地植被NPP格局[J]. 林业科学, 47(5): 16-22.

刘宁, 余雪标, 林培群, 等. 2009. 桉树—甘蔗间作模式及配套管理技术[J]. 广东农业科学, (7): 32-34.

刘平, 秦晶, 刘建昌, 等. 2011. 桉树人工林物种多样性变化特征[J]. 生态学报, 31(8): 2227-2235.

刘善建. 1953. 天水水土流失测验的初步分析[J]. 科学通报, (12): 59-65, 54.

刘世梁, 傅伯杰, 陈利顶, 等. 2008. 两种土壤质量变化的定量评价方法比较[J]. 长江流域资源与环境, 12(5): 422-426.

刘世梁, 傅伯杰, 马克明, 等. 2004. 岷江上游高原植被类型与景观特征对土壤性质的影响[J]. 应用生态学, 15(1): 26-30.

刘世梁, 崔保山, 杨志峰, 等. 2006. 高速公路建设对山地景观格局的影响——以云南省澜沧江流域为例[J]. 山地学报, 24(1): 54-59.

刘玉安, 黄波, 程涛, 等. 2012. 基于像元二分模型的淮河上游植被覆盖度遥感研究[J]. 水土保持通报, 32(1): 93-97.

刘占锋, 傅伯杰, 刘国华, 等. 2006. 土壤质量与土壤质量指标及其评价[J]. 生态学报, (3): 903-913.

柳静, 胡楠, 丁圣彦, 等. 2008. 伏牛山自然保护区植物功能群组成种的生态位研究[J]. 武汉植物学研究, 26(6): 595-599.

卢远, 华璀. 2004. 广西1990—2002年生态足迹动态分析[J]. 中国人口·资源与环境, 14(3): 49-53.

陆禹, 佘济云, 陈彩虹, 等. 2015. 基于粒度反推法的景观生态安全格局优化——以海口市秀英区为例[J]. 生态学报, 35(19): 6384-6393.

罗兴录, 樊吴静, 杨鑫, 等. 2013. 不同植被下水土流失研究[J]. 中国农学通报, 29(29): 162-165.

罗珠珠, 黄高宝. 2012. 黄土高原旱地土壤质量评价指标研究[J]. 中国生态农业学报, 20(2): 127-137.

马超飞, 马建文, 布和敖斯尔. 2001. USLE模型中植被覆盖因子的遥感数据定量估算[J]. 水土保持通报, 21(4): 6-9.

马红斌, 王庆, 王秦湘. 2012. 基于NDVI的多沙粗沙区植被覆盖度研究[J]. 人民黄河, 34(12): 94-95.

马克明, 傅伯杰, 黎晓亚, 等. 2004. 区域生态安全格局: 概念与理论基础[J]. 生态学报, 24(4): 761-768.

马苏, 杨波, 郑志华, 等. 2011. 湖南永吉高速公路建设的景观格局影响评价[J]. 长江流域资源与环境, 20(11): 1383-1388.

马晓, 杨宇明, 赵一鹤. 2012. 普洱地区桉树人工林下植物种类调查[J]. 热带农业科技, 35(3): 42-46.

马永力. 2010. 基于3S技术和USLE模型的土壤侵蚀研究[D]. 郑州: 郑州大学.

蒙吉军, 吴秀芹, 李正国. 2005. 黑河流域LUCC(1988—2000)的生态环境效应研究[J]. 水土保持研究，12(4)：17-21.

孟庆繁. 2006. 人工林在生物多样性保护中的作用[J]. 世界林业研究，19(5)：1-6.

牟智慧，杨广斌. 2014. 基于 TM 影像面向对象的桉树信息提取[J]. 林业资源管理，(2)：119-125.

宁雅楠. 2015. 青龙满族自治县土地利用景观生态安全时空变化与影响因素分析[D]. 保定：河北农业
　　大学.

牛香，王兵. 2012. 基于分布式测算方法的福建省森林生态系统服务功能评估[J]. 中国水土保持科学，
　　10(2)：36-43.

欧阳志云，王效科，苗鸿，等. 1999. 中国陆地生态系统服务功能及其生态经济价值的初步研究[J].
　　生态学报，19(5)：607-613.

潘竟虎，刘晓. 2015. 基于空间主成分和最小累积阻力模型的内陆河景观生态安全评价与格局优化——
　　以张掖市甘州区为例[J]. 应用生态学报，26(10)：3126-3136.

潘勇军，陈步峰，王兵，等. 2013. 广州市森林生态系统服务功能评估[J]. 中南林业科技大学学报，
　　33(5)：73-78.

潘志刚，游应天. 1994. 中国主要外来树种引种栽培[M]. 北京：北京科学技术出版社：525-528.

彭宗波，张木兰，梁玉斯，等. 2006. 海南 350 万亩浆纸林的生态服务功能价值转移研究[J]. 热带林
　　业，34(2)：11-14.

平亮，谢宗强. 2009. 引种桉树对本地生物多样性的影响[J]. 应用生态学报，20(7)：1765-1774.

齐伟，张风荣，牛振国，等. 2003. 土壤质量时空变化一体化评价方法及其应用[J]. 土壤通报，34
　　(1)：1-5.

齐杨，邬建国，李建龙，等. 2013. 中国东西部中小城市景观格局及其驱动力[J]. 生态学报，33(1)：
　　275-285.

祁述雄. 2002. 中国桉树 [M]. 北京：中国林业出版社.

强建华，赵鹏祥，陈国领. 2007. 基于 NDVI 的油松天然林生长状况的遥感检测研究[J]. 西北林学院
　　学报，22(1)：149-151.

秦明周，赵杰. 2000. 城乡结合部土壤质量变化特点与可持续性利用对策——以开封市为例[J]. 地理
　　学报，55(5)：545-554.

邱文君. 2013. 干旱对西南地区植被净初级生产力的影响研究[D]. 济南：山东师范大学.

邱扬，傅伯杰，王勇. 2002. 土壤侵蚀时空变异及其与环境因子的时空关系[J]. 水土保持学报，16
　　(1)：108-111.

曲格平. 2002. 关注生态安全之一：生态环境问题已经成为国家安全的热门话题[J]. 环境保护，(5)：
　　3-5.

曲艺，栾晓峰. 2010. 基于最小费用距离模型的东北虎核心栖息地确定与空缺分析[J]. 生态学杂志，
　　29(9)：1866-1874.

任志远，刘嵌序. 2013. 西北地区植被净初级生产力估算模型对比与其生态价值评价[J]. 中国生态农
　　业学报，21(4)：494-502.

任志远，张艳芳. 2003. 土地利用变化与生态安全评价[M]. 北京：科学出版社.

沈其荣，谭金芳，钱晓晴. 2001. 土壤肥料学通论[M]. 北京：高等教育出版社.

沈亚明. 2012. 基于 RS 与 GIS 的区域土地利用变化引起的生态环境效应研究——以广阳岛为例[D].
　　重庆：重庆师范大学.

石贤辉. 2012. 桉树人工林土壤微生物活性与群落功能多样性[D]. 南宁：广西大学.

史东梅，吕刚，蒋光毅，等. 2005. 马尾松林地土壤物理性质变化及抗蚀性研究[J]. 水土保持学报，
　　19(6)：35-39.

宋永昌. 2001. 植被生态学[M]. 上海：华东师范大学出版社.

宋钰红. 2010. 剑川县 2008 年生态足迹计算及分析[J]. 中国人口·资源与环境，20(3)：163-165.

苏里，许科锦. 2006. 广西玉林市 4 种人工林林下植被物种多样性研究[J]. 广西科学，13(4)：316-32.

苏晓琳. 2014. 桉树造林对林地土壤水文功能和养分淋失的影响[D]. 南宁：广西大学.

孙存举，吴晓青，李浩. 2011. 基于 NDVI 的清水县植被变化分析[J]. 四川林勘设计，(4)：13-17.

孙善磊，周锁铨，石建红，等. 2010. 应用三种模型对浙江省植被净第一性生产力(NPP)的模拟与比较[J]. 中国农业气象，31(2)：271-276.

孙长忠，沈国航. 2001. 我国人工林生产力问题的研究——影响我国人工林生产的自然因素评价[J]. 林业科学，37(3)：72-77.

唐本安，余中元，陈春福，等. 2010. 海南蚂蟥岭流域桉树人工林土壤动物生态地理特征[J]. 地理研究，29(1)：118-126.

陶玉华，向达永，郭耆，等. 2012. 柳州市三种人工林土壤有机碳储量的空间分布[J]. 湖北农业科学，51(10)：1990-1993.

田晔华. 2011. 北京百花山自然保护区苔藓植物多样性研究[D]. 北京：北京林业大学.

王伯荪，王昌伟，彭少麟，等. 2005. 生物多样性刍议[J]. 中山大学学报(自然科学版)，44(6)：68-70.

王长委，胡月明，沈德才，等. 2014. 多源光学遥感数据估算桉树森林生物量[J]. 测绘通报，(12)：20-23.

王楚彪，卢万鸿，林彦，等. 2013. 桉树的分布及生态评价与结论[J]. 桉树科技，30(4)：44-51.

王红旗，张亚夫，田雅楠. 2015. 基于 NPP 的生态足迹法在内蒙古的应用[J]. 干旱区研究，32(4)：784-790.

王会利，蒋燚，曹继钊，等. 2012a. 桉树复合经营模式的水土保持效益分析[J]. 中国水土保持科学，10(4)：104-107.

王会利，杨开太，黄开勇，等. 2012b. 广林巨尾桉人工林土壤侵蚀和养分流失研究[J]. 西部林业科学，(4)：84-87.

王豁然. 2000. 关于发展人工林与建立人工林业问题探讨[J]. 林业科学，36(3)：111-117.

王纪杰. 2011. 桉树人工林土壤质量变化特征[D]. 南京：南京林业大学.

王纪杰，王炳南，李宝福，等. 2016. 不同林龄巨尾桉人工林土壤养分变化[J]. 森林与环境学报，36(1)：8-14.

王劲峰. 1995. 中国自然区划[M]. 北京：中国科学技术出版社.

王军，傅伯杰，陈利顶. 1999. 景观生态规划的原理和方法[J]. 资源科学，21(2)：71-76.

王李娟，牛铮，旷达. 2010. 基于 MODIS 数据的 2002～2006 年中国陆地 NPP 分析[J]. 国土资源遥感，87(4)：113-117.

王启兰，王溪，曹广民，等. 2011. 青海省海北州典型高寒草甸土壤质量评价[J]. 应用生态学报，22(6)：1416-1422.

王尚明，吴学仕，陈孝，等. 1997. 农林复合经营研究——菠萝与桉树轮作对林木和土壤的效应[J]. 土壤与环境，6(1)：1-8.

王世红. 2007. 桉树人工林土壤肥力演变特征研究[D]. 南京：南京林业大学.

王文娟，张树文，李颖，等. 2008. 基于 GIS 和 USLE 的三江平原土壤侵蚀定量评价[J]. 干旱区资源与环境，22(9)：112-117.

王亚娟，刘小鹏，关文超. 2010. 山区土地利用变化对生态系统服务价值的影响分析——以宁夏彭阳县为例[J]. 生态经济，224(5)：146-162.

王艳，王力. 2011. 生态足迹研究进展述评[J]. 中国水土保持科学，9(3)：114-120.

王瑶，宫辉力，李小娟. 2007. 基于最小累积阻力模型的景观通达性分析[J]. 地理空间信息，5(4)：45-47.

王永丽，于君宝，董洪芳，等. 2012. 黄河三角洲滨海湿地的景观格局空间演变分析[J]. 地理科学，32(6)：717-724.

王原，黄玫，王祥荣. 2010. 气候和土地利用变化对上海市农田生态系统净初级生产力的影响[J]. 环境科学学报，30(3)：641-648.

王长委，胡月明，沈德才，等. 2014. 多源光学遥感数据估算桉树森林生物量[J]. 测绘通报，(12)：20-23.

王震洪，段昌群，文传浩，等. 2001. 滇中三种人工林群落控制土壤侵蚀和改良土壤效应[J]. 水土保持通报，21(2)：23-27.

王志超. 2014. 不同整地措施对桉树幼林生长及林地环境变化的影响[D]. 北京：中国林业科学研究院.

温远光，刘世荣，陈放. 2005. 桉树工业人工林的生态问题和可持续经营[J]. 广西科学院学报，21(1)：13-18.

邬建国. 2007. 景观生态学——格局、过程，尺度与等级[M]. 北京：高等教育出版社.

吴昌广，周志翔，王鹏程，等. 2009. 基于最小费用模型的景观连接度评价[J]. 应用生态学报，20(8)：2042-2048.

吴锦容，彭少麟. 2005. 化感—外来入侵植物的"Novel Weapons"[J]. 生态学报，25(11)：3093-3097.

奚振邦. 2003. 现代化学肥料学[M]. 北京：中国农业出版社.

夏体渊，段昌群，张彩仙，等. 2010. 桉树人工林与邻近区域群落土壤肥力研究[J]. 云南大学学报(自然科学版)，32(1)：118-123.

肖笃宁，李迪华. 2003. 景观生态学[M]. 北京：科学出版社.

肖笃宁，解伏菊，魏建兵. 2004. 区域生态建设与景观生态学的使命[J]. 应用生态学报，15(10)：1731-1736.

谢彩文. 2012. 速丰桉让广西成为全国最大产木区[N]. 广西日报：01-20.

谢高地，鲁春霞，冷允法，等. 2003. 青藏高原生态资源的价值评估[J]. 自然资源学报，18(2)：189-196.

谢高地，肖玉，甄霖，等. 2005. 我国粮食生产的生态服务价值研究[J]. 中国生态农业学报，12(3)：10-13.

谢高地，张钇锂，鲁春霞，等. 2001. 中国自然草地生态系统服务价值[J]. 自然资源学报，16(1)：47-53.

谢高地，甄霖，鲁春霞，等. 2008. 一个基于专家知识的生态系统服务价值化方法[J]. 自然资源学报，23(5)：911-919.

谢红霞. 2008. 延河流域土壤侵蚀时空变化及水土保持环境效应评价研究[D]. 西安：陕西师范大学.

熊春梅，杨立中，贺玉龙. 2009. 基于生态足迹的西南山区资源可持续利用研究——以黔东南苗族侗族自治州为例[J]. 中国人口·资源与环境，19(5)：58-63.

徐海根，包浩生. 2004. 自然保护区生态安全设计的方法研究[J]. 应用生态学报，15(7)：1266-1270.

徐天蜀，彭世揆，岳彩荣. 2002. 山地流域治理的景观生态规划[J]. 水土保持通报，2002，22(2)：52-54.

徐昔保，杨桂山，李恒鹏. 2011. 太湖流域土地利用变化对净初级生产力的影响[J]. 资源科学, 33 (10)：1940-1947.

徐燕，周华荣. 2003. 初论我国生态环境质量评价研究进展[J]. 干旱区地理, 26(2)：166-173.

许鹏. 2000. 草地资源调查规划学[M]. 北京：中国农业出版社.

许月卿，黄靖，冯艳. 2010. 不同土地利用结构下的土壤侵蚀经济损失——以贵州省猫跳河流域为例 [J]. 地理科学进展, 29(11)：1451-1456.

许月卿，邵晓梅. 2006. 基于 GIS 和 RUSLE 的土壤侵蚀量计算——以贵州省猫跳河流域为例[J]. 北 京林业大学学报, 28(4)：67-71.

薛晓娇，李新春. 2011. 中国能源生态足迹与能源生态补偿的测度[J]. 技术经济与管理研究, (1)：90-93.

闫琳. 2007. 澜沧县土壤侵蚀敏感性评价及防治区划研究[D]. 昆明：云南大学.

杨繁松. 2007. 桉树人工林种植对土地利用格局影响研究[D]. 昆明：云南大学.

杨吉山，王兆印，余国安，等. 2009. 小江流域不同人工林群落结构变化及其对侵蚀的控制作用[J]. 生态学报, 29(4)：1920-1930.

杨开忠，杨咏，陈洁. 2000. 生态足迹分析理论与方法[J]. 地球科学进展, 15(6)：630-636.

杨民胜，李天会. 2005. 中国桉树研究现状与科学经营[J]. 桉树科技, 22(2)：1-7.

杨子生. 1999. 滇东北山区坡耕地土壤流失方程研究[J]. 水土保持通报, 19(1)：1-9.

杨子生. 2002. 云南省金沙江流域土壤流失方程研究[J]. 山地学报, 20(增刊)：1-9.

叶绍明，温远光，杨梅，等. 2010. 连栽桉树人工林植物多样性与土壤理化性质的关联分析[J]. 水土 保持学报, 24(4)：246-250, 256.

叶志君. 2008. 永安市桉树人工林与其它林地土壤养分及微生物对比研究[D]. 福州：福建师范大学.

于福科，黄新会，王克勤，等. 2009. 桉树人工林生态退化与恢复研究进展[J]. 中国生态农业学报, 17(2)：393-398.

余新晓，牛健植，关文彬，等. 2006. 景观生态学[M]. 北京：高等教育出版社.

俞孔坚，李迪华. 1997. 城乡与区域规划的景观生态模式[J]. 国外城市规划汇刊, (3)：27-31.

俞孔坚. 1998. 景观生态战略点识别方法与理论地理学的表面模型[J]. 地理学报, (S1)：11-18.

俞孔坚. 1999. 生物保护的景观生态安全格局[J]. 生态学报, 19(1)：8-15.

俞孔坚. 2008. 景观：文化、生态与感知[M]. 北京：科学出版社.

喻庆国. 2007. 生物多样性调查与评价[M]. 昆明：云南科技出版社.

岳彩荣，唐瑶，徐天蜀，等. 2014. 香格里拉县植被净初级生产力遥感估算[J]. 中国林业科技大学学 报, 34(7)：90-98.

张斌，赵从举，陈浩，等. 2012. 海南西部桉树人工林春季土壤水分时空变化研究[J]. 天津农业学报, 18(3)：51-53.

张凤梅，黄影霞，黄承标. 2013. 桉树人工林取代马尾松林后对土壤含水量的影响[J]. 科技资讯, 21 (7)：211-213.

张光辉. 2002. 土壤侵蚀模型研究现状与展望[J]. 水科学进展, 13(3)：389-396.

张洪军，刘正恩，曾福存. 2007. 生态规划尺度、空间布局与可持续发展[M]. 北京：化学工业出版 社.

张惠远，万军. 1999. GIS 支持下的山地景观生态优化途径[J]. 水土保持研究, 6(4)：69-74.

张杰，潘晓玲，高志强，等. 2006. 基于遥感-生态过程的绿洲-荒漠生态系统净初级生产力估算[J]. 干旱区地理, 29(2)：255-261.

张凯，郑华，陈法霖，等. 2015. 桉树取代马尾松对土壤养分和酶活性的影响[J]. 土壤学报, 52(3)：

646-653.

张荣贵,李恩广,蒋云东. 2007. 云南的桉树引种及其发展状况的剖析[J]. 西部林业科学,36(3): 97-102.

张锐. 2006. 全国桉树研讨会在昆召开[N]. 云南日报.

张顺恒,陈辉. 2010. 桉树人工林的水源涵养功能[J]. 福建林学院学报,30(4):300-303.

张晓霞,李占斌,李鹏. 2010. 黄土高原草地土壤微量元素分布特征研究[J]. 水土保持学报,24(5): 45-48.

张逸飞,李娟娟,孟磊,等. 2015. 农业利用对海南省天然次生林土壤微生物的影响[J]. 生态学报, 35(21):6983-6992.

张玉虎. 2008. 流域典型区土地利用/覆被变化与生态安全格局构建分析——以永定河流域门头沟段为 例[D]. 乌鲁木齐:新疆大学.

章文波,路炳军,石伟. 2009. 植被覆盖度的照相测量及其自动计算[J]. 水土保持通报,29(2):39- 42.

赵金龙. 2011. 广西桉树人工林的生态服务功能研究[D]. 南宁:广西大学.

赵磊,袁国林,张琰,等. 2007. 基于 GIS 和 USLE 模型对滇池宝象河流域土壤侵蚀量的研究[J]. 水 土保持通报,27(3):42-46.

赵廷香,麦昌金. 1997. 桉树林生态环境的变化[J]. 广西林业,(5):15-17.

赵筱青. 2008. 外来树种引种的景观生态安全格局研究——以尾叶桉类林在云南省澜沧县引种为例 [D]. 昆明:云南大学.

赵筱青,顾泽贤,高翔宇. 2016. 人工园林大面积种植区土地利用/覆被变化对生态系统服务价值影响 [J]. 长江流域资源与环境,25(1):88-97.

赵筱青,和春兰,许新惠. 2012a. 云南山地尾叶桉类林引种对土壤物理性质的影响[J]. 生态环境学 报,21(11):1810-1816.

赵筱青,和春兰,易琦. 2012b. 大面积桉树引种区土壤水分及水源涵养性能研究[J]. 水土保持学报, 26(3):205-211.

赵筱青,王海波,杨树华,等. 2009. 基于 GIS 支持下的土地资源空间格局生态优化[J]. 生态学报, 29(9):4892-4901.

赵筱青,王兴友,谢鹏飞,等. 2015. 基于结构与功能安全性的景观生态安全时空变化——以人工园林 大面积种植区西盟县为例[J]. 地理研究,34(8):1581-1591.

赵一鹤. 2008. 巨尾桉工业原料林群落结构与林下植物物种多样性研究[D]. 北京:中国林业科学研究 院.

赵紫华,王颖,贺达汉,等. 2012. 麦蚜和寄生蜂对农业景观格局的响应及其关键景观因子分析[J]. 生态学报,32(2):472-482.

中华人民共和国水利部. 2008. SL190-2007 土壤侵蚀分类分级标准[S]. 北京:水利电力出版社.

钟慕尧,黄树才,杨民胜,等. 2005. 尾巨桉、马尾松和相思人工林的生态环境比较[J]. 桉树科技, 22(2):12-17.

钟宇. 2009. 不同立地类型巨桉人工林生物多样性特征[D]. 成都:四川农业大学.

周伏建. 2000. 福建省土壤侵蚀与综合治理[J]. 水土保持通报,20(4):56-58.

周伏建,黄炎和. 1995. 福建省降雨侵蚀力指标 R 值[J]. 水土保持学报,9(1):14-18.

周广胜,张新时. 1995. 自然植被净第一性生产力模型初探[J]. 植物生态学报,19(3):193-200.

周涛,王云鹏,龚健周,等. 2015. 生态足迹的模型修正与方法改进[J]. 生态学报,35(14):4592- 4603.

周湘山，孙保平，李锦荣. 2011. 基于 GIS 和 USLE 的土壤侵蚀定量分析研究——以四川省洪雅县为例[J]. 水土保持研究，18(4)：5-10，15.

朱强，俞孔坚，李迪华. 2005. 景观规划中的生态廊道宽度[J]. 生态学报，25(9)：2406-2412.

Adrian Ares，James H. 2001. Fownes. Productivitiy, nutrient and water-use effciency of eucalyptsus saligna and toonaciliata in Hawaii[J]. Forest Ecology and Management，139(1-3)：227-236.

Alem S，Woldemariam T，Pavlis J. 2010. Evaluation of soil nutrients under eucalyptus grandis plantation and adjacent sub-montane rain forest[J]. Journal of Forestry Research，21(4)：457-460.

Arifin H S，Nakagoshi N. 2011. Landscape ecology and urban biodiversity in tropical Indonesian cities [J]. Landscape & Ecological Engineering，7(1)：33-43.

Arroyo-Rodriguez V，Toledo-Aceves T. 2009. Impact of landscape spatial pattern on liana communities in tropical rainforests at Los Tuxtlas, Mexico[J]. Applied Vegetation Science，12(3)：340-349.

Bagliani M，Martini F. 2012. A joint implementation of ecological footprint methodology and cost accounting techniques for measuring environmental pressures at the company level[J]. Ecological Indicators，16：148-156.

Bahuguna V K. 1991. Tropical forest system：soil fauna in subtropics Dehradun[M]. Indian International Book Distributors.

Bais H P，Vepachedu R，Gilroy S，et al. 2003. Allelopathy and exotic plant invasion：from molecules and genes to species interactions[J]. Science，301(5638)：1377-1380.

Batish D R，Singh H P，Setia N，et al. 2006. Chemical composition and inhibitory activity of essential oil from decaying leaves of eucalyptus citriodora[J]. Zeitschrift für Naturforschung C，61(1-2)：52-56.

Borucke M，Moore D，Cranston G，et al. 2013. Accounting for demand and supply of the biosphere's regenerative capacity：the national footprint accounts' underlying methodology and framework[J]. Ecological Indicators，24：518-533.

Brockerhofp E G，Ecroyd C E，Langer E R. 2001. Biodiversity in New Zealand plantation forests：policy trends, incentives, and the state of our knowledge[J]. New Zealand Journal of Forestry，46：31-37.

Corona P，Chirici G，Mcroberts R E，et al. 2011. Contribution of large-scale forest inventories to biodiversity assessment and monitoring[J]. Forest Ecology & Management，262(11)：2061-2069.

Costanza R，Darge R，De Groot R，et al. 1997. The value of the world's ecosystem services and natural capital[J]. Nature，387(15)：253-260.

Curtis J T，McIntosh R P. 1951. An upland forest continuum in the prairie-forest boder region of Wisconsin[J]. Ecology，332：476-496.

Daily G. 1997. What are ecosystem services[C]. In：G. Daily, Ed., Natures Services：Societal Dependence on Natural Ecosystems，Washington D C：Island Press，1-10.

Ditt E H，Mourato S，Ghazoul J，et al. 2010. Forest conversion and provision of ecosystem services in the Brazilian Atlantic Forest[J]. Land Degradation & Development，21(6)：591-603.

Ehrlich P R，Holdren J P. 1971. The impact of population growth[J]. Science，171：1212-1217.

Lepers E，Lambin E，Defries R，et al. 2005. A synthesis of information on rapid land-cover change for the period 1981-2000[J]. Bioscience，55 (2)：115-124.

Espejel I，Fischer D W，Hinojosa A，et al. 1999. Land-use planning for the Guadalupe Valley, Baja California, Mexico[J]. Landscape & Urban Planning，45(4)：219-232.

FAO. 1976. A framework for land evaluation[M]. Rome, Italy.

Flynn R, Shield E. 1999. Eucalyptus: progress in higher value utilization[J]. A Global Review, 5.

Forman, Richard T T. 1995. Land mosaics: the ecology of landscapes and regions[M]. Cambridge: Cambridge University Press.

Friend G R. 1982. Mammal populations in exotic pine plantations and indigenous eucalypt forests in Gippsland, Victoria[J]. Australian Forestry, 45: 3-18.

Guan W B, Xie C H, Ma K M, et al. 2003. A vital method for constructing regional ecological security patern: landscape ecolgical restoration and rehabilitation[J]. Acta Ecologica Sinica, 23: 64-73.

Huang J F, Wang R H, Zhang H Z. 2007. Analysis of patterns and ecological security trend of modern oasis landscapes in Xinjiang, China[J]. Environmental Monitoring & Assessment, 134(1-3): 411-419.

Huang N, Niu Z, Wu C, et al. 2010. Modeling net primary production of a fast-growing forest using a light use efficiency model[J]. Ecological Modelling, 221(24): 2938-2948.

Jokimäki J, Kaisanlahti-Jokimäki M L, Suhonen J, et al. 2011. Merging wildlife community ecology with animal behavioral ecology for a better urban landscape planning[J]. Landscape & Urban Planning, 100(4): 383-385.

Jordán F. 2000. A reliability-theory approach to corridor design[J]. Ecological Modelling, 128(2): 211-220.

Kemp R H, FAO Rome(Italy), Namkoong G, et al. 1993. Conservation of genetic resources in tropical forest management: principles and concepts[M]. FAO Forestry Paper, Rome(Italy): 107.

Knaapen J P, Scheffer M, Harms B. 1992. Estimating habitat isolation in landscape planning[J]. Landscape and Urban Planning, 23: 1-16.

Kosmas C, Danalatos N, Cammeraat L H, et al. 1997. The effect of land use on runoff and soil erosion rates under mediterranean conditions[J]. Catera, 29(1): 45-59.

Kubiszewske L, Costanza R, Dorji L, et al. 2013. An initial estimate of the value of ecosystem services in Bhutan[J]. Ecosystem Services, 3: 11-21.

Kupfer J A, Malanson G P. 1993. Structure and compositing of a riparian forest edge[J]. Physical Geography, 14: 154-170.

Larsen L G, Harvey J W. 2011. Modeling of hydroecological feedbacks predicts distinct classes of landscape pattern, process, and restoration potential in shallow aquatic ecosystems[J]. Geomorphology, 126(3): 279-296.

Lathrop R G, Bognar J A. 1998. Applying GIS and landscape ecological principles to evaluate land conservation alternatives[J]. Landscape & Urban Planning, 41(1): 27-41.

Levins. 1968. Evolution in changing environments: some theoretical explorations[M]. Princeton: Princeton University Press.

Li H L, Li D H, Li T, et al. 2010. Application of least-cost path model to identify a giant panda dispersal corridor network after the Wenchuan earthquake-case study of Wolong Nature Reserve in China [J]. Ecological Modelling, 221: 944-952.

Liu B Y, Nearing M A, Risse L M. 1994. Slope gradient effects on soil loss for steep slopes[J]. Transactions of the ASAE, 37(6): 1835-1840.

Lopes D M, Aranha J T, Walford N, et al. 2014. Accuracy of remote sensing data versus other sources of information for estimating net primary production in Eucalyptus globulus. and Pinus pinaster. ecosystems in Portugal[J]. Canadian Journal of Remote Sensing, 35(1): 37-53.

Ma K M, Fu B J, Li X Y, et al. 2004. The regional pattern for ecological security (RPES): the concept and theoretical basis[J]. Acta Ecologica Sinica, 24: 761-768.

Meidad K. 2013. Approaches for calculating a nation's food ecological footprint-the case of Canada[J]. Ecological Indicators, 24: 366-374.

Penela A C, Villasante C S. 2008. Applying physical input-output tables of energy to estimate the energy ecological footprint (EEF) of Galicia (NW Spain)[J]. Energy Policy, 36(3): 1148-1163.

Peng S L, Chen A Q, Fang H D, et al. 2013. Effects of vegetation restoration types on soil quality in Yuanmou dry-hot valley, China[J]. Soil Science and Plant Nutrition, 59(3): 347-360.

Peverill K I, Sparrow L A, Reuter D J. 1999. Soil analysis: an interpretation manual[M]. CSIRO publishing.

Peter J K, 1997. Ski: afforestation and plantation for the 21st century[C]. In: proc The X I World Forestry Congree. Antalya, Turkey.

Poore M E, Fries C. 1985. The ecological effect of Eucalyptus[C]. Rome: FAO Forestry Papers, 59.

Posachlod J P, Bakker S, Kahmen. 2005. Changing land use and its impact on biodiversity[J]. Basic and Applied Ecology, 6: 93-98.

Rajendra P. Shresha, Schmidt-Vogt D, Gnanavelrajah N. 2010. Relating plant diversity to biomass and soil erosion in a cultivated land scape of the eastern seaboard region of Thailand[J]. Applied Geography, 4: 23.

Recher H F, Davis W E, Holmes R T. 1987. Ecology of brown and striated thornbills in forests of South-eastern New South Wales, with comments on forest management[J]. Emu, 87: 1-13.

Rees W E. 1992. Ecological footprints and appropriated carrying capacity: what urban economics leaves out[J]. Environment & Urbanization, 4(2): 121-130.

Running S W, Coughlan J C. 1988. A general model of forest ecosystem processes for regional applications I. Hydrologic balance, canopy gas exchange and primary production processes[J]. Ecological Modelling, 42(2): 125-154.

Ruwanza S, Gaertner M, Richardson D M, et al. 2013. Soil water repellency in riparian systems invaded by Eucalyptus camaldulensis: a restoration perspective from the Western Cape Province, South Africa[J]. Geoderma, 200: 9-17.

Shiva V, Bandyopadhyay J. 1983. Eucalyptus-a disastrows tree for India[J]. Ecologist, 13(5): 184-187.

Shrestha R P, Schmidt-Vogt D, Gnanavelrajah N. 2010. Relating plant diversity to biomass and soil erosion in a cultivated landscape of the eastern seaboard region of Thailand[J]. Applied Geography, 30(4): 606-617.

Sigunga D O, Kimura M, Hoshino M, et al. 2013. Root-fusion characteristic of Eucalyptus trees block gully development[J]. Journal of Environmental Protection, 4(9): 877.

Smith J H, Wickham J D, Stehman S V, et al. 2002. Impacts of patch size and land-cover heterogeneity on thematic image classification accuracy[J]. Photogrammetrie Engineering and Remote Sensing, 68: 65-70.

Steel S V, Daniel J Z, Maristela M A, et al. 2012. Abroveground net primary productivity in tropical forest regrowth increase following wetter dry-seasons[J]. Forest Ecology and Management, 276: 82-87.

Stephen N. 2002. Standardisation of soil quality attributes[J]. Agricultural Ecosystems and Environment，2002，88：161-168.

Sutcliffe O L，Bakkestuen V，Fry G，et al. 2003. Modelling the benefits of farmland restoration：methodology and application to butterfly movement[J]. Landscape and Urban Planning，63(1)：15-31.

Takahashi T，Kokubo R，Sakaino M. 2004. Antimicrobial activities of Eucalyptus leaf extracts and flavonoids from eucalyptus maculata[J]. Letters in applied microbiology，39(1)：60-64.

Tererai F，Gaertner M，Jacobs S M，et al. 2013. Eucalyptus invasions in riparian forests：effects on native vegetation community diversity，stand structure and composition[J]. Forest Ecology and Management，297：84-93.

Ulbricht K A，Heckendorff W D. 1998. Satellite images for recognition of landscape and landuse changes [J]. Isprs Journal of Photogrammetry & Remote Sensing，53(4)：235-243.

Vasconcelos S S，Zarin D J，Araújo M M，et al. 2012. Aboveground net primary productivity in tropical forest regrowth increases following wetter dry-seasons[J]. Forest Ecology and Management，276：82-87.

Vassallo M M，Dieguez H D，Garbulsky M F，et al. 2013. Grassland afforestation impact on primary productivity：a remote sensing approach[J]. Applied Vegetation Science，16(3)：390-403.

Viana H，Lopes D，Aranha J. 2010. Modelling aboveground NPP of Portuguese forest，at regional scale，using field inventory data and NDVI from Landsat 5 TM，Modis and Spot Vegetation Imagery [C]//Forest SAT2010 Conference. Operational tools in forestry using remote sensing techniques. University of Santiago de Compostela，401.

Wackernagel M，Onisto L，Bello P，et al. 1999. National natural capital accounting with the ecological footprint concept[J]. Ecological Economics，29(3)：375-390.

Wackernagel M，Rees W E，Testemale P. 1996. Our ecological footprint ：reducing human impact on the earth[J]. Population & Environment，1(3)：171-174.

Wackernagel M，Rees W E. 1997. Perceptual and structural barriers to investing in natural capital：economics from an ecological footprint perspective[J]. Ecological Economics，20(1)：3-24.

Wang H F，Peng Z H. 2013. Study of landscape ecological pattern in environmental construction[J]. Informatics and Management Science II，205，371-380.

Wang X D，Zhong X H，Fan J R. 2004. Assessment and spatial distribution of sensitivity of soil erosion in Tibet[J]. Journal of Geographical Sciences，14(1)：41-46.

Wang Y，Gong H，Li X J. 2007. Analysis of the culture landscape accessibility based on minimum cumulative resistance model[J]. Geospatial Information，4：017.

Whittaker R H. 1977. Evolution of species diversity in land communities[J]. Evolutionary Biology，10：1-67.

Wickham J D. 2000. Forest fragmentation as an economic indicator[J]. Landscape Ecology，15：171-179.

Williams J R，Arnold J G. 1997. A system of erosion-sediment yield models[J]. Soil Technology，11(1)：43-55.

Wischmeier W H，Smith D D. 1965. Predicting rainfall erosion losses from cropland east of the rocky mountains agricultural handbook[M]. Washington D. C. ：Department of Agriculture.

Wischmeier W H，Smith D D. 1978. Predicting rainfall erosion losses：a guide to conservation planning [M]. USDAAgric. Handb. No 537.

Yang D，Kanae S，Oki T，et al. 2003. Global potential soil erosion with reference to land use and climate changes[J]. Hydrological Processes，17(14)：2913-2928.

Yu K J. 1996. Security patterns and surface model in landscape ecological planning[J]. Landscape and Urban Planning，36(1)：1-17.

Yuan B，Xu H L，Ling H B. 2014. Eco-service value evaluation based on eco-economic functional regionalization in a typical basin of northwest arid area，China[J]. Environ Earth Sci，71：3715-3726.

Zhao X Q，Ding N，Yan P. 2012. Changing rules of physical and chemical properties of Eucalyptus uraphylla spp. forest at different ages in southwest Yunnan Province[J]. Agricultural Science & Technology，13(6)：1298-1302.

Zhao X Q，Xu X H. 2015. Research on landscape ecological security pattern in a Eucalyptus introduced region based on biodiversity conservation[J]. Russian Journal of Ecology，46(1)：59-70.

Zingg A W. 1940. Degree and length of land slope as it affects soil loss in runoff[J]. Agric. Eng，(21)：59-64.

# 附　录

## 附录 I　各林地林下植物物种重要值

| 层次 | 植物种类 | 次生常绿阔叶林地 | 思茅松林地 | 灌木林地 | 桉树林地 | 植物种类 | 次生常绿阔叶林地 | 思茅松林地 | 灌木林地 | 桉树林地 |
|---|---|---|---|---|---|---|---|---|---|---|
| 灌木林 | 栲状栲 Castanopsis calathiformis | 2.63~40.12 | 5.83 | 1.14~8.75 | 2.88~3.32 | 独子藤 Celastrus monospermus | 1.33 | — | — | — |
| | 华南石栎 Lithocarpus fenestratus | 0.9~19.99 | 1.63~3.46 | — | — | 小绿刺 Capparis urophylla | 1.29 | — | — | — |
| | 水锦树 Wendlandia uvariifolia | 1.47~16.68 | 6.71~23.87 | — | 3.73~44.88 | 茜树 Aidia cochinchinensis | 1.25 | — | — | — |
| | 巴豆藤 Craspedolobium unijugum | 1.4~15.18 | 3.22~6.86 | 1.56~1.62 | 5 | 短刺栲 Castanopsis echidnocarpa | 1.24 | — | 1.19 | — |
| | 木姜子 Litsea pungens | 3.57~14.46 | 1.01~1.77 | — | 4.39~27.33 | 栎叶枇杷 Eriobotrya prinoides | 1.14 | — | — | — |
| | 刺栲 Castanopsis hystrix | 2.4~13.61 | 2.49~5.82 | — | 1.38 | 绿萝 Pollia secundiflora | 1.12 | 1.03 | — | 2.24~6.62 |
| | 思茅蒲桃 Syzygium szemaoense | 2.1~13.12 | — | 18.44 | 1.63~12.54 | 长波叶山蚂蝗 Desmodium sequax | 1.06 | 0.93~3.7 | 0.97 | 0.77~3.84 |
| | 小叶干花豆 Fordia microphylla | 2.06~12.83 | 1.48~26.08 | — | 1.69~12.42 | 臀果木 Pygeum topengii | 0.96 | — | — | — |
| | 秧青（思茅黄檀）Dalbergia assamica | 2.14~10.67 | 11.73 | — | 9.79 | 光叶薯蓣 Dioscorea glabra | 0.93 | 0.64 | — | — |
| | 白穗石栎 Lithocarpus craibianus | 7.21~10.06 | — | 1.18 | — | 美翼杯冠藤 Cynanchum callialata | 0.82 | 0.74 | — | 2.2 |
| | 半齿柃木 Eurya semiserrulata | 4.02~9.66 | 9.08 | — | 19.14 | 钝叶黄檀 Dalbergia obtusifolia | 0.82 | — | — | — |

续表

| 层次 | 植物种类 | 次生常绿阔叶林地 | 思茅松林地 | 灌木林地 | 桉树林地 | 植物种类 | 次生常绿阔叶林地 | 思茅松林地 | 灌木林地 | 桉树林地 |
|---|---|---|---|---|---|---|---|---|---|---|
| 灌木林 | 千斤拔 Flemingia prostrata | 4.44~9.21 | — | — | — | 纽子果 Ardisia virens | 0.81 | — | — | — |
|  | 黄药大头茶 Polyspora chrysandra | 8.88 | — | — | — | 土茯苓 Smilax glabra | 0.75 | — | — | — |
|  | 粉背菝葜 Smilax hypoglauca | 0.64~8.87 | — | 1.21 | 3.54~7.41 | 短蒟 Piper mullesua | 0.71 | — | — | — |
|  | 木果石栎 Lithocarpus xylocarpus | 8.6 | — | — |  | 黄檀 Dalbergia hupeana | 0.67 | — | — | 1.27 |
|  | 美丽马醉木 Pieris formosa | 7.16 | 1.73~8.97 | 4.77 | 2.14~3.28 | 滇橿木姜子 Litsea glutinosa | 0.66 | 1.06 | — | 1.58 |
|  | 筐条菝葜 Smilax corbularia | 3.54~6.92 | — | 1.41 | 1.63 | 小漆树（野漆树）Toxicodendron succedaneum | 0.64 | 1.16 | — | — |
|  | 云南假木荷（云南金叶子）Craibiodendron yunmanense | 6.58 | 1.38~6.61 | 4.89 | 2.1~2.9 | 红梗润楠 Machilus rufipes | 0.63 | — | — | — |
|  | 红木荷 Schima wallichii | 2.01~6.56 | 2.71~7.35 | 4.05 | 1.21~2.77 | 印栲 Castanopss indica | — | 5.6~33.37 | — | — |
|  | 穿鞘菝葜 Smilax perfoliata | 6.02 | — | — | — | 牡荆 Vitex negundo Var. cannabifolia | — | 2.21~15.41 | — | 13.68 |
|  | 圆叶菝葜 Smilax bauhinioides | 4.5 | — | 1.41 | — | 毛叶黄杞 Engelhardtia colebrookiana | — | 1.04~11.79 | 2.35 | 2.57~3.85 |
|  | 毛杨梅 Myrica esculenta | 2.66~4.32 | — | 6.21 | 7.15 | 思茅松 Pinus kesiya | — | 1.03~11.7 | 1.13 | — |

续表

| 层次 | 植物种类 | 次生常绿阔叶林地 | 思茅松林地 | 灌木林地 | 桉树林地 | 植物种类 | 次生常绿阔叶林地 | 思茅松林地 | 灌木林地 | 桉树林地 |
|---|---|---|---|---|---|---|---|---|---|---|
| 灌木林 | 白花酸藤子 Embelia ribes | 0.7~4.23 | 3.09~9.02 | 2.71 | 2.19~13.85 | 斑鸠菊 Vernonia esculenta | — | 2.51~10.91 | 4.85 | 1.36~3.22 |
| | 剑叶木姜子 Litsea lancifolia | 1.2~4.22 | 3.84 | — | 7.21~12.88 | 尖子木 Oxyspora paniculata | — | 8.58 | — | 1.36~1.84 |
| | 深绿山龙眼 Helicia nilagirica | 1.54~3.97 | — | — | — | 黑面神 Breynia fruticosa | — | 2.88~8.43 | 4.17 | 2.03~58.79 |
| | 余甘子 Phyllanthus emblica | 3.84 | 3.68~4.01 | — | 1.92~6 | 沙针 Osyris quadripartita | — | 1.13~8.25 | 1.34~18.54 | 0.87~9.63 |
| | 毒药树（肋果茶）Sladenia celastrifolia | 3.57 | — | 2.25 | — | 毛银柴 Aporusa villosa | — | 0.62~6.5 | — | — |
| | 筑叶金锦香 Osbeckia chinensis Var. angustifolia | 3.56 | — | — | 3.44~22.39 | 茶梨 Anneslea fragrans | — | 1.14~5.76 | 5.14~9.52 | 0.91~1.41 |
| | 假朝天罐 Osbeckia crinita | 1.87~3.46 | — | — | 1.27~11.48 | 五月茶 Antidesma bunius | — | 3.6~5.4 | — | 1~7.36 |
| | 天门冬 Asparagus cochinchinensis | 0.98~3.22 | — | 1.13~3.5 | 2.63~9.1 | 扁果菁冈 Cyclobalanopsis chapensis | — | 5.14 | — | — |
| | 岗柃 Eurya groffii | 1.63~2.92 | 1.29~2.47 | 1.34 | 2.46~18.57 | 五叶山小桔 Glycosmis pentaphylla | — | 3.48 | — | — |
| | 艾胶树（艾胶算盘子）Glochidion lanceolarium | 2.4~2.71 | 2.21~3.97 | — | 1.51~3.75 | 银叶栲 Castanopsis argyrophylla | — | 3.14 | — | — |
| | 厚皮香 Ternstroemia gymnanthera | 2.65 | 3.13~5.43 | 1.28 | 0.87~4.39 | 绒毛山蚂蝗 Desmodium velutinum | — | 2.63 | 0.1~2.58 | — |
| | 南烛 Vaccinium bracteatum | 1.78~2.63 | 1.39 | — | 1.13~1.55 | 绒毛算盘子 Glochidion heyneanum | — | 2.3~2.47 | — | 2.14~2.63 |

续表

| 层次 | 植物种类 | 次生常绿阔叶林地 | 思茅松林地 | 灌木林地 | 桉树林地 | 植物种类 | 次生常绿阔叶林地 | 思茅松林地 | 灌木林地 | 桉树林地 |
|---|---|---|---|---|---|---|---|---|---|---|
| 灌木林 | 瑞丽山龙眼 Helicia shweliensis | 0.64~2.58 | 1.24~4.53 | — | — | 野山楂 Crataegus cuneata | — | 2.32 | — | — |
| | 异叶榕 Ficus heteromorpha | 0.9~2.32 | 2.14~2.48 | — | 1.17~9.55 | 山牡荆 Vitex quinata | — | 2.21 | — | 0.91~14.05 |
| | 地桃花 Urena lobata | 2.3 | — | — | 0.64~5.6 | 苘麻 Abutilon theophrasti | — | 2.09 | — | — |
| | 三颗针(金花小檗) Berberis twilsonae | 2.24 | — | — | — | 乌饭 Vaccinium mandarinorum | — | 1.78 | 5.31 | 3.09 |
| | 密花树 Myrsine seguinii | 1.94 | — | — | — | 长圆叶梾木 Cornus oblonga | — | 1.72 | — | — |
| | 红毛悬钩子 Rubus wallichianus | 1.87 | 1.34 | — | 1.7~8.89 | 假柿木姜子 Litsea monopetala | — | 1.65 | — | 2.87 |
| | 肾叶山蚂蝗 Desmodium renifolium | 1.79 | 0.74~1.13 | — | 7.05 | 灰毛浆果楝 Cipadessa baccifera | — | 1.45 | — | — |
| | 盐肤木 Rhus chinensis | 1.72 | 0.83~2.81 | 1.17 | 1.78~21.68 | 华苘麻 Abutilon sinense | — | 1.45 | — | — |
| | 三股筋香 Lindera thomsonii | 0.96~1.69 | — | 13.71 | 1.11~4.65 | 滇南黄檀 Dalbergia kingiana | — | 1.39 | — | — |
| | 银木荷 Schima argentea | 1.64 | — | — | — | 玉叶金花 Mussaenda pubescens | — | 1.34 | — | 0.63~2.05 |
| | 滇银柴 Aporusa yunnanensis | 1.14~1.61 | — | 2.85 | 1.21~14 | 悬钩子 Rubus irritans | — | 1.34 | — | 4.13~4.8 |
| | 水红木 Viburnum cylindricum | 1.55 | 1.24~1.96 | — | 4.12 | 蒲桃 Syzygium jambos | — | 0.71~1.29 | — | — |

续表

| 层次 | 植物种类 | 次生常绿阔叶林地 | 思茅松林地 | 灌木林地 | 桉树林地 | 植物种类 | 次生常绿阔叶林地 | 思茅松林地 | 灌木林地 | 桉树林地 |
|---|---|---|---|---|---|---|---|---|---|---|
| 灌木林 | 紫珠 Callicarpa bodinieri | 0.74~1.33 | — | — | — | 滇南杜鹃 Rhododendron hancockii | — | 1.17 | — | — |
| | 锐齿槲栎 Quercus aliena var. acutiserrata | — | 1.15 | — | — | 毛脉蒲桃 Syzygium vestitum | — | — | — | 4.48 |
| | 滇素馨 Jasminum subhumile | — | 1.06 | — | — | 西番莲 Passiflora caerulea | — | — | — | 4.07 |
| | 滇南山蚂蝗 Desmodium megaphyllum | — | 1.04 | 5.56 | 0.91 | 棒柄花 Cleidion brevipetiolatum | — | — | — | 3.74 |
| | 绣线梅 Neillia thyrsiflora | — | 0.95 | — | — | 三角叶薯蓣 Dioscorea deltoidea | — | — | — | 3.24 |
| | 虎皮楠 Daphniphyllum oldham | — | 0.92 | — | — | 三桠苦 Euodia lepta | — | — | — | 3.17 |
| | 滇丁香 Luculia pinceana | — | 0.83 | — | — | 拔毒散 Sida szechuensis | — | — | — | 2.84 |
| | 野毛柿 Diospyros kaki var. silvestris | — | 0.74 | 2.46 | — | 单序山蚂蝗 Desmodium diffusum | — | — | — | 2.21 |
| | 西南桦 Betula alnoides | — | 0.74 | — | — | 盾叶薯蓣 Dioscorea zingiberensis | — | — | — | 1.87 |
| | 毛杨梅 Myrica esculenta | — | — | 12.89 | 3.97 | 锥头麻 Poikilospermum naucleiflorum | — | — | — | 1.75 |
| | 黄药大头茶 Polyspora chrysandra | — | — | 6.71 | — | 思茅蒲桃 Syzygium szemaoense | — | — | — | 1.63 |
| | 杨桐 Adinandra millettii | — | — | 1.87~5.99 | — | 筐条菝葜 Smilax corbularia | — | — | — | — |

续表

| 层次 | 植物种类 | 次生常绿阔叶林地 | 思茅松林地 | 灌木林地 | 桉树林地 | 植物种类 | 次生常绿阔叶林地 | 思茅松林地 | 灌木林地 | 桉树林地 |
|---|---|---|---|---|---|---|---|---|---|---|
| 灌木林 | 西南山茶 Camellia pitardii | — | — | 5.27 | — | 葛藤 Pueraria montana var. lobata | — | — | — | 1.63 |
| | 黄锁莓（椭圆悬钩子）Rubus ellipticus | — | — | 2.87 | — | 云南黄叶树 Xanthophyllum yunnanense | — | — | — | — |
| | Xanthophullum yunnanense | — | — | — | 1.54 | | | | | |
| | 虾子花 Woodfordia fruticosa | — | — | 1.52 | — | 紫珠 Callicarpa bodinieri | — | — | — | 1.40~1.52 |
| | 灰毛杜英 Elaeocarpus limitaneus | — | — | 1.35 | — | 山小桔 Glycosmis pentaphylla | — | — | — | 1.48 |
| | 薄叶杜茎山 Maesa macilentoides | — | — | — | 18.31 | 山乌龟 Stephania epigaea | — | — | — | 0.68~1.42 |
| | 杜茎山 Maesa japonica | — | — | — | 16.32 | 大叶山蚂蝗 Desmodium gangeticum | — | — | — | 1.42 |
| | 山牵牛 Thunbergia grandiflora | — | — | — | 9.74~12.81 | 鱼骨木 Canthium dicoccum | — | — | — | 1.36 |
| | 桉树 Eucalyptus robusta | — | — | — | 1.34~12.79 | 金钩花 Pseuduvaria indochinensis | — | — | — | 1.32 |
| | 西南金丝桃（芒种花）Hypericum henryi | — | — | — | 3.41~12.05 | 披针叶楠 Phoebe lanceolata | — | — | — | 1.3 |
| | 猴耳环 Archidendron clypearia | — | — | — | 6.27 | 大叶千斤拔 Flemingia macrophylla | — | — | — | 1.29 |

续表

| 层次 | 植物种类 | 次生常绿阔叶林地 | 思茅松林地 | 灌木林地 | 桉树林地 | 植物种类 | 次生常绿阔叶林地 | 思茅松林地 | 灌木林地 | 桉树林地 |
|---|---|---|---|---|---|---|---|---|---|---|
| 灌木林 | 冬青 *Ilex chinensis* | — | — | — | 4.84 | 硃砂根 *Ardisia crenata* | — | — | — | 1.06 |
| | 黄皮树 *Clausena lansium* | — | — | — | 4.66 | 西南楝树 *Meliaazedarach* | — | — | — | 0.87 |
| | 黄泡 *Rubus pectinellus* | — | — | — | 3.02~4.61 | | | | | |
| 草本层 | 铁芒萁 *Dicranopteris linearis* | 58.52~72.75 | — | — | 1.36 | 楼梯草 *Elatostema involucratum* | 1.17 | — | — | — |
| | 沿阶草 *Ophiopogon bodinieri* | 3.84~67.57 | 5.71 | 2.46 | 1.3~3.58 | 狗牙根 *Cynodon dactylon* | — | 0.96~21.16 | — | 2.17~15.03 |
| | 荩草 *rthraxon hispidus* | 5.8~43.41 | 4.57~20.59 | 1.72 | 2.29~36.34 | 香茅草（芸香草）*Cymbopogon distans* | — | 18.1 | — | — |
| | 云南草蔻 *Aipinia blepharocalyx* | 36.21 | — | — | — | 香薷 *Elsholtzia ciliata* | — | 0.92~13.3 | 10.83 | 1.07~5.66 |
| | 南莎草 *Cyperus niveus* | 4.67~28.77 | 2.36~25.03 | 1.19 | 1.32~5.78 | 白茅 *Imperata cylindrica* | — | 2.69~12.95 | 2.66 | 1.4~5.64 |
| | 毛蕨 *Pteridium aquilinum var. latiusculum* | 1.17~23.86 | 2.51~2.74 | 1.19~3.13 | 0.9~9.2 | 耳草 *Hedyotis auricularia* | — | 2.13~11.16 | — | 1.2~2.42 |
| | 响铃豆 *Crotalaria albida* | 9.49~16.4 | — | — | 1 | 双花雀稗 *Paspalum thunbergii* | — | 2.09~9.8 | — | 1.07~2.88 |
| | 铺地卷柏 *Selaginella helferi* | 14.23 | — | — | — | 小龙胆 *Gentiana parvula* | — | 4.66 | — | 0.75 |
| | 莎草 *Cyperus sp.* | 7.08~11.7 | 1~16.52 | — | 1.32~17.55 | 早熟禾 *Poa annua* | — | 3.67 | — | 1.2 |
| | 粗齿鳞毛蕨 *Dryopteris juxtaposita* | 10.05 | — | — | 0.99~30.58 | 苔草 *Carex sp.* | — | 3.5 | — | 1.07~2.74 |

续表

| 层次 | 植物种类 | 次生常绿阔叶林地 | 思茅松林地 | 灌木林地 | 桉树林地 |
|---|---|---|---|---|---|
| 草本层 | 飞机草 *Chromolaena odoratum* | 9.21 | 2.8~8.04 | — | 8.24~46.17 |
| | 西南鸢尾 *Iris bulleyana* | 4.17~7.32 | 0.99~16.2 | — | 0.91~17.4 |
| | 紫茎泽兰 *Eupatorium adenophora* | 1.4~5.2 | 1.04~57.66 | 29.65 | 13.8~65.97 |
| | 澜沧唐松草 *Thalictrum lancangense* | 4.82 | — | — | — |
| | 醉鱼草 *Buddleja lindleyana* | 4.4 | — | 1.29 | — |
| | 糯米团 *Memorialis hirta* | 4.39 | — | 1.19~4.62 | 1.03~2.83 |
| | 白花蛇舌草 *Hedyotis diffusa* | 3.89 | — | — | 1.28~4.34 |
| | 狗脊蕨 *Woodwardia japonica* | 3.83 | — | — | 0.98~1.36 |
| | 凤尾蕨 *Pteris cretica* var. *nervosa* | 2.87 | 6.59 | — | 1.9~3.29 |
| | 芒萁 *Dicranopteris pedata* | 2.46 | — | — | — |
| | 黄精 *Polygonatum sibiricum* | 1.5 | — | — | 0.84~1.98 |
| | 黑果蒌（火炭母）*polygonum chinense* | — | 3.34 | — | 1.14~3.88 |
| | 杏叶防风 *Pimpinella candolleana* | — | 1.29~3.11 | — | 2.54 |
| | 狭叶凤尾蕨 *Pteris henryi* | — | 2.9 | — | — |
| | 胜红蓟（藿香菊）*Ageratum conyzoides* | — | 1.14~2.6 | — | 0.86~1.44 |
| | 猪屎豆 *Crotalaria pallida* | — | 0.77~2.49 | — | — |
| | 下田菊 *Adenostemma lavenia* | — | 2.31 | — | 0.94 |
| | 狭叶香青 *Anaphalis sinica* | — | 1.83~2.06 | — | — |
| | 半边莲 *Lobelia chinensis* | — | 1.85 | — | 1.13 |
| | 四脉金茅 *Eulalia quadrinervis* | — | 1.66 | — | 29.56~46.18 |
| | 牡蒿 *Artemisia japonica* | — | 1.65 | — | 1.4~3.91 |
| | 大将军 *Lobelia clavata* | — | 1.61 | — | — |

续表

| 层次 | 植物种类 | 次生常绿阔叶林地 | 思茅松林地 | 灌木林地 | 桉树林地 | 植物种类 | 次生常绿阔叶林地 | 思茅松林地 | 灌木林地 | 桉树林地 |
|---|---|---|---|---|---|---|---|---|---|---|
| | 乌毛蕨 Blechnum orientale | 1.45 | — | — | — | 翻白叶 Potentilla lineata | — | 1.58 | — | — |
| | 刚莠竹 Microstegium ciliatum | 1.28 | 2.19~50.24 | — | 5.22~23.82 | 印度狗肝菜 Dicliptera bupleuroides | — | 1.45 | — | — |
| | 九节 Psychotria asiatica | 1.22 | — | — | — | 云南兔儿草 Lagotis yunnanensis | — | 1.3 | — | — |
| | 鸭砒草 Commelina communis | 1.2 | — | — | — | 铁线蕨 Adiantum capillus-veneris | — | 1.14 | 2.65 | 1.2~1.71 |
| | 苦苣菜（奶浆草）Sonchus oleraceus | — | 1.05 | — | — | 牛尾草（香茶菜）Rabdosia ternifolia | — | — | — | 2.04 |
| 草 | 加拿大蓬 Conyza canadensis | — | 1.02 | — | 1.11~1.25 | 茅繁缕 Stellaria media | — | — | — | 1.8 |
| 本 | 海金沙 Lygodium japonicum | — | 1 | — | 1.01~2.68 | 类芦 Neyraudia reynaudiana | — | — | — | 1.51 |
| 层 | 下缘叶香青 Anaphalis contorta | — | 0.8 | — | — | 酢酱草 Oxalis corniculata | — | — | — | — |
| | 仙茅 Curculigo orchioides | — | 0.79 | — | — | 黄花稔 Sida acuta | — | — | — | 1.23 |
| | 香青 Anaphalis sinica | — | 0.76 | — | 11.56~31.1 | 棕叶芦 Thysanolaena latifolia | — | — | — | 0.88~1.22 |
| | 鳞花草属的一种 Lepidagathis sp. | — | 1.6 | — | 0.75 | 阴地蕨一种 Sceptridium sp. | — | — | — | 1.22 |
| | 多花龙胆 Gentiana striolata | — | — | — | — | 萱草 Hemerocallis fulva | — | — | — | 1.2 |

续表

| 层次 | 植物种类 | 次生常绿阔叶林地 | 思茅松林地 | 灌木林地 | 桉树林地 | 植物种类 | 次生常绿阔叶林地 | 思茅松林地 | 灌木林地 | 桉树林地 |
|---|---|---|---|---|---|---|---|---|---|---|
| 草本层 | 青蒿 Artemisia carvifolia | — | — | — | — | 黄茅 Heteropogon contortus | — | — | — | 1.2 |
| | 石蒜 Lycoris radiata | — | — | — | — | 马唐 Digitaria sanguinalis | — | — | — | 1.19 |
| | 黄毛草莓 Fragaria nilgerrensis | — | — | — | — | 香青 Anaphalis sinica | — | — | — | 1.07~1.15 |
| | 马陆草 Eremochloa zeylanica | — | — | — | 1.69~9.74 | 狭叶青蒿 Artemisia carvifolia | — | — | — | 1.14 |
| | 皱叶狗尾草 Setaria plicata | — | — | — | 1.48~7.93 | 狭叶凤尾蕨 Pteris henryi | — | — | — | 1.08 |
| | 淡竹叶 Lophatherum gracile | — | — | — | 0.8~4.41 | 狗尾草 Setaria viridis | — | — | — | 1.07 |
| | 黄蜀葵 Abelmoschus manihot | — | — | — | 2.96 | 水苎麻 Boehmeria macrophylla | — | — | — | 1.06 |
| | 蚊子草 Filipendula palmata | — | — | — | 2.41~2.78 | 龙芽草（黄龙尾）Agrimonia pilosa | — | — | — | 1 |
| | 铜锤玉带草 Lobellia nummularia | — | — | — | 0.78~2.72 | 鱼眼草 Dichrocephala auriculata | — | — | — | 0.99 |
| | 叶下珠 Phyllanthus urinaria | — | — | — | 1.19~2.63 | 草玉梅（虎掌草）Anemone rivularis | — | — | — | 0.99 |
| | 金茅 Eulalia speciosa | — | — | — | 2.5 | 野棉花 Anemone vitifolia | — | — | — | 0.93 |
| | 鼠尾粟 Sporobolus fertilis | — | — | — | 2.28 | 狼尾草 Pennisetum alopecuroides | — | — | — | 0.92 |
| | 金毛狗蕨 Cibotium barometz | — | — | — | 2.21 | | | | | |

## 附录Ⅱ　其他林地与桉树林地林下植物物种重要值及频度

| 物种 | 次生常绿阔叶林地 | | 与次生常绿阔叶林地对比的桉树林地 | | 思茅松林地 | | 与思茅松林地对比的桉树林地 | | 灌木林地 | | 与灌木林地对比的桉树林地 | |
| --- | --- | --- | --- | --- | --- | --- | --- | --- | --- | --- | --- | --- |
| | 重要值 | 频度 | 重要值 | 频度 | 重要值 | 频度 | 重要值 | 频度 | 重要值 | 频度 | 重要值 | 频度 |
| 杯状栲 | 15.43% | 50 | | | | | 1.61% | 33 | 4.14% | 100 | | |
| 岗柃 | 1.31% | 50 | 10.19% | 50 | | | 5.13% | 50 | 0.91% | 50 | 2.84% | 50 |
| 水锦树 | 5.39% | 67 | 8.63% | 67 | 9.50% | 67 | 25.75% | 67 | | | | |
| 薄叶杜茎山 | | | 6.98% | 17 | | | | | | | | |
| 山矾牛 | | | 5.20% | 33 | | | | | | | | |
| 木姜子 | 4.98% | 67 | 3.14% | 50 | | | | | | | 3.97% | 50 |
| 杜茎山 | | | 4.53% | 17 | | | | | | | | |
| 百花酸藤子 | 1.09% | 50 | 4.29% | 50 | 3.56% | 100 | 4.12% | 67 | 1.36% | 50 | 9.45% | 50 |
| 思茅蒲桃 | 4.09% | 67 | 3.61% | 67 | | | 3.99% | 67 | 9.14% | 50 | 2.85% | 50 |
| 印栲 | 3.70% | 33 | | | 11.40% | 67 | | | | | | |
| 华南石栎 | 3.60% | 67 | | | | | | | | | | |
| 巴豆藤 | 3.38% | 67 | | | 1.95% | 50 | 1.31% | 50 | 2.17% | 100 | | |
| 异叶榕 | 0.72% | 33 | 3.34% | 50 | | | | | | | | |
| 粉背菝葜 | 3.14% | 83 | 2.84% | 50 | | | | | | | | |
| 百穗石栎 | 3.07% | 33 | | | | | | | | | | |
| 盐肤木 | 0.32% | 17 | 2.92% | 33 | | | | | | | | |
| 假朝天罐 | 0.86% | 33 | 2.57% | 50 | | | | | | | | |
| 桉树 | | | 2.56% | 33 | | | | | | | | |
| 干花豆 | 2.55% | 33 | 0.56% | 17 | 8.82% | 100 | 2.46% | 33 | | | | |
| 黑面神 | 1.06% | 33 | 2.50% | 17 | 2.33% | 50 | 3.82% | 50 | 1.74% | 50 | 19.67% | 100 |

续表

| 物种 | 次生常绿阔叶林地 | | 与次生常绿阔叶林地对比的桉树林地 | | 思茅松林地 | | 与思茅松林地对比的桉树林地 | | 灌木林地 | | 与灌木林地对比的桉树林地 | |
|---|---|---|---|---|---|---|---|---|---|---|---|---|
| | 重要值 | 频度 | 重要值 | 频度 | 重要值 | 频度 | 重要值 | 频度 | 重要值 | 频度 | 重要值 | 频度 |
| 半齿栲木 | 2.49% | 33 | 1.77% | 17 | | | | | 2.99% | 50 | | |
| 红木荷 | 2.43% | 67 | 1.29% | 33 | 2.63% | 67 | 1.40% | 33 | 2.62% | 50 | | |
| 大树杨梅 | 2.37% | 50 | | | | | | | 3.89% | 50 | 5.77% | 50 |
| 千斤拔 | 2.37% | 33 | | | | | | | | | | |
| 五月茶 | | | 2.25% | 67 | 1.47% | 33 | 1.65% | 50 | | | 3.17% | 50 |
| 刺栲 | 1.97% | 50 | | | 1.62% | 33 | | | | | | |
| 悬钩子 | | | 1.97% | 33 | | | | | | | | |
| 筐条菝葜 | 1.97% | 33 | 0.64% | 17 | | | | | | | | |
| 思茅黄檀 | 1.80% | 50 | 0.87% | 17 | 2.14% | 17 | | | | | | |
| 山蚂蟥 | 0.38% | 17 | 1.80% | 50 | 1.59% | 67 | 1.50% | 67 | | | | |
| 滇银柴 | 0.37% | 17 | 1.76% | 33 | | | | | | | | |
| 大头茶 | 1.66% | 17 | | | | | | | | | | |
| 沙针 | 1.59% | 33 | 0.95% | 17 | 3.44% | 83 | 1.98% | 50 | 10.52% | 100 | | |
| 剑叶木姜子 | 1.54% | 50 | 0.53% | 17 | | | 1.98% | 33 | | | 11.87% | 100 |
| 三桠苦 | 0.79% | 17 | 1.39% | 17 | | | | | | | | |
| 木果石楝 | 1.36% | 17 | | | | | | | | | | |
| 地桃花 | 0.45% | 17 | 1.31% | 33 | | | | | | | | |
| 金丝桃 | 1.29% | 17 | 1.29% | 17 | | | | | 2.15% | 50 | 2.62% | 50 |
| 天门冬 | 1.23% | 50 | 1.14% | 33 | | | | | 2.13% | 100 | | |
| 艾胶树 | 0.94% | 33 | 1.19% | 33 | 2.13% | 83 | 2.17% | 67 | | | | |
| 三股筋香 | 0.67% | 33 | 1.15% | 33 | | | | | | | | |

续表

| 物种 | 次生常绿阔叶林地 重要值 | 频度 | 与次生常绿阔叶林地对比的桉树林地 重要值 | 频度 | 思茅松林地 重要值 | 频度 | 与思茅松林地对比的桉树林地 重要值 | 频度 | 灌木林地 重要值 | 频度 | 与灌木林地对比的桉树林地 重要值 | 频度 |
|---|---|---|---|---|---|---|---|---|---|---|---|---|
| 穷鞘拔葜 | 1.07% | 17 | | | | | | | | | | |
| 斑鸠菊 | | | | | 5.37% | 100 | 2.02% | 67 | 2.62% | 50 | 3.00% | 50 |
| 牡荆 | | | | | 4.53% | 33 | 2.24% | 17 | | | | |
| 马醉木 | | | | | 3.89% | 83 | | | 1.96% | 50 | | |
| 思茅松 | | | | | 3.69% | 83 | | | | | | |
| 朝天罐 | | | | | | | 2.92% | 17 | | | 16.74% | 50 |
| 山牡荆 | | | | | | | 2.62% | 50 | | | | |
| 金叶子 | | | | | 2.06% | 50 | 1.36% | 33 | | | | |
| 厚皮香 | | | | | | | 1.58% | 33 | | | | |
| 茶梨 | | | | | 1.58% | 50 | | | 6.80% | 100 | | |
| 余甘子 | | | | | | | 1.40% | 33 | 5.28% | 50 | | |
| 三股筋香 | | | | | | | | | 4.94% | 50 | | |
| 杨梅 | | | | | | | | | | | 4.67% | 50 |
| 黄泡 | | | | | | | | | 4.16% | 100 | | |
| 杨桐 | | | | | | | | | | | | |
| 水红木 | | | | | | | | | 3.13% | 50 | 3.23% | 50 |
| 绿萝 | | | | | | | | | 2.55% | 50 | 2.65% | 50 |
| 拔毒散 | | | | | | | | | 2.53% | 50 | 3.16% | 50 |
| 黄药大头茶 | | | | | | | | | | | | |
| 灌木山蚂蝗 | | | | | | | | | | | | |
| 西南山茶 | | | | | | | | | | | | |

续表

| 物种 | 次生常绿阔叶林地 | | 与次生常绿阔叶林地对比的桉树林地 | | 思茅松林地 | | 与思茅松林地对比的桉树林地 | | 灌木林地 | | 与灌木林地对比的桉树林地 | |
| --- | --- | --- | --- | --- | --- | --- | --- | --- | --- | --- | --- | --- |
| | 重要值 | 频度 | 重要值 | 频度 | 重要值 | 频度 | 重要值 | 频度 | 重要值 | 频度 | 重要值 | 频度 |
| 红毛悬钩子 | | | | | | | | | | | 2.19% | 50 |
| 黄锁莓 | | | | | | | | | 1.93% | 50 | | |
| 乌饭 | | | | | | | | | 1.80% | 50 | | |
| 毛叶山鸡椒 | | | | | | | | | 1.76% | 50 | | |
| 铁芒萁 | 44.22% | 50 | 0.41% | 17 | | | | | | | | |
| 紫茎泽兰 | 1.96% | 33 | 39.11% | 100 | 30.08% | 67 | 38.69% | 100 | 22.77% | 50 | 52.49% | 100 |
| 飞机草 | 0.97% | 17 | 13.97% | 50 | 1.12% | 33 | 8.78% | 50 | | | | |
| 莨草 | 7.84% | 67 | 10.12% | 100 | 5.78% | 83 | 10.45% | 100 | 2.12% | 50 | 14.19% | 100 |
| 山姜 | 8.78% | 17 | | | | | | | | | | |
| 莎草 | 5.36% | 33 | 0.39% | 17 | 2.12% | 66 | 2.92% | 67 | | | | |
| 毛蕨 | 4.02% | 50 | 1.41% | 50 | 0.91% | 33 | 2.22% | 50 | 3.53% | 100 | 1.95% | 50 |
| 南莎草 | 2.86% | 33 | 1.82% | 67 | 2.82% | 67 | 1.02% | 33 | 1.70% | 50 | 1.47% | 50 |
| 铺地柏 | 2.83% | 17 | | | | | | | | | | |
| 鳞蕨 | 1.00% | 17 | 2.83% | 33 | | | | | | | | |
| 南鸢尾 | 2.53% | 33 | 1.25% | 50 | 3.10% | 83 | 1.95% | 50 | | | | |
| 马陆草 | | | 2.45% | 33 | | | | | | | | |
| 沿阶草 | 2.16% | 33 | 0.56% | 17 | 1.35% | 17 | 0.44% | 17 | 1.80% | 50 | 1.48% | 50 |
| 糯米团 | 0.92% | 17 | 2.05% | 83 | | | 0.81% | 33 | 3.44% | 100 | 1.43% | 50 |
| 响铃豆 | 2.03% | 33 | 0.39% | 17 | | | | | | | | |
| 皱叶狗尾草 | | | 1.61% | 33 | | | | | | | | |
| 淡竹叶 | | | 1.50% | 50 | | | | | | | | |

续表

| 物种 | 次生常绿阔叶林地 | | 与次生常绿阔叶林地对比的桉树林地 | | 思茅松林地 | | 与思茅松林地对比的桉树林地 | | 灌木林地 | | 与灌木林地对比的桉树林地 | |
|---|---|---|---|---|---|---|---|---|---|---|---|---|
| | 重要值 | 频度 | 重要值 | 频度 | 重要值 | 频度 | 重要值 | 频度 | 重要值 | 频度 | 重要值 | 频度 |
| 白花蛇舌草 | 1.31% | 17 | 1.49% | 33 | | | 1.43% | 50 | 1.54% | 50 | | |
| 狗脊蕨 | 1.40% | 17 | 0.48% | 17 | | | | | | | | |
| 双花雀脾 | | | 1.31% | 50 | 2.14% | 66 | 0.91% | 33 | 1.57% | 50 | | |
| 芒萁 | 1.24% | 17 | | | | | | | | | | |
| 白茅 | 1.00% | 17 | 1.23% | 50 | 4.71% | 67 | 3.50% | 100 | 1.96% | 50 | 3.23% | 100 |
| 黄精 | 0.99% | 17 | 0.76% | 33 | | | | | | | | |
| 唐松草 | 0.98% | 17 | | | | | | | | | | |
| 乌茅蕨 | 0.94% | 17 | | | | | | | | | | |
| 刚莠竹 | 0.92% | 17 | | | 21.25% | 67 | 8.04% | 67 | | | 2.52% | 50 |
| 鸭征草 | 0.92% | 17 | | | | | | | | | | |
| 楼梯草 | 0.92% | 17 | | | | | | | | | | |
| 凤尾蕨 | | | 0.44% | 17 | 1.52% | 17 | 0.91% | 33 | | | | |
| 香薷 | 3.37% | 50 | 2.13% | 67 | | | | | 7.52% | 50 | 3.20% | 100 |
| 狗牙根 | 2.03% | 50 | 1.48% | 33 | | | | | | | | |
| 猪尿豆 | 1.84% | 67 | | | | | | | | | | |
| 杏叶防风 | 1.52% | 33 | 0.59% | 17 | | | | | | | 1.89% | 50 |
| 耳草 | 1.47% | 33 | 0.47% | 17 | | | | | | | | |
| 香青 | 1.46% | 50 | 0.44% | 17 | | | | | 12.96% | 100 | | |
| 牡蒿 | | | 1.02% | 33 | | | | | | | 1.75% | 50 |
| 酢酱草 | | | 0.88% | 33 | | | | | 1.42% | 50 | | |
| 胜红蓟 | 0.86% | 33 | | | | | | | | | | |

续表

| 物种 | 次生常绿阔叶林地 重要值 | 次生常绿阔叶林地 频度 | 与次生常绿阔叶林地对比的桉树林地 重要值 | 与次生常绿阔叶林地对比的桉树林地 频度 | 思茅松林地 重要值 | 思茅松林地 频度 | 与思茅松林地对比的桉树林地 重要值 | 与思茅松林地对比的桉树林地 频度 | 灌木林地 重要值 | 灌木林地 频度 | 与灌木林地对比的桉树林地 重要值 | 与灌木林地对比的桉树林地 频度 |
|---|---|---|---|---|---|---|---|---|---|---|---|---|
| 假蓬 | | | 0.83% | 33 | | | | | | | 2.23% | 50 |
| 黑果蓼 | | | 0.74% | 17 | | | | | | | | |
| 狭叶凤尾蕨 | 0.72% | 17 | 0.42% | 17 | | | | | | | | |
| 四脉金茅 | | | | | | | | | 30.43% | 100 | | |
| 多花龙胆 | | | | | | | | | 2.68% | 50 | | |
| 香蒿 | | | | | | | | | 1.98% | 50 | | |
| 铁线蕨 | | | | | | | | | 1.96% | 50 | | |
| 石蒜 | | | | | | | | | 1.68% | 50 | | |
| 宁波草莓 | | | | | | | | | 1.68% | 50 | | |
| 毛繁缕 | | | | | | | | | 1.66% | 50 | | |
| 黄蜀葵 | | | | | | | | | 1.58% | 50 | | |
| 金茅 | | | | | | | | | 1.53% | 50 | | |
| 黄花稔 | | | | | | | | | 1.46% | 50 | | |
| 半边莲 | | | | | | | | | 1.42% | 50 | | |

# 附　图

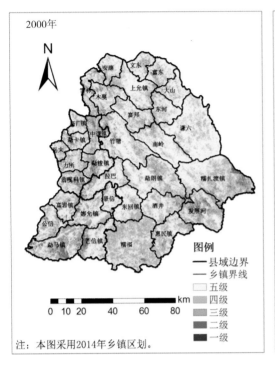

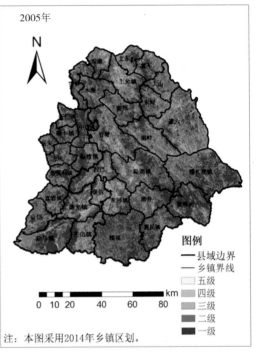

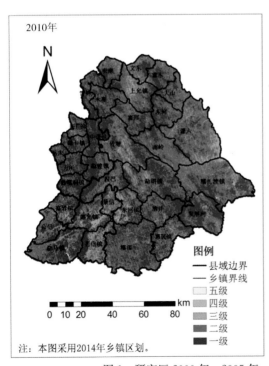

图 1　研究区 2000 年、2005 年、2010 年、2014 年植被覆盖等级图

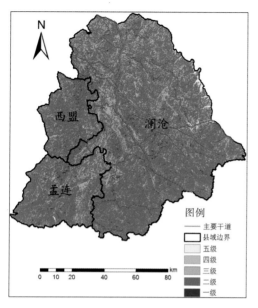

图 2　2014 年研究区公路主干道示意图

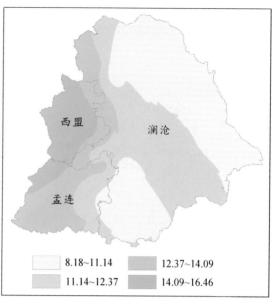

图 3　2000 年、2005 年、2010 年三县 NPP 均值空间分布图

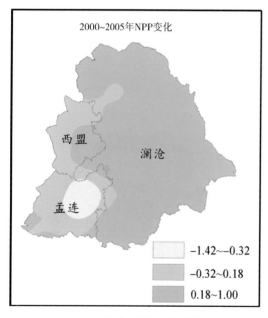

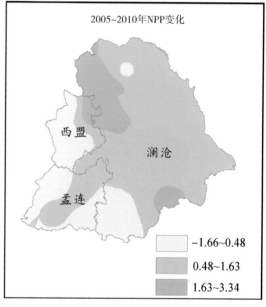

图 4　2000～2005 年、2005～2010 年三县 NPP 均值空间变化情况

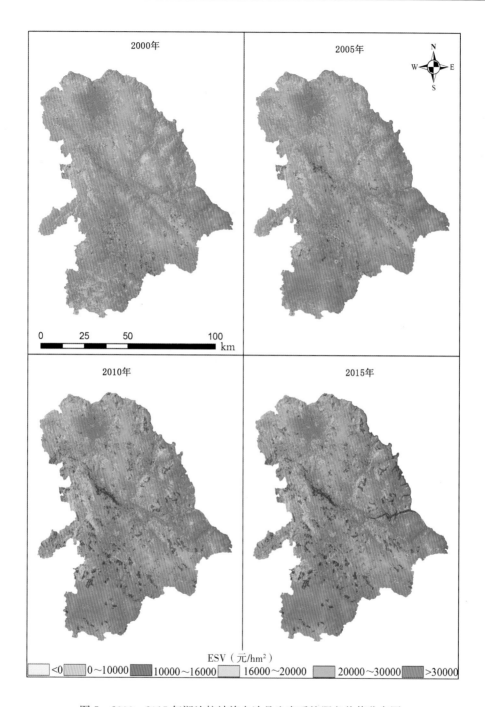

图 5　2000～2015 年澜沧拉祜族自治县生态系统服务价值分布图

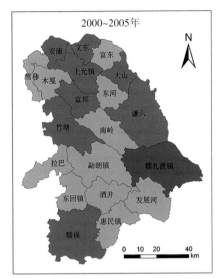

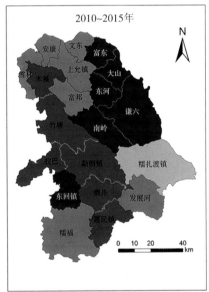

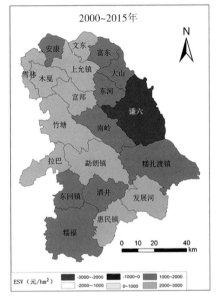

注：四幅图均采用2015年乡镇区划。

图6 澜沧拉祜族自治县各乡镇ESV变化空间分布

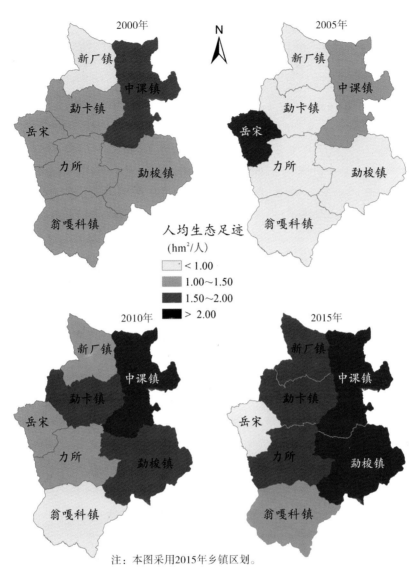

注：本图采用2015年乡镇区划。

图 7　西盟佤族自治县各乡镇人均生态足迹空间分布

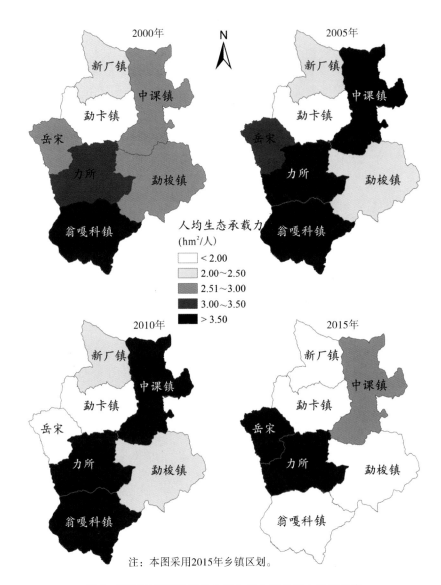

注：本图采用2015年乡镇区划。

图 8　西盟佤族自治县各乡镇人均生态承载力空间分布

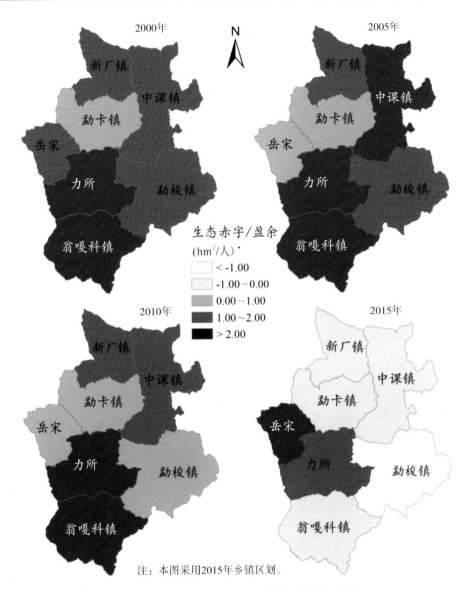

注：本图采用2015年乡镇区划。

图9 西盟佤族自治县各乡镇人均生态赤字/盈余

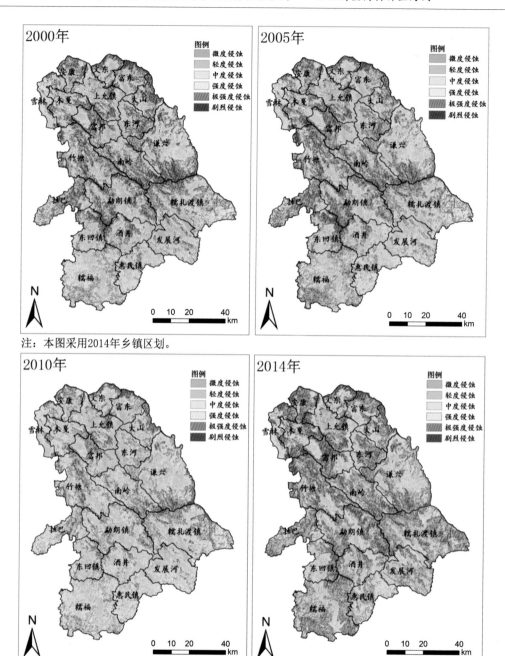

注：本图采用2014年乡镇区划。

图 10　澜沧拉祜族自治县不同年份土壤侵蚀的分布

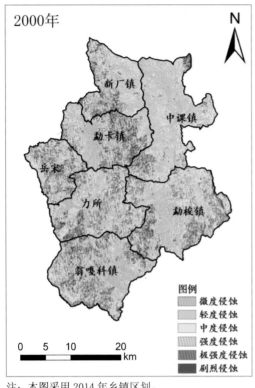

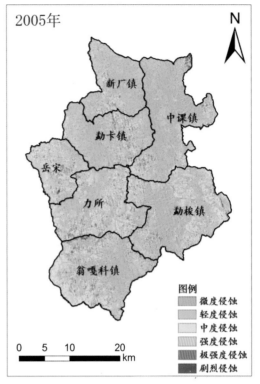

注：本图采用 2014 年乡镇区划。

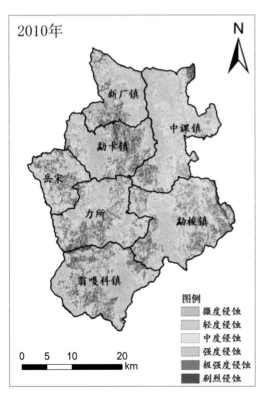

图 11　西盟佤族自治县不同年份土壤侵蚀的分布

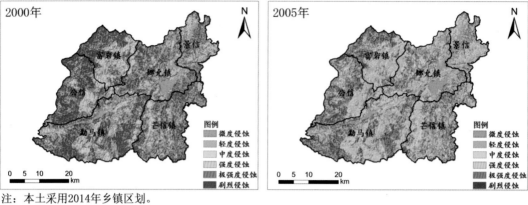

注：本土采用2014年乡镇区划。

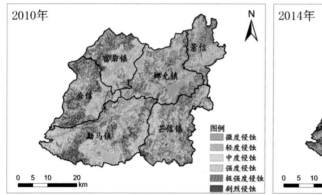

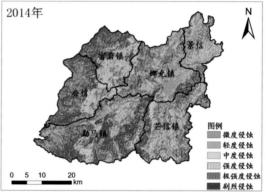

图 12　孟连傣族拉祜族佤族自治县不同年份土壤侵蚀的分布

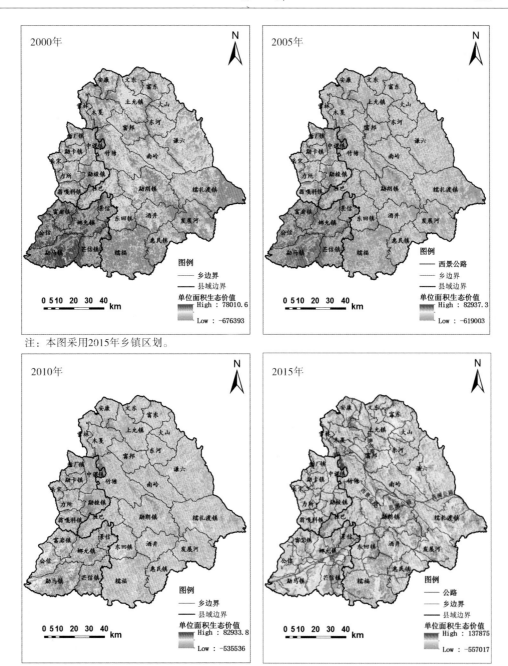

注：本图采用2015年乡镇区划。

图 13　研究区 2000 年、2005 年、2010 年和 2015 年生态效应价值分布图

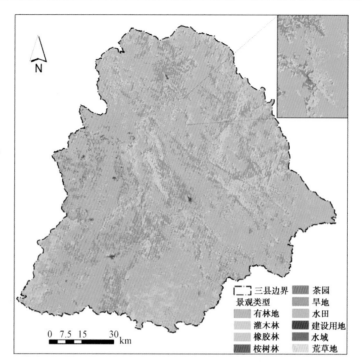

2000 年景观分类图

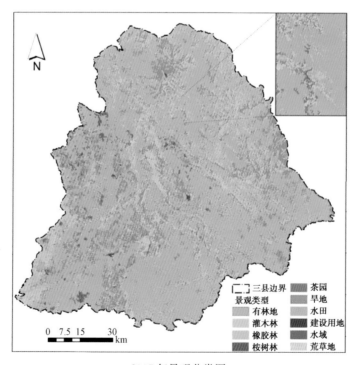

2005 年景观分类图

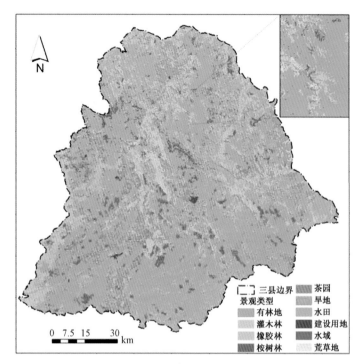

2010 年景观分类图

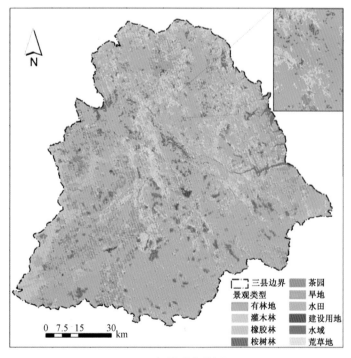

2015 年景观分类图

图 14　研究区 2000 年、2005 年、2010 年和 2015 年景观分类图

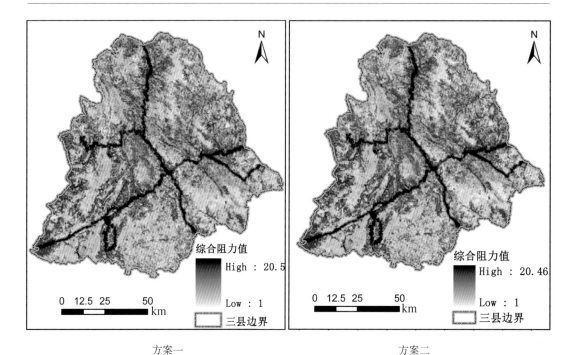

方案一　　　　　　　　　　　　　　　　　方案二

图 15　研究区综合阻力值图

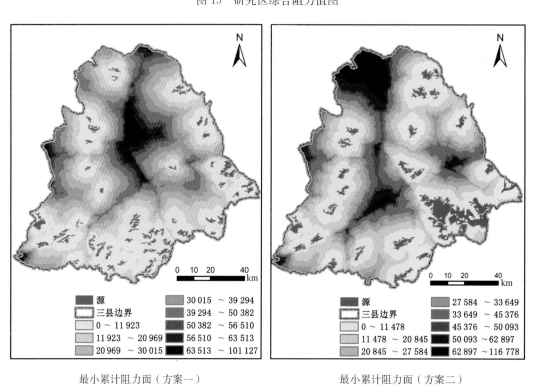

最小累计阻力面（方案一）　　　　　　　　　最小累计阻力面（方案二）

图 16　研究区最小累计阻力面图

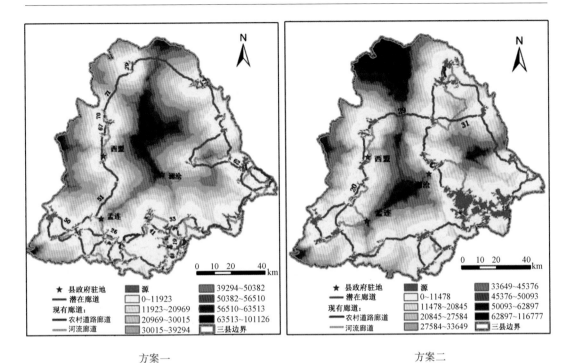

方案一　　　　　　　　　　　　　　　　方案二

图 17　研究区廊道分布

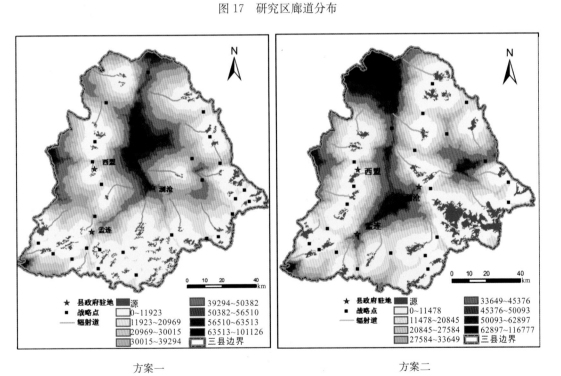

方案一　　　　　　　　　　　　　　　　方案二

图 18　研究区战略点及辐射道分布

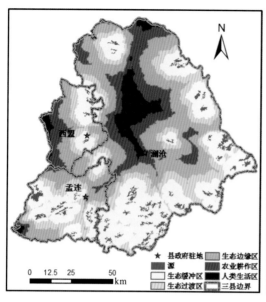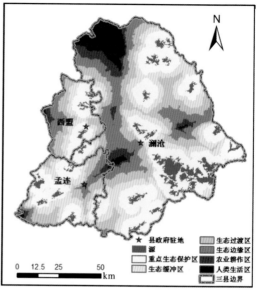

方案一　　　　　　　　　　　　　　　　　　方案二

图 19　研究区景观功能区

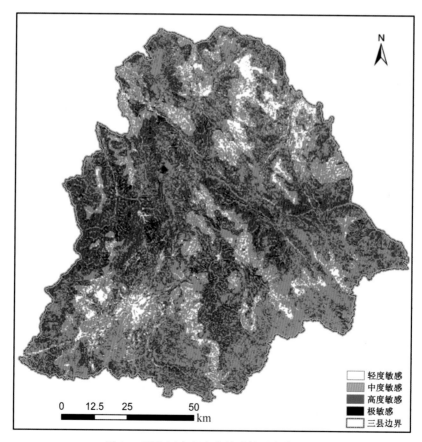

图 20　研究区水土流失敏感性强度分级图

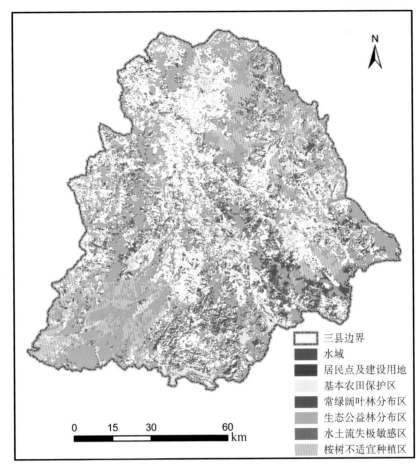

图 21　研究区桉树林禁止种植区

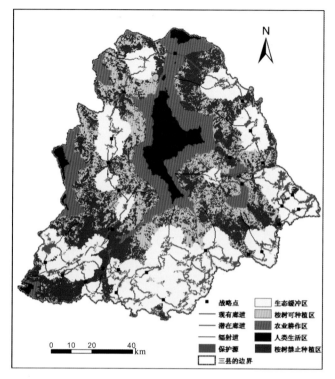

方案一

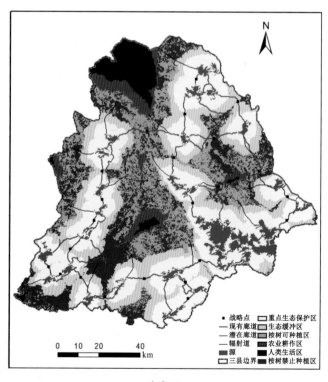

方案二

图 22 桉树林引种的景观生态中级安全格局

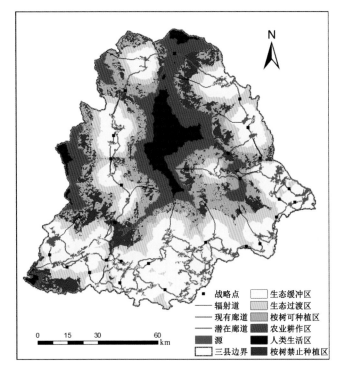

方案一

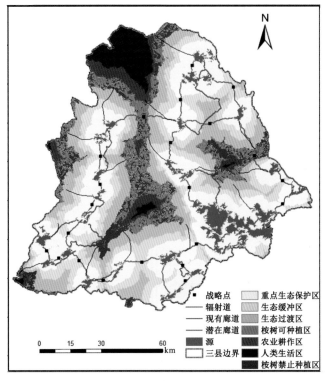

方案二

图 23　桉树林引种的景观生态高级安全格局

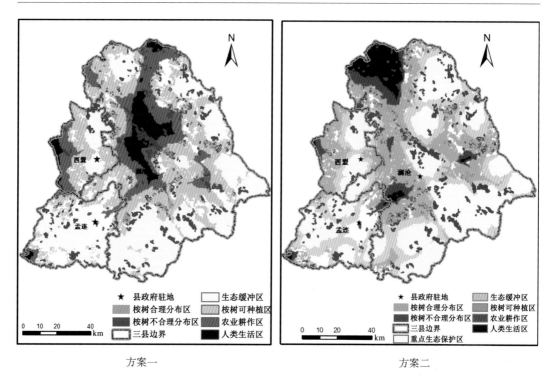

图 24　基于中级安全水平的现有桉树林分布合理性评价

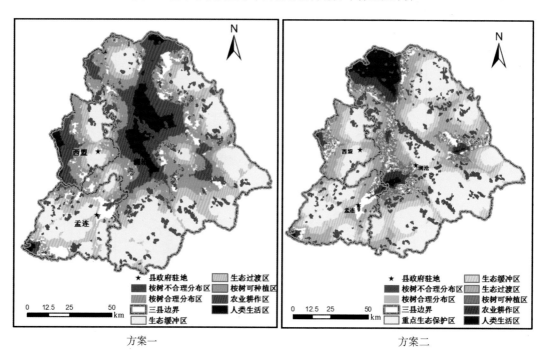

图 25　基于高级安全水平的现有桉树林分布合理性评价

# 后　　记

桉树是世界上种类最多、生长最快、用途最广泛的树种之一，目前已有100多个国家引种和大规模发展，成为世界关注的重要资源。近十年来，随着桉树种植规模和范围的不断扩大，桉树的生态问题和社会问题进一步激化，"桉树争论"成为全球关注的热点之一。目前无论支持桉树发展，还是对桉树发展持保留意见，均缺乏系统的、基础性的科学数据和依据。因此有必要分析云南省桉树人工林引种的生态环境效应，从区域生态安全的角度研究桉树引种的景观生态安全格局。

本书以科学发展观、可持续发展、生态学和地理学理论为指导，资源的全面收集与广泛的采样、实验、调研相结合，定性与定量相结合，生态问题分析与安全问题分析相结合，在博士论文基础上，同时在两个国家自然科学基金项目资助下，历时八年，在云南省桉树主要种植区野外采样、样品实验、考察调研，对云南桉树人工林引种区的土壤质量、植物多样性、植被覆盖度、植被净初级生产力、生态系统服务价值、生态足迹、土壤侵蚀、环境综合效应、景观格局及景观生态安全格局设计进行了研究，经过不断修改完善终于完成书稿。

本书要感谢云南省林科院方波助理研究员在野外拉样方、物种识别和核对、生物多样性的分析等方面的认真工作和付出。同时感谢在野外样品采集过程中，云南澜沧县金澜沧公司各林场林业员的大力支持，从样点和样方的确定、样品采集和输送等都付出了艰辛的工作。

在整个修改过程中，年轻一代的研究生们也牺牲了大量的节假时间，尤其是顾泽贤、谢鹏飞、张龙飞、高翔宇、普军伟，他们从资料查阅、图纸绘制到稿件整理都投入了热情和时间，也特别感谢我的博士生导师杨树华教授在我写作工作中的帮助和支持。

最后，特别令我感动的是科学出版社的编辑们，正是她们的努力才使本书得以及时出版。

本书偏颇和疏漏之处还请广大读者指正。

赵筱青

2017 年 11 月于昆明